中国城市科学研究系列报告
中国城市科学研究会　主编

中国工程院咨询项目

中国建筑节能年度发展研究报告 2019

2019 Annual Report on China Building Energy Efficiency

 清华大学建筑节能研究中心　著

U0299640

中国建筑工业出版社

图书在版编目(CIP)数据

中国建筑节能年度发展研究报告. 2019/清华大学建筑节能研究中心著. —北京:中国建筑工业出版社,2019.3(2022.7重印)
ISBN 978-7-112-23374-8

Ⅰ.①中… Ⅱ.①清… Ⅲ.①建筑-节能-研究报告-中国-2019 Ⅳ.①TU111.4

中国版本图书馆 CIP 数据核字(2019)第 037869 号

责任编辑:齐庆梅 张文胜
责任校对:李欣慰

中国城市科学研究系列报告

中国城市科学研究会 主编

中国建筑节能年度发展研究报告 2019

2019 Annual Report on China Building Energy Efficiency

清华大学建筑节能研究中心 著

*

中国建筑工业出版社出版、发行(北京海淀三里河路 9 号)

各地新华书店、建筑书店经销

北京红光制版公司制版

北京凌奇印刷有限责任公司印刷

*

开本:787×1092 毫米 1/16 印张:24½ 字数:423 千字
2019 年 3 月第一版 2022 年 7 月第四次印刷
定价:**70.00** 元
ISBN 978-7-112-23374-8
(33684)

《中国建筑节能年度发展研究报告 2019》
顾问委员会

主任：仇保兴

委员：（以拼音排序）

陈宜明　韩爱兴　何建坤　胡静林

赖　明　倪维斗　王庆一　吴德绳

武　涌　徐锭明　寻寰中　赵家荣

周大地

本 书 作 者

清华大学建筑节能研究中心

胡姗（第1章，2.5，附录）

张洋（第1章，附录）

郭偲悦（第1章，3.2，附录）

夏建军（第2章，第5章）

魏庆芃（2.4，8.9）

郑雯（2.1，2.4）

张亦弛（2.2，2.3，7.6）

尹顺永（2.4，2.5）

方豪（2.4，第5章）

邓杰文（2.4，8.9，9.6）

陈家杨（2.4，2.5，第6章）

江亿（第3章）

李叶茂（第3章，8.5）

付林（第4章，第7章）

郑忠海（4.1，9.3）

吴彦廷（4.2，4.3，4.4，4.5，7.2，7.3，8.1）

单明（6.2，6.4）

李永红（7.4，9.1，9.2，9.9）

王笑吟（8.2）

潘文彪（8.3，8.7）

杨晓霖（8.4）

华靖（8.6）

徐熙（8.8）

赵玺灵（8.8）

罗奥（8.10）

李锋（9.4）

特邀作者

北京市热力集团有限责任公司	陈鸣镝，刘荣（2.4）
中国建筑科学研究院	袁闪闪（2.4）
赤峰学院	王春林（2.4，9.5）
北京清华同衡规划设计研究院有限公司	魏茂林（9.3）
上海中金能源投资有限公司	周聪，陈军，陈永平（9.6）
哈尔滨工业大学	张承虎（9.7）
淄博热力有限公司	汪德刚，王荣鑫，孙刚（9.8）
中国铁路设计集团有限公司	朱建章，刘递多（9.10）
黑龙江爱科德科技有限公司	韩兴旺，李丽娜（9.10）

统稿

胡　姗

总　　序

　　建设资源节约型社会，是中央根据我国的社会、经济发展状况，在对国内外政治经济和社会发展历史进行深入研究之后做出的战略决策，是为中国今后的社会发展模式提出的科学规划。节约能源是资源节约型社会的重要组成部分，建筑的运行能耗大约为全社会商品用能的三分之一，并且是节能潜力最大的用能领域，因此应将其作为节能工作的重点。

　　不同于"嫦娥探月"或三峡工程这样的单项重大工程，建筑节能是一项涉及全社会方方面面，与工程技术、文化理念、生活方式、社会公平等多方面问题密切相关的全社会行动。其对全社会介入的程度很类似于一场新的人民战争。而这场战争的胜利，首先要"知己知彼"，对我国和国外的建筑能源消耗状况有清晰的了解和认识；要"运筹帷幄"，对建筑节能的各个渠道、各项任务做出科学的规划。在此基础上才能得到合理的政策策略去推动各项具体任务的实现，也才能充分利用全社会当前对建筑节能事业的高度热情，使其转换成为建筑节能工作的真正成果。

　　从上述认识出发，我们发现目前我国建筑节能工作尚处在多少有些"情况不明，任务不清"的状态。这将影响我国建筑节能工作的顺利进行。出于这一认识，我们开展了一些相关研究，并陆续发表了一些研究成果，受到有关部门的重视。随着研究的不断深入，我们逐渐意识到这种建筑节能状况的国情研究不是一个课题通过一项研究工作就可以完成的，而应该是一项长期的不间断的工作，需要时刻研究最新的状况，不断对变化了的情况做出新的分析和判断，进而修订和确定新的战略目标。这真像一场持久的人民战争。基于这一认识，在国家能源办、建设部、发改委的有关领导和学术界许多专家的倡议和支持下，我们准备与社会各界合作，持久进行这样的国情研究。作为中国工程院"建筑节能战略研究"咨询项目的部分内容，从 2007 年起，把每年在建筑节能领域国情研究的最新成果编撰成书，作为《中国建筑节能年度发展研究报告》，以这种形式向社会及时汇报。

清华大学建筑节能研究中心

前　　言

按照预先确定的顺序，今年发展报告的主题北方城镇供暖节能。从 2016 年开始，为了改善民生、治理雾霾，也为了调整能源结构，我国开始组织安排了史无前例的"清洁取暖"工程，在 26＋2 个试点城市陆续展开，并还将进一步推广到北方各个地区，全面改变我国目前的城乡冬季供暖状况。这可以看成是十八大以来中央提出的能源革命的重要组成部分，将对我国能源的生产和消费方式带来重大变化，也一定能找回蓝天，让百姓重新呼吸到干净空气。

清洁取暖工程包括北方县域以上的城镇供暖，也包括北方农林牧区的农宅供暖。2020 年的研究报告将主要针对后者，所以今年这本报告主要内容是实现北方城镇建筑清洁供暖的路径及技术与对策。

为了把这个问题写清楚，今年的报告在第 2 章介绍了目前北方城镇建筑供暖现状后，并没有如同以往各年那样直接讨论理念，而是安排了连续 4 章的前序基础内容：第 3 章我国未来的低碳能源发展路线，从我国未来能源生产侧的革命讨论其对北方城镇供暖热源与供暖方式的影响；第 4 章热电联产辨析，说明我国未来城镇供暖的主导热源应为热电联产余热，同时分析了全面发展热电联产方式必须解决的关键问题，给出解决途径；第 5 章工业余热热源介绍，说明我国北方城镇供暖的另一个主要热源是各类工业生产过程排放的低品位余热；第 6 章供暖与大气雾霾治理，从污染排放数据理清了冬季雾霾与供暖热源方式的关系，以及治理目前冬季高污染地区大气质量的途径。在这样四个方面分析的铺垫下，第 7 章才给出我国北方城镇清洁供暖的基本理念、未来途径，就是建成跨地区的供热管网，以热电联产和工业生产过程低品位余热为热源，通过大联网方式为 80％ 的北方城镇提供供暖基础热源，再由设置在末端的天然气作为调峰热源，提高热网的灵活性和可靠性。这样，北方城镇未来 160 亿 m² 建筑每年仅需要约 1600 亿度电力和 110 亿 Nm³ 天然气即可满足供热需求，平均能耗不到目前的一半。所需要的热电联产和工业余热，并不使这些生产过程由于承担供热任务而增加其对大气的污染物排放，除了输配系统和部分提升热源品位所要求的电力消耗以及少量调峰用天然气以外，冬季供暖再不增加任何对大气的污染物排放。这才是我国未来最合适的清洁取暖方式，是从我国特定的资源、环境以及终端用能分布状况，特定的低碳能源结构状况而推导出来的城镇供暖热源结构，也是从大量成功的工程实践案例中提炼总结出来的中国特色的城镇清洁供暖发展路径。这绝不是简单地取缔燃煤，煤改电、煤改气所能解决的问题。

围绕第 7 章给出的清洁取暖途径，本书的第 8 章又对其中相关的技术和政策关键问题一一做了分析和介绍；第 9 章则对应着第 8 章的技术介绍了一批成功的工程案例。技术分析与工程案例进一步说明，本书所描述的技术路线可能是目前清洁取暖诸多方案中初投资最省、运行费用最低、污染物排放最少的路径。所规划的技术路线由一批投资几十亿、上百亿的大型工程构成。这些工程看起来规模空前、投资巨大，但由于是彻底解决问题，每个工程的受益面广，折合单位供暖建筑面积的投资却是各类清洁取暖方案中最低的，而运行费用则更是远低于电供暖、气供暖。已完成工程的投资回收期都小于 10 年。作为基础设施建设投资，应该属于经济效益、社会效益都好的项目。在北方全面建成新型的余热供暖系统，可以彻底解决我国城镇清洁供暖问题，尽管需要的基础设施投资巨大，但其主要是工程费、换热装置、钢材及保温材料费等，通过这些工程拉动投资型内需，解决我国近期经济增长动力不足的问题，又可以实现未来我国北方冬季城镇的清洁、高效、可靠和低成本供暖，这是利国利民造福子孙的大好事！真希望有关部门能够深入研究论证，在本书提出的路线的基础上，做好顶层设计，再利用市场机制，吸收各方面投资和力量，按照统一规划设计好的系统结构分期建设，尽早建成这一世界上最好的、最适合中国现实情况的供热系统。

这本书是由付林教授牵头，完成全书规划设计，并确定主要章节内容。付林教授近十多年来全身心带领团队投入北方城镇清洁取暖事业中。从创新的宏观规划设计到具体的专利技术突破，从典型工程案例的设计实施到关键的新型设备研发试制。付林教授和他的团队呕心沥血，但终于结出了丰硕的果实。这本书在某种意义上讲是这些果实的一个快餐式拼盘，请读者一起分享。当然在这项工作中还凝聚着其他多位老师和同学的心血，尤其是夏建军副教授和他的课题组，他们在工业余热利用上做出了大量工作，支撑了国家在工业余热暖民工程上的重大布局。在中国城镇供热协会、华电集团等单位的大力协助下，夏教授主导了我国北方城镇供热状况的全面调查，这可能也是我国第一次深入细致的全面定量调查，终于得到我国北方地区目前供热状况的现实数据。这些数据成为研究我国今后供热事业发展的基础资料，也是本书提出来的我国未来清洁供热路线的主要依据。

本书的第 1 章和全书的编辑总成负责人是胡姗博士，她本来作为高级研究员在巴黎的 IEA 总部做研究工作，出于对本书的责任感，也出于对中国建筑节能工作的使命感，她于 2018 年 9 月就中断在 IEA 的工作，赶回北京继续本书的组织写作和第 1 章具体的撰写。她所负责的中国建筑能耗与碳排放总体模型是一项长期持续、工作量巨大，且十分繁琐的工作。能够自觉地克服各种困难，在这个领域坚持下去，需要的是对这一事业的神圣使命感和献身精神。感谢胡姗博士的贡献，也希望在她这样的一批志愿者的努力下，这本书能持续写下去，写好，并且能够影响我国和世界的建筑节能事业，使这本书所倡导的中国特色的建筑节能路径成为人类生态文明发展史上的重要组成，为新兴国家在发展过程中解决发展与资源、环境矛盾问题提供参考。当然还应该感谢的是本书的编辑齐庆梅和她的同事，在这么短的时间里，再贴上一个春节长假，还是把这本书高质量地出来了，再次向他们致谢。

于清华大学节能楼

2019 年 1 月 29 日

目　　录

第 1 篇　中国建筑能耗现状分析

第1章 中国建筑能耗基本现状

1.1 中国建筑领域基本现状

近年来，我国城镇化高速发展，大量的人口从农村进入城市。2017年，我国城镇人口达到8.13亿人，城镇居民户数从2001年的1.55亿户增长到约2.92亿户；农村人口5.69亿，农村居民户数从2001年的1.92亿户降低到约1.50亿户，城镇化率从2001年的37.7%增长到2017年的58.5%，如图1-1所示。

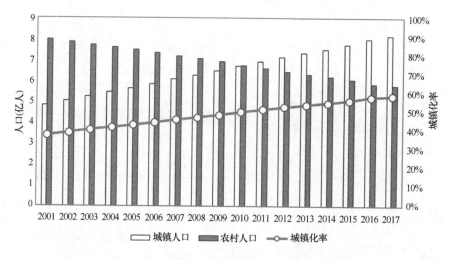

图1-1 中国逐年人口发展（2001~2017年）

快速城镇化带动建筑业持续发展，我国建筑业规模不断扩大。2001年起，我国建筑建造速度维持高位，年竣工面积均超过15亿m^2，2014年达到28.9亿m^2。2015年起，随着宏观经济形势的变化，年竣工面积开始呈现下降的趋势。2017年，我国建筑竣工面积为25.6亿m^2，其中住宅建筑约占2/3，公共建筑约占1/3，如图1-2所示。

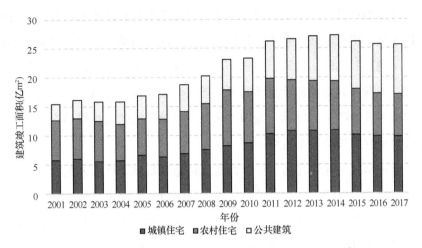

图 1-2 中国各类民用建筑竣工面积（2001～2017 年）❶

保持高位的竣工面积使得我国建筑存量不断增长。2017 年，我国建筑面积总量约 591 亿 m²，其中：城镇住宅建筑面积 238 亿 m²，农村住宅建筑面积 231 亿 m²，公共建筑面积 124 亿 m²，如图 1-3 所示。

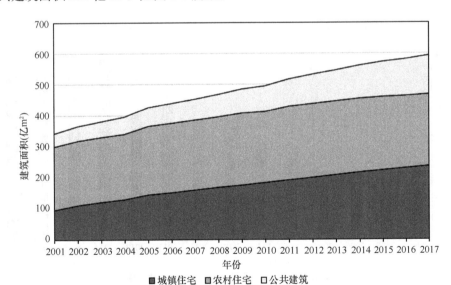

图 1-3 中国建筑面积（2001～2017 年）❷

---

❶ 2017 年全社会住宅竣工面积根据建筑业企业竣工面积相对于 2016 年的变化推算得到。

❷ 数据来源：清华大学建筑节能研究中心估算结果，详细推算方法详见《中国建筑节能年度发展研究报告 2015》。

建筑规模的持续增长主要从两方面驱动了能源消耗和碳排放增长：一方面，不断增长的建筑面积给未来带来了大量的建筑运行能耗需求，更多的建筑必然需要更多的能源来满足其供暖、通风、空调、照明、炊事、生活热水，以及其他各项服务功能；另一方面，大规模建设活动的开展使用大量建材，建材的生产导致了大量能源消耗和碳排放的产生。因此，我国建筑以及基础设施的大规模建设是我国能源消耗和碳排放持续增长的一个重要原因。

建筑业包括民用建筑建造、生产性建筑建造和基础设施如公路、铁路、大坝等的建设。新建建筑以及基础设施的建造带来的建筑业能耗可以从建材的生产、运输到现场施工全过程进行核算分析。清华大学建筑节能研究中心对建筑业的建造能耗和碳排放进行了估算，计算方法详见本书附录。根据估算结果，2004～2017年，中国建筑业建造能耗从接近4亿tce增长到13亿tce，2017年建筑业建造能耗占全社会一次能源消耗的百分比高达30%，如图1-4所示。建材生产的能耗是建筑业建造能耗的最主要组成部分，其中钢铁和水泥的生产能耗占到建筑业建造总能耗的80%以上。

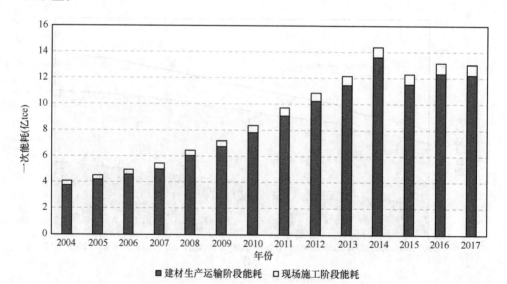

图1-4 建筑业建造能耗（2004～2017年）

大量建材的生产不仅消耗大量的能源，同时也会产生大量的二氧化碳排放。根据估算，2017年我国建筑业建造相关的碳排放总量高达43.8亿tCO_2，接近我国碳排放总量的1/2。

在民用建筑建造方面,随着我国城镇化进程不断推进,民用建筑建造能耗也迅速增长。清华大学建筑节能研究中心估算了民用建筑的建造能耗,如图1-5所示。可以看出,这一部分的能耗从2004年的2.1亿tce增长到2017年的5.2亿tce,其中城镇住宅、农村住宅、公共建筑分别占比42%、14%、44%。

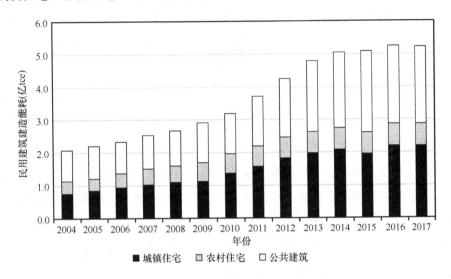

图1-5 历年竣工民用建筑建造能耗(2004~2017年)

在建筑面积迅速增加的同时,我国建筑空置情况也开始凸显。根据清华大学建筑节能研究中心2015年在全国城镇住户中开展的问卷调查,全国约有20%的城镇住宅空置无人居住;2017年,西南财经大学中国家庭金融调查与研究中心发布的《2017中国城镇住房空置分析》中给出:2011年、2013年、2015年和2017年我国城镇地区住房空置率分别为18.4%、19.5%、20.6%和21.4%,2017年全国城镇地区有6500万套空置住房;2015年,腾讯房产研究院在《2015中国住房空置率调查报告》中基于468130份问卷给出我国一线城市、二线城市、三四线城市的住房空置率分别为22%、24%和26%;中央党校国际战略研究所副所长周天勇给出2015年我国城镇已经被购买和竣工住宅的空置率约在20%~25%之间。根据第一太平戴维斯的《中国写字楼市场2017》,2016年第四季度,西安、重庆等城市的写字楼空置率在40%以上,天津、成都、沈阳、无锡等多个城市的空置率在20%以上。《中国农村发展报告2018》显示,北京农村地区近八成村庄有闲置农宅,个别山村的闲置率在15%以上。国家电网基于"一年一户用电量不超过

20度"为"空置"房屋的假设,分析认为在 2017 年,大中城市房屋空置率为 11.9%、小城市为 13.9%、农村为 14%。上述研究结果表明,我国目前存在大量建筑空置、无人居住,这无疑是对社会资源的巨大浪费。在城镇地区,很多空置建筑的产生是因为这些建筑并非从实际使用的角度来进行规模的合理设计和建造,而是能多建则多建,但实际上建筑并未完全使用。在农村地区,则很大程度是由于城镇化推进导致的人口迁移。对不同的空置房屋,需要采取不同的应对措施与解决途径。

对比我国与世界其他国家的人均建筑面积水平,可以发现我国的人均住宅面积已经接近发达国家水平,但人均公共建筑面积还相对处在低位,未来公共建筑存在一定的发展空间。根据建筑功能的差别,可以将公共建筑分为政府办公、商业办公、酒店、商场、医院、学校以及其他等类型,目前我国人均办公建筑面积已经与发达国家接近,而商场、医院、学校的人均面积还相对较低,随着电子商务的快速发展,商场的规模很难继续增长,医院、学校可能是下一阶段公共建筑面积增长的主要分项。此外,其他建筑中包括交通枢纽、文体建筑以及社区活动场所等,预计在未来也将成为主要发展的公共建筑类型。

此外,建筑业的增长在很大程度上受到国内房地产行业政策的影响。近年来,配合我国整体经济形势与发展需求,房地产行业的政策目标逐渐从"稳经济"转变为"去库存",国家层面出台了大量房地产调控性政策:2012 年 3 月,国家发展改革委下发《关于 2012 年深化经济体制改革重点工作的意见》,提出扩大房产税试点范围;2013 年 2 月,国务院发布"新国五条",以及 2013 年 3 月发布的《国务院办公厅关于继续做好房地产市场调控工作的通知》,均强调了完善稳定房价工作责任制、坚决抑制投机投资性购房的要求;2013 年 5 月,国务院发布《2013 年深化经济体制改革重点工作的意见》,提出扩大个人住房房产税改革试点范围;2016 年底,中央经济工作会议首次提出,要坚持"房子是用来住的、不是用来炒的"的定位,要求回归住房居住属性,并在 2017 年十九大会议上再次强调。这些都表明了国家稳定房地产市场并维持其健康发展的决心和态度,且已经对建筑业发展产生了一定影响。

总的来说,经过快速城镇化过程,我国民用建筑的建设已经基本满足人民生活的需求。在十八大之后我国全面深化改革、加快产业转型升级的背景下,建筑业产值以及建筑施工面积增速均有所放缓，并且竣工面积在 2015 年出现下降，水泥、钢铁、玻璃等建材的消耗量也随之降低，导致了我国建筑业建造能耗以及相关碳排放的下降。在下一阶段，我国建筑业和房地产业将着力于解决发展不均衡、不充分的矛盾。

1.2 中国建筑运行能耗及碳排放现状

1.2.1 定义及分类

建筑运行能耗，指的是民用建筑的运行能耗，即在住宅、办公建筑、学校、商场、宾馆、交通枢纽、文体娱乐设施等非工业建筑内，为居住者或使用者提供供暖、通风、空调、照明、炊事、生活热水，以及其他为了实现建筑的各项服务功能所使用的能源。考虑到我国南北地区冬季供暖方式的差别、城乡建筑形式和生活方式的差别，以及居住建筑和公共建筑人员活动及用能设备的差别，将我国的建筑用能分为北方城镇供暖用能、城镇住宅用能（不包括北方地区的供暖）、公共建筑用能（不包括北方地区的供暖），以及农村住宅用能四类。

1. 北方城镇供暖用能

指的是采取集中供暖方式的省、自治区和直辖市的冬季供暖能耗，包括各种形式的集中供暖和分散供暖。地域涵盖北京、天津、河北、山西、内蒙古、辽宁、吉林、黑龙江、山东、河南、陕西（秦岭以北）、甘肃、青海、宁夏、新疆的全部城镇地区，以及四川的一部分。西藏、川西、贵州部分地区等，冬季寒冷，也需要供暖，但由于当地的能源状况与北方地区完全不同，其问题和特点也很不相同，需要单独论述。将北方城镇供暖部分用能单独考虑的原因是，北方城镇地区的供暖多为集中供暖，包括大量的城市级别热网与小区级别热网。与其他建筑用能以楼栋或者以户为单位不同，这部分供暖用能在很大程度上与供暖系统的结构形式和运行方式有关，并且其实际用能数值也按照供暖系统来统一统计核算，所以把这部分建筑用能作为单独一类，与其他建筑用能区别对待。目前的供暖系统按热源系统形式及规模分类，可分为大中规模的热电联产、小规模热电联产、区域燃煤锅炉、区域燃气锅炉、小区燃煤锅炉、小区燃气锅炉、热泵集中供暖等集中供暖方式，以及户式燃气炉、户式燃煤炉、空调分散供暖和直接电加热等分散供暖方式。使用的能源种类主要包括燃煤、燃气和电力。本书考察各类供暖系统的一次能耗，包括热源和热力站损失、管网的热损失和输配能耗，以及最终建筑的得热量。

2. 城镇住宅用能（不包括北方地区的供暖）

指的是除了北方地区的供暖能耗外，城镇住宅所消耗的能源。在终端用能途径上，包括家用电器、空调、照明、炊事、生活热水，以及夏热冬冷地区的省、自治区和直辖市的冬季供暖能耗。城镇住宅使用的主要商品能源种类是电力、燃煤、天然气、液化石油气和城市煤气等。夏热冬冷地区的冬季供暖绝大部分为分散形式，热源方式包括空气源热泵、直接电加热等针对建筑空间的供暖方式，以及炭火盆、电热毯、电手炉等各种形式的局部加热方式，这些能耗都归入此类。

3. 商业及公共建筑用能（不包括北方地区的供暖）

这里的商业及公共建筑指人们进行各种公共活动的建筑。包含办公建筑、商业建筑、旅游建筑、科教文卫建筑、通信建筑以及交通运输类建筑，既包括城镇地区的公共建筑也包含农村地区的公共建筑，但不包括工业厂房建筑。这是因为工业厂房建筑的能耗主要与工业生产过程有关，因此将其能耗统一归入工业能耗中。除了北方地区的供暖能耗外，建筑内由于各种活动而产生的能耗，包括空调、照明、插座、电梯、炊事、各种服务设施，以及夏热冬冷地区城镇公共建筑的冬季供暖能耗。公共建筑使用的商品能源种类是电力、燃气、燃油和燃煤等。

4. 农村住宅用能

指农村家庭生活所消耗的能源，包括炊事、供暖、降温、照明、热水、家电等。农村住宅使用的主要能源种类是电力、燃煤和生物质能（秸秆、薪柴）。其中的生物质能部分能耗不纳入国家能源宏观统计，本书将其单独列出。2014 年之前的《中国建筑节能年度发展研究报告》在公共建筑分项中仅考虑了城镇地区公共建筑，而未考虑农村地区的公共建筑，农村公共建筑从用能特点、节能理念和技术途径各方面与城镇公共建筑并无太大差异，因此从 2015 年起将农村公共建筑也统计入公共建筑用能一项，统称为公共建筑用能。

1.2.2   能耗总量及碳排放

本章的建筑能耗数据来源于清华大学建筑节能研究中心建立的中国建筑能耗模

型（China Building Energy Model，简称 CBEM）的研究成果。本书中尽可能单独统计核算电力消耗和其他类型的终端能源消耗，当必须把两者合并时，采用供电煤耗法对耗电量进行换算，即按照每年的全国平均火力供电煤耗系数把电力消耗量换算为用标准煤表示的一次能耗。分析我国建筑能耗现状和从 2001 年到 2017 年的变化情况可知，2001～2017 年，建筑运行能耗总量及其中电力消耗量均大幅增长（见图 1-6）。

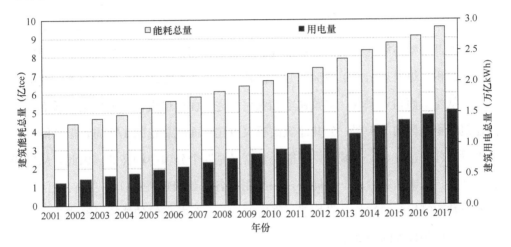

图 1-6　中国建筑运行消耗的一次能耗和电总电量（2001～2017 年）❶

如表 1-1 所示，2017 年建筑运行的总商品能耗为 9.63 亿 tce❶，约占全国能源消费总量的 21%，建筑商品能耗和生物质能共计 10.5 亿 tce（其中生物质能耗约0.9 亿 tce）。

中国建筑能耗（2017 年）　　　　　　　　　　表 1-1

用能分类	宏观参数 （面积/户数）	电 （亿 kWh）	总商品能耗 （亿 tce）	能耗强度
北方城镇供暖	140 亿 m²	513	2.01	14.4kgce/m²
城镇住宅 （不含北方地区供暖）	2.88 亿户 238 亿 m²	5074	2.26	784kgce/户
公共建筑 （不含北方地区供暖）	123 亿 m²	7436	2.93	23.9kgce/m²

❶　2017 年全国火电厂的供电煤耗系数为 309gce/kWh。

续表

用能分类	宏观参数 （面积/户数）	电 （亿 kWh）	总商品能耗 （亿 tce）	能耗强度
农村住宅	1.52 亿户 231 亿 m²	2287	2.43	1560kgce/户
合计	13.9 亿人 592 亿 m²	15311	9.63	693kgce/人

将四部分建筑能耗的规模、强度和总量表示在图 1-7 中的 4 个方块中，横向表示建筑面积，纵向表示四单位面积建筑能耗强度，四个方块的面积即是建筑能耗的总量。从建筑面积上来看，城镇住宅和农村住宅的面积最大，北方城镇供暖面积约占建筑面积总量的 1/4 弱，公共建筑面积仅占建筑面积总量的 1/5 弱，但从能耗强度来看，公共建筑和北方城镇供暖能耗强度又是四个分项中较高的。因此，从用能总量来看，基本呈四分天下的局势，四类用能各占建筑能耗的 1/4 左右。近年来，随着公共建筑规模的增长及平均能耗强度的增长，公共建筑的能耗已经成为中国建筑能耗中比例最大的一部分。

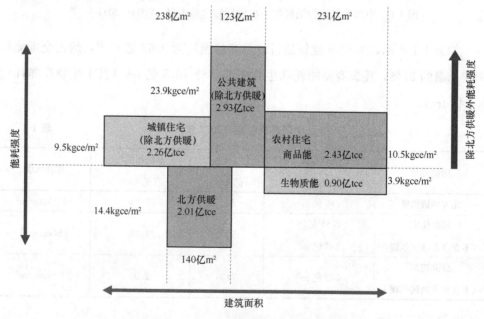

图 1-7   2017 年中国建筑运行能耗总量及强度

整体看来，建筑运行阶段消耗的能源种类主要有电、煤、天然气和城市集中供热系统供应的热量。其中，城镇住宅和公共建筑这两类建筑运行消耗的能源主要为电；农村住宅与城镇住宅消耗的能源品种有较大差异，除了电以外，农村住宅尤其是北方农村地区的住宅建筑还消耗了大量的煤用于供暖和炊事热水；北方城镇供暖消耗的热力主要来源为热电联产和各类燃煤燃气锅炉生产的热力，因此消耗的一次能源也主要为煤。

而从我国的发电结构中，火电占了72%的比例，水电占到20%，其余是核电、风电和太阳能。根据全国发电量的结构、火力发电的能源平衡表，可以计算得到全国平均的度电碳排放因子。根据建筑运行的能源结构及各类能源的碳排放因子可以计算得到全国建筑运行能耗相关的碳排放总量。2017年中国建筑运行的化石能源消耗相关的碳排放为21.3亿吨CO_2。其中由于电力消耗带来的碳排放为9亿吨[1]，占建筑运行相关碳排放总量的43%。其次，由于北方集中供暖的热力消耗带来的碳排放占22%，直接燃煤导致的碳排放占20%。从全国总量来看，人均建筑运行的碳排放量为1.5t/cap，约占全国人均总碳排放量的20%（见图1-8）。

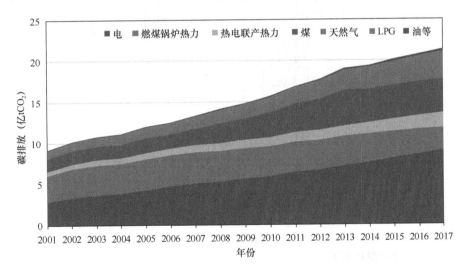

图 1-8　2001～2017 年中国建筑运行化石能源相关的碳排放量

2017年四个建筑用能分项的碳排放比例为：农村住宅29%，公共建筑26%，

---

[1]　2017 年全国电力碳排放因子取值为 592gCO_2/kWh。

北方供暖 26%，城镇住宅 19%。将四部分建筑碳排放的规模、强度和总量表示在图 1-9 中的四个方块中，横向表示建筑面积，纵向表示四单位面积碳排放强度，四个方块的面积即是碳排放总量。可以发现四个分项的碳排放呈现与能耗不尽相同的特点：公共建筑由于建筑能耗强度最高，所以单位建筑面积的碳排放强度也最高，为 $48kgCO_2/m^2$；而北方供暖分项由于大量燃煤生产热力，碳排放强度次之，为 $38kgCO_2/m^2$；农村住宅和城镇住宅单位面积的一次能耗强度相关不大，但农村住宅用能结构中电力和天然气的比例均低于城镇住宅，直接燃煤比例高，所以单位面积的碳排放强度高于城镇住宅；农村住宅单位建筑面积的碳排放强度为 $26kgCO_2/m^2$，而城镇住宅单位建筑面积的碳排放强度为 $17kgCO_2/m^2$。

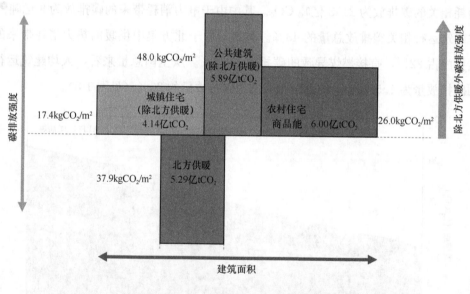

图 1-9 2017 年中国建筑运行能耗相关的碳排放总量及强度

1.2.3 分项用能特点

结合四个用能分项 2001～2017 年的变化（见图 1-10），从各类能耗总量上看，除农村用生物质能持续降低外，各类建筑的用能总量都有明显增长；而分析各类建筑能耗强度，进一步发现以下特点：

（1）北方城镇供暖的能耗强度近年来持续下降，显示了建筑节能工作以及近年

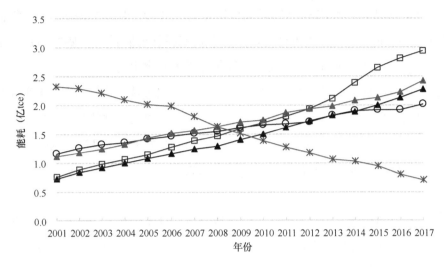

图 1-10　2001～2017 年各用能分类的能耗总量逐年变化

——▲—— 城镇住宅　——○—— 北方供暖　——□—— 公共建筑　——▲—— 农村住宅　——✳—— 农村生物质

来清洁供暖工作的成效，具体详见本书第 2 篇的相关章节。

（2）公共建筑单位面积能耗强度持续增长，各类公共建筑终端用能需求（如空调、设备、照明等）的增长，是建筑能耗强度增长的主要原因，尤其是近年来新区建设导致的大体量、高能耗强度公共建筑不断新增，导致公共建筑整体的能耗强度持续增长。

（3）城镇住宅户均能耗强度增长，这是由于生活热水、空调、家电等用能需求增加，由于节能灯具的推广，住宅中照明能耗没有明显增长，炊事能耗强度也基本维持不变；但夏热冬冷地区的冬季供暖问题以及住宅中的空调能耗近年来持续增长，也引起了对供暖和空调节能发展路径的广泛讨论。

（4）农村住宅商品能耗增加的同时，生物质能使用量持续快速减少，在农村人口减少的情况下，农村住宅商品能耗总量大幅增加，全国平均的农村户均商品能耗已经与城镇住宅户均商品能水平基本一致。

下面对每一个用能分类的变化进行详细的分析。

1. 北方城镇供暖

2017 年北方城镇供暖能耗为 2.01 亿 tce，占建筑能耗的 21%。2001～2017年，北方城镇建筑供暖面积从 50 亿 m² 增长到 140 亿 m²，增加了将近 2 倍，而能耗总量增加不到 1 倍，能耗总量的增长明显低于建筑面积的增长，体现了节能工作取得的显著成绩——平均的单位面积供暖能耗从 2001 年的 23kgce/m²，降低到 2017 年的 14kgce/m²，降幅明显。具体说来，能耗强度降低的主要原因包括建筑保温水平提高、高效热源方式占比提高和供热系统效率提高。

（1）建筑围护结构保温水平的提高。近年来，住房城乡建设部通过多种途径提高建筑保温水平，包括：建立覆盖不同气候区、不同建筑类型的建筑节能设计标准体系、从 2004 年底开始的节能专项审查工作，以及既有居住建筑节能改造等，这三方面工作使得我国建筑的保温水平整体大大提高，起到了降低建筑实际需热量的作用。

（2）高效和清洁供暖热源方式占比迅速提高。总体看来，随着北方地区冬季清洁供暖工作的逐步推进，高效的热电联产集中供暖、区域锅炉方式大量取代小型燃煤锅炉房和户式分散小煤炉，使得热源的整体效率大幅手提升；随着"煤改气"、"煤改电"政策的推广，以燃气为能源的供暖方式比例增加，同时水源地源热泵、空气源热泵供暖的面积也快速发展；除此以外工业余热供暖、生物质供暖、太阳能供暖等可再生能源供暖方式也开始出现。

（3）供暖效率提高。"十二五"以来开展供暖系统节能增效改造以及清洁供暖工作的推进，使得各种形式的集中供暖系统效率得以整体提高。

关于北方供暖能耗的具体现状、特点详见本书第 2 篇的相关章节。

2. 城镇住宅（不含北方供暖）

2017 年城镇住宅能耗（不含北方供暖）为 2.26 亿 tce，占建筑总商品能耗的 23%，其中电力消耗 5074 亿 kWh。从 2001～2017 年我国城镇住宅各终端用能途径的能耗总量增长近 2 倍。

2001～2017 年城镇住宅规模总量增加了 2 倍多，从用能的分项来看，炊事、家电和照明是中国城镇住宅除北方集中供暖外耗能比例最大的三个分项，由于我国已经采取了各项提升炊事燃烧效率、家电和照明效率的政策和相应的重点工程，所以这三项终端能耗的增长趋势已经得到了有效的控制，近年来的能耗总量年增长率均比较低。对于家用电器、照明和炊事能耗，最主要的节能方向是提高用能效率和尽量降低待机能耗，例如：节能灯的普及对于住宅照明节能的成效显著，对于家用电器中，有一些需要注意的：电视机、饮水机的待机会造成能量大量浪费的电器，应该提升生产标准，例如加强电视机机顶盒的可控性、提升饮水机的保温水平，避免待机的能耗大量浪费。对于一些会造成居民生活方式改变的电器，例如衣物烘干机等，不应该从政策层面给予鼓励或补贴，警惕这类高能耗电器的大量普及造成的能耗跃增。而另一方面，夏热冬冷地区冬季供暖、夏季空调以及生活热水能耗虽然目前所占比例不高，户均能耗均处于较低的水平，但增长速度十分快，夏热冬冷地区供暖的年平均增长率更是高达 50％以上。因此这三项终端用能的节能应该是我国城镇住宅下阶段节能的重点工作，方向应该是避免在住宅内大面积使用集中系统，提高目前分散式系统，同时提高各类分散式设备的能效标准，在室内服务水平提高的同时避免能耗的剧增。

3. 公共建筑（不含北方供暖）

2017 年全国公共建筑面积约为 123 亿 m^2，其中农村公共建筑约有 13 亿 m^2。公共建筑总能耗（不含北方供暖）为 2.93 亿 tce，占建筑总能耗的 31％，其中电力消耗为 7436 亿 kWh。公共建筑总面积的增加、大体量公共建筑占比的增长，以及用能需求的增长等因素导致了公共建筑单位面积能耗从 16.8kgce/m^2 增长到 23.9kgce/m^2，能耗强度增长迅速，同时能耗总量增幅显著。

我国城镇化快速发展促使了公共建筑面积大幅增长，2001 年以来，公共建筑竣工面积接近 80 亿 m^2，约占当前公共建筑保有量的 79％，即 3/4 的公共建筑是在 2001 年后新建的。这一增长一方面是由于近年来大量商业办公楼、商业综合体等商业建筑的新建，另一方面是由于我国全面建设小康社会、提升公共服务的推进，相关基础设施需逐渐完善，公共服务性质的公共建筑，如学校、医院、体育场馆等的规模将有所增加。在公共建筑面积迅速增长的同时，大体量公共建筑占比也显著增长，这一部分建筑由于建筑体量和形式约束导致的空调、通风、照明和电梯等用能强度远高于普通公共建筑，这也是我国公共建筑能耗强度持续增长的重要原因。尽管我国公共建筑面积增长迅速，但我国目前的人均公共建筑面积约为美国的1/3，约为英国、法国、日本的 50％～60％。我国商场、医院、学校的人均面积还相对较低，商场的规模很难继续增长，但医院、学校可能是下一阶段我国公共建筑面积和能耗增长的主要分项。此外，我国目前城镇化的重点已经从普遍扩张性建设转移到对一些新区的高强度开发，新区的成立乃至于开发建设上升为国家战略。例如目前正在开发的雄安新区、北京通州副中心、西安西咸新区、郑州郑东新区、成都天府新区、深圳前海自贸区、珠海横琴岛等，截至 2017 年 12 月，中国国家级新区总数共 19 个。这些新区都将兴建大量的公共建筑，应该按照什么思路建造这些新区的公共建筑，以实现未来的节能低碳和可持续发展，也是公共建筑节能需要深入研究的方向。关于我国公共建筑发展、能耗特点及节能理念和技术途径的讨论及详细数据详见 2018 年《中国建筑节能年度发展研究报告》。

4. 农村住宅

2017 年农村住宅的商品能耗为 2.43 亿 tce，占建筑总能耗的 25%，其中电力消耗为 2287 亿 kWh，此外，农村生物质能（秸秆、薪柴）的消耗约折合 0.9 亿 tce。随着城镇化的发展，2001～2017 年农村人口从 8.0 亿减少到 5.8 亿人，而农村住房面积从人均 26m²/人增加到 40m²/人 ❶，随着城镇化的逐步推进，农村住宅的规模已经基本稳定在 230～240 亿 m²。

随着农村电力普及率的提高、农村收入水平的提高，以及农村家电数量和使用的增加，农村户均电耗呈快速增长趋势。同时，越来越多的生物质能被散煤和其他商品能源替代，这就导致农村生活用能中生物质能源的比例迅速下降。以家庭户为单位来看农村住宅能耗的变化，户均总能耗没有明显的变化，但生物质能占总能耗的比例大幅下降，户均商品能耗从 2001 年至 2017 年增长了一倍多。

作为减少碳排放的重要技术措施，生物质以及可再生能源利用将在农村住宅建筑中发挥巨大作用。在《能源技术革命创新行动计划（2016—2030 年）》中，提出将在农村开发生态能源农场，发展生物质能、能源作物等。在《生物质能发展"十三五"规划》中，明确了我国农村生物质用能的发展目标，"推进生物质成型燃料在农村炊事采暖中的应用"，并且将生物质能源建设成为农村经济发展的新型产业。同时，我国于 2014 年发布《关于实施光伏扶贫工程工作方案》，提出在农村发展光伏产业，作为脱贫的重要手段。如何充分利用农村地区各种可再生资源丰富的优势，通过整体的能源解决方案，在实现农村生活水平提高的同时不使商品能源消耗同步增长，加大农村非商品能利用率，既是我国农村住宅节能的关键，也是我国能源系统可持续发展的重要问题。

近年来随着我国东部地区的雾霾治理工作和清洁供暖工作的深入展开，北方各省市农村开始了冬季供暖煤改电、煤改气。各级政府和相关企业投入巨大资金增加

---

❶ 中国国家统计局. 中国统计年鉴 2014. 北京：中国统计出版社.

农村供电容量、铺设燃气管网、改原来的小燃煤供暖为电力驱动的空气源热泵、电热、或燃气炉。至2016年年底，北京、天津、河北、山东等省市已经相继完成了近50万农户的燃煤炉改造。2017年北方农村地区煤改电、煤改气的推行力度进一步加大，农村地区的用电量和用气量出现了大幅增长，关于农村地区电和天然气的消耗量的数据正在统计调查中，将在2020年《中国建筑节能年度发展研究报告》中进行发布和探讨。农村地区能源结构的调整将彻底改变目前农村的用能方式，促进农村的现代化进程。利用好这一机遇，科学规划，实现农村能源供给侧和消费侧的革命，建立以生物质能、可再生能源为主，电力为辅的新的农村生活用能系统，将对实现我国当前的能源革命的起重要作用。

1.3　中国清洁取暖政策新进展

1.3.1　清洁取暖：解决我国社会主要矛盾的一个实践

党的十九大提出我国社会目前的主要矛盾是人民日益增长的美好生活需要和不平衡不充分的发展之间的矛盾，当前北方开展的清洁取暖重大工程正是源于对这一矛盾的深刻认识所提出。

随着我国城镇化的飞速进展，北方城市建筑冬季供暖也有了显著改善。城市供暖的主要问题已经从20年前的室温低、高投诉、热费上缴率低等民生问题转变成为目前的室内过热、高能耗和降低污染物排放等面向生态文明发展的新要求。而目前仍接近人口50%的北方农村，冬季室内取暖却逐渐显现出多方面问题：尽管户均耗煤量已超过城市居民水平，但冬季室内温度大多在10～16℃之间，不足以满足室内舒适性的基本要求；大量分散的散煤低效燃烧导致冬季室内外空气质量恶化，并且还成为形成冬季北方大面积PM2.5的主要污染源之一。

据统计，在清洁取暖行动之前，尽管京津冀地区农村取暖散煤燃烧仅占当时这一地区燃煤总量的不到25%，但其排放的粉尘和氮氧化合物却占这一地区由于燃煤排放的粉尘和氮氧化合物总量的60%以上。在农村实现清洁取暖，已成为广大农民对美好生活的重要诉求。改变农村的取暖方式，改善农村冬季室内外空气质量，是涉及"农村生活方式革命"的重大任务。

由此，我国开展清洁取暖重大工程的主要目的是：

（1）全面满足北方地区城乡建筑冬季供暖的要求；满足人民对美好生活的追求；

（2）大幅度降低冬季供暖燃烧形成的 PM2.5 相关污染物的排放，从而改善北方冬季雾霾现象；

（3）降低北方地区由于冬季城乡供暖导致的化石能源消耗总量和碳排放总量。

从 2016 年底到 2019 年初的三个供暖季，我国中央和地方政府相继出台清洁取暖规划以及工作方案，稳步推进清洁取暖工作进程。

1.3.2   北方地区冬季清洁取暖规划

2016 年 12 月 21 日，中共中央总书记、国家主席、中央军委主席、中央财经领导小组组长习近平主持召开中央财经领导小组第十四次会议，强调推进北方地区冬季清洁取暖等 6 个问题，都是大事，关系广大人民群众生活，是重大的民生工程、民心工程。推进北方地区冬季清洁取暖，关系北方地区广大群众温暖过冬，关系雾霾天能不能减少，是能源生产和消费革命、农村生活方式革命的重要内容。要按照企业为主、政府推动、居民可承受的方针，宜气则气，宜电则电，尽可能利用清洁能源，加快提高清洁供暖比重。由此，"清洁取暖"首次进入全国视野，在北方地区引起了广泛讨论。2017 年 3 月 5 日，国务院总理李克强在第十二届全国人民代表大会第五次会议上做政府工作报告，在 9 项国家年度重点任务中的第 7 点强调"坚决打好蓝天保卫战"，又一次提到了"推进北方地区冬季清洁取暖"，将"清洁取暖"推上新高度，中央和北方地区的地方政府也投入制定具体规划和技术路线的工作中。

国家发展改革委、能源局、财政部、环境保护部、住房城乡建设部、国资委、质检总局、银监会、证监会、军委后勤保障部制定了《北方地区冬季清洁取暖规划（2017—2021 年）》，经国务院同意后于 2017 年 12 月 5 日印发全国。规划对"清洁取暖"给出了明确定义："清洁取暖是指利用天然气、电、地热、生物质、太阳能、工业余热、清洁化燃煤（超低排放）、核能等清洁化能源，通过高效用能系统实现低排放、低能耗的取暖方式，包含以降低污染物排放和能源消耗为目标的取暖全过程，涉及清洁热源、高效输配管网（热网）、节能建筑（热用户）等环节。"指明了清洁取暖必须从热源、热网和用户末端三个方面同时推进，缺一不可，并在规划中针对这三方面提出了具体的推进策略，即"因地制宜选择供暖热源"、"全面提升热网系统效率"、"有效降低用户取暖能耗"。

在热源方面，规划从可再生能源供暖、天然气供暖、电供暖、工业余热供暖以及清洁燃煤集中供暖五个方面给出了工作建议。值得关注的是，规划将"因地制宜"放在了极其重要的位置，提出了"坚持因地制宜，居民可承受"的指导原则，在立足本地资源禀赋，充分考虑居民消费能力的基础上，采取适宜的清洁取暖策略。提出对于天然气供暖要在落实气源的前提下有序推进"煤改气"工作。对于电供暖要充分结合供暖区域的热负荷特性、环保生态要求、电力资源、电网支撑能力等因素因地制宜地发展，鼓励因地制宜地推广空气源、水源、地源热泵供暖，发挥电能的高品质优势。规划中还针对可再生能源供暖、工业余热供暖以及清洁燃煤集中供暖提出了建议，鼓励发展地热供暖、生物质能清洁供暖、太阳能供暖；在开展工业余热供热资源调查的基础上，继续做好工业余热回收供暖；充分利用热电联产机组的供热能力发展清洁燃煤集中供暖，找到环境保护与成本压力平衡的有效方式。

在热网方面，规划要求从加大供热管网改造力度以及加快供热系统升级两个方面全面提升热网系统效率，提出加大老旧一、二级管网、换热站及室内供暖系统的节能改造，通过增设必备的调节控制设备和热计量等手段，推动供热企业加快供热系统自动化升级改造，实现从热源、一级管网、热力站、二级管网及用户终端的全系统的运行调节、控制和管理。

在用户末端方面，规划要求通过提高建筑用能效率、完善供暖末端系统、推广按热计量收费方式来有效降低用户的供暖能耗，强调加强北方地区建筑的围护结构保温性能，根据供热系统所在地的气候特征、建筑类型、使用规律、舒适度要求和控制性能，按照节约能源、因地制宜的原则，合理确定室内供暖末端形式，逐步推广低温供暖末端形式。

1.3.3　各省市清洁取暖工作进展情况

在《北方地区冬季清洁取暖规划（2017—2021年）》发布前，大部分北方地区就编制了相关的十三五规划，天津、河北、内蒙古、北京、山西、吉林、黑龙江、河南、甘肃、辽宁、山东、青海等地所编制的相关规划均针对清洁取暖提出了各自的要求。

《天津市供热发展"十三五"规划》指出要继续增大热电联产供热和可再生及其他清洁能源供热比例至51％和8.4％以上，压减燃煤锅炉供热比例至20％以下；建设工程中包括新建燃气热电厂、深层地热以及污水源热泵供热项目。《河北城镇供热"十三五"规划》在供热热源建设方面指出，首先推进大中型燃煤热电联产机组建设，大力推进热电厂余热供热新技术，提高能源利用率；深度挖潜小型热电机组供热资源，积极推进燃煤背压热电机组建设，最大限度减少供热对环境承载力影响；加大天然气资源利用，提高清洁能源供热能力；加大工业生产余热资源的开发利用，力争2020年工业余热供热面积达到2.5亿 m²；科学合理利用地热能资源，供热能力累计达到1.3亿 m²；积极推广电能、生物质能等清洁能源的供热利用；推进35蒸吨/h以下的小锅炉拆除替代工作，并对其他供热锅炉实施节能提效和环保改造。《内蒙古自治区城镇集中供热设施建设"十三五"规划》强调要注意开源，城市供热应尽可能挖掘现在被排放的和没有被充分利用的低品位热能，用它来提供冬季供暖；在资源允许的条件下，大力积极发展天然气、地热、太阳能等清洁能源和可再生能源供热，控制使用洁净煤燃烧技术供热。《北京市"十三五"时期能源发展规划》提出要发展城乡清洁供热，积极发展电厂余热回收、再生水源热泵等新型供热方式；完成通州运河核心区区域能源中心建设和燃煤锅炉清洁改造，扩大三河热电厂向通州供热规模；加快延庆新城清洁能源供热替代，推进张家口绿色电力向延庆供热，实现涿州热电厂向房山供热；并在管道天然气通达的平原地区乡镇，优先采用天然气供热，未通达地区优先采用热泵或"煤改天然气（LNG/CNG）"等方式供热；因地制宜推广太阳能、地源热泵等新型供热方式。《山西省"十三五"综合能源发展规划》指出通过大力推进热电联产集中供热机组和清洁能源替代城市小锅炉供热，全面淘汰燃煤小锅炉；逐步扩大民用太阳能、地热能设备的使用范围，推广户用太阳能热水，开展农村沼气利用和地热能取暖。《吉林省能源发展"十三五"规划》指出要实施散煤综合治理，加快淘汰分散燃煤锅炉；根据热需求，在长春、吉林、松原、延边、辽源等地区规划一批背压机组热电联产项目；通过对电热膜、地源热泵等技术的推广应用，加快电供暖在全省城镇化进程中的应用。《黑龙江省能源发展"十三五"规划》指出要积极实施散煤治理，城市区域重点推进集中供热和天然气等清洁能源利用，基本实现散煤归零；燃煤热电联产方面优先发展背压式机组，加快淘汰落后产能；宜气则气、宜电则电，因地制宜探索电供暖、燃气供暖、分散供暖"煤改电"、地热能利用等新型供热方式，提高冬季清洁取暖比重。《河南省"十三五"能源发展规划》指出要加快发展热电联产，鼓励因地制宜采用大型超低排放燃煤或燃气锅炉、可再生能源供热等方式，满足居民和工业生产需要；提升生物质能源开发利用水平发展生物质热电联产、生物质锅炉以及成型燃料；合理利用地热能，重点开发浅层地热能，规范发展中深层地热能。《甘肃省"十三五"能源发展规划》指出要结合全省电力供需形势及各地民生供热需求，严控煤电新增和总量规模，因厂制宜采用汽轮机通流部分改造、锅炉烟气余热回收利用、电机变频、供热改造等成熟适用的节能改造技术，逐步淘汰分散燃煤锅炉；在河西走廊西端敦煌、金塔等光热条件较好的地区开展太阳能光热发电示范工程，建设光热发电基地，加强光热发电在城市供暖等方面的系统化应用；积极发展地热能和生物质能，建设一批以地热供暖为主的示范基地、示范小区。《辽宁省"十三五"节能减排综合工作实施方案》提出严控新建燃煤锅炉，加快发展热电联产和集中供热，逐步取消现有工业园区及产业聚集区分散燃煤锅炉，在供热供气管网不能覆盖的地区，改用电、清洁能源或洁净煤；到 2020 年，全面实现高效一体化供热，城市建成区内取缔 20t 及以下燃煤锅炉；推进余热暖民节能重点工程。《山东省"十三五"节能减排综合工作方案》指出积极发展热电联产，鼓励推行集中供热和分布式供热，整合现有分散供热锅炉和小型供热机组，大力推进区域热电联产、工业余热回收利用，提高集中供热普及率；因地制宜采用生物质能、太阳能、空气热能、浅层地热能等解决农房供暖、炊事、生活热水等用能需求，提升农村能源利用的清洁化水平。《青海省"十三五"节能减排综合工作方案》指出要推动低品位余热发电、煤炭清洁高效利用，推广高效烟气除尘和余热回收一体化、高效热泵等成熟使用技术；建立可再生能源建筑应用的长效机制，推广应用太阳能热水、分布式发电、地（水）源热泵等新能源技术；重点在环境保护核心区域，例如三江源、环青海湖、祁连山等地区开展清洁电能取暖工作，因地制宜在农牧区大力推广电热炕普及工作；建立健全城镇供热、燃气规划。

在以上的相关规划中，持续推进热电联产在供热中的使用以及燃煤替代是多数省市的工作重点。在《北方地区冬季清洁取暖规划（2017—2021 年）》出台前后，部分省份进一步结合自身特点，相继出台了针对清洁取暖的工作方案与计划，如表 1-2 所示。

部分省份清洁取暖方案   表 1-2

省市	清洁取暖规划	印发时间
辽宁省	辽宁省推进清洁取暖三年滚动计划（2018—2020 年）	2017 年 10 月
天津市	天津市居民冬季清洁取暖工作方案	2017 年 11 月
黑龙江省	关于推进全省城镇清洁供暖的实施意见	2017 年 12 月
青海省	关于推进冬季城镇清洁供暖的实施意见	2018 年 3 月
北京市	2018 年北京市农村地区村庄冬季清洁取暖工作方案	2018 年 4 月
甘肃省	甘肃省冬季清洁取暖总体方案（2017—2021 年）	2018 年 5 月
陕西省	陕西省冬季清洁取暖实施方案（2017—2021 年）	2018 年 6 月
宁夏回族自治区	宁夏回族自治区清洁取暖实施方案（2018 年—2021 年）	2018 年 8 月
山西省	山西省冬季清洁取暖实施方案	2018 年 8 月
山东省	山东省冬季清洁取暖规划（2018—2022 年）	2018 年 8 月
内蒙古自治区	内蒙古自治区冬季清洁取暖实施方案	2018 年 9 月
河北省	河北省 2018 冬季清洁取暖工作方案	2018 年 10 月

2017 年 10 月，辽宁省出台推进清洁取暖三年滚动计划（2018—2020 年），计划指出了辽宁省推进清洁取暖的六大重点任务：加快发展天然气供暖，积极推广电供暖，科学发展热泵供暖，大力推进生物质能供暖，拓展工业余热供暖，稳步实施清洁燃煤供暖。天津市在 2017 年 11 月印发天津市居民冬季清洁取暖工作方案，确定煤改电、煤改气、集中供热补热和少量拆迁、腾迁和利用现有空调的改造方式，并明确了配套资金来源。黑龙江省、青海省先后于 2017 年 12 月和 2018 年 3 月出台推进城镇清洁供暖的实施意见，主要关注城市、县城以及城乡结合部的清洁供暖改造工作，针对电供暖、可再生能源供暖等替代方式提出了工作任务。北京市则将工作重点聚焦到农村，在 2018 年 4 月印发北京市农村地区村庄冬季清洁取暖工作方案，提出以"煤改电"为主，因地制宜、循序渐进推进农村地区村庄冬季清洁取暖工作。甘肃省、陕西省、宁夏回族自治区、山西省、山东省、内蒙古自治区、河北省于 2018 年 5～10 月相继印发冬季清洁取暖方案，针对热源、热网以及用户末端在工作要求，资金配套等方面制定了工作计划。

值得关注的是，目前人口在全国农村总人口中占比接近 50％的北方农村地区，在冬季供暖室内温度还不能满足室内舒适性基本要求的情况下，户均煤耗量已超过城市居民水平，同时农村地区大量散煤的低效燃烧也是北方地区 PM2.5 的主要污染源之一。因此农村地区的清洁取暖是北方地区清洁取暖工作值得关注的重点之一，在部分省市所出台的清洁取暖规划中也有所体现。其中北京市出台了专门针对农村地区的清洁取暖工作方案，将农村地区的清洁取暖改造作为工作重点，提出以"煤改电"为主的形式，因地制宜、循序渐进推进农村地区村庄冬季清洁取暖工作，在 2018 年 10 月 31 日前，完成 450 个农村地区村庄住户"煤改清洁能源"任务，基本实现全市平原地区村庄住户"无煤化"，积极推进山区电力、燃气配套设施建设，稳步推进山区村庄冬季清洁取暖试点工作。甘肃省提出到 2021 年，农村地区优先利用生物质、太阳能、沼气等多种清洁能源供暖，农房节能改建启动示范，节能取暖设施得到推广。同时，农村取暖能源消费结构趋于优化，取暖效率明显提升，基本形成洁净煤、秸秆固化炭化燃料、太阳能、沼气和生物天然气、电能互为补充的能源供给和消费新格局。辽宁省提出在农村地区重点利用"洁净型煤＋环保炊具"替代散烧煤取暖，同时积极推广天然气取暖。根据农村经济发展速度、经济承受能力和天然气基础设施建设水平，以盘锦市为重点，在具备管道天然气、LNG、CNG 供气条件地区率先实施天然气"村村通"，积极推广燃气壁挂炉。宁夏回族自治区鼓励就近收集农林生物质原料，加工形成生物质成型燃料代替散烧煤；鼓励以畜禽养殖废弃物、秸秆等为原料发酵制取沼气并提纯，用于清洁取暖；积极推广开发地热资源作为集中或分散取暖热源；支持居民在住房、农业大棚、养殖场安装太阳能热水、电取暖设备等；不具备清洁取暖条件的积极实施洁净型煤替代散煤。山西省提出因地制宜，将农村炊事、养殖、大棚用能与清洁取暖相结合，充分利用生物质、沼气、太阳能、罐装天然气、电等多种清洁能源供暖。积极引导建制镇驻地村、中心村、旅游村等经济条件较好的农村地区改用燃气或电取暖设施。对暂不具备清洁能源替代条件的散煤，使用型煤、兰炭、洁净焦等洁净燃料进行替代；清洁能源和洁净燃料替代均不具备条件的，可采用优质煤炭替代。开展农业大棚、畜禽舍等用煤替代工作。推进现有农村住房建筑节能改造。山东省提出按照"因地制宜、多元发展、稳步推进"的原则，依据当地资源禀赋、服务设施布局、经济可承受能力、环境承载能力等综合因素，科学合理确定农村地区清洁取暖的技术路线、取暖方式和推进次序。

　　总体来看，基于不同的资源禀赋以及经济发展水平，各地方针对农村的清洁取暖工作方案也不尽相同，"因地制宜"是农村地区清洁取暖工作的关键词，应根据不同区域自身特点，充分考虑居民的消费能力，在资源保障的前提下采取适宜的清洁取暖策略，避免因清洁取暖而影响居民的正常取暖需求。

随着2016年北方各地"煤改气"工作的推进，我国的天然气消费量在2017年和2018年出现了显著增长。2017年中国天然气消费量2386亿 m³，当年我国的天然气消费增长量占全球天然气消费增长量的32.6%，成为全球天然气消费的最大驱动力。根据中国石油集团经济技术研究院估算，2018年我国的天然气消费量达到2766亿 m³，年增量超过390亿 m³，增幅达16.6%。

但另一方面，我国天然气的生产量增速却不如消费量，从而导致天然气供应的持续缺口，一些地区由于"气荒"无法供暖，人民生活受到影响，而同时也促使天然气的进口量显著增加。2018年我国天然气进口量预计达1254亿 m³，增量接近300亿 m³，对外依存度为45.3%，同比增6.2个百分点，如图1-11所示。

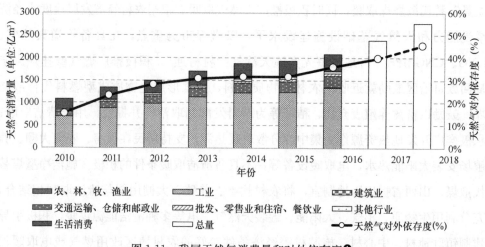

图1-11 我国天然气消费量和对外依存度❶

这一事实也从能源供给侧表明，清洁取暖工程很难通过简单的"煤改气"措施解决，短期内大量推行"煤改气"政策会造成天然气供应缺口，导致城乡居民冬季供暖无法保障，严重影响人民正常生活。而且从国家宏观能源生产和消费的角度，

---

❶ 数据来源：2010～2016年数据来源为国家统计局《中国能源统计年鉴》，2017年和2018年数据来源为中国石油集团经济技术研究院《2018年国内外油气行业发展报告》。

会导致能源对外依存度大幅增长，影响能源安全。因此，天然气很难成为近期北方清洁取暖的主要热源方式。要实现北方供暖的清洁低碳发展，从长期来看必须彻底改变当前的热源模式，向低品位能源为主的能源结构转型：主要依靠调峰用火电厂的低品位余热以及钢铁、有色、化工、建材等工业生产过程排放的低品位余热，构成北方地区大联网系统，作为基础的供热热源，同时再辅之终端以燃气为动力的调峰热源，从而形成全新的供热系统。这样才能实现我国北方地区供热热源系统的转型，使得我国有限的天然气资源发挥关键作用。具体探讨及数据详见本书第2篇的相关章节。

第 2 篇　北方城镇供暖节能专题

第2章 北方城镇用暖需求现状和
清洁供暖工程的进展

2.1 北方地区供热现状

北方城镇建筑供暖能耗指的是采取集中供热❶方式的省、自治区和直辖市的冬季供暖能耗,包括各种形式的集中供暖和分散供暖。地域涵盖北京、天津、河北、山西、内蒙古、辽宁、吉林、黑龙江、山东、河南、陕西(秦岭以北)、甘肃、青海、宁夏、新疆的全部城镇地区,以及四川的一部分。需要特别指出的是,西藏、川西、贵州部分地区等,冬季寒冷,也需要供热,但由于当地的能源状况与北方地区完全不同,其问题和特点也很不相同,需要单独论述。城镇地区建筑形式和供暖特点与乡村呈现明显区别,又可细分为城市和小城镇两类,其中城市主要包括市辖区和县级市,而小城镇则包括县城(指县、旗政府所在镇,又称城关镇)、建制镇和部分镇乡级特殊区域(指不隶属乡级行政区域,且常住人口在一定规模以上的工矿区、开发区、科研单位等特殊区域)等。城市集中供暖一直是我国供热领域的关注焦点,而随着我国城镇化进程的推进,小城镇供热问题的重要性也逐渐得到体现。

《北方地区冬季清洁取暖规划(2017~2021年)》指出,清洁取暖是指利用清洁化能源、通过高效用能系统实现低排放、低能耗的取暖方式,包含以降低污染物排放和能源消耗为目标的取暖全过程,涉及清洁热源、高效输配管网(热网)、节能建筑(热用户)等环节。因此,认识建筑供暖系统能耗状况,不仅要了解建筑供暖综合能耗,还应了解建筑耗热量、管网热损失率、管网水泵电耗、系统调控状况以及热源热量转换效率等,从而对实际的建筑供暖能源消耗状况有全面了解。

---

❶ 本书所涉及的"集中供热"这一供热方式是针对采用各家独立供暖炉(蜂窝煤炉或燃气壁挂炉)或小型空气源热泵、电热膜电热缆等各种分散独立供热模式而言。只要是通过热水循环管网把热源产生的热量送到多个用户末端进行供暖,都认为是"集中供热",英文译为 Central heating 或 district heating。

2.1.1　供暖面积

根据清华大学建筑节能研究中心的计算，2001～2016 年，北方城镇建筑面积从 50 亿 m² 增长到 130 亿 m²，增加了约 1.6 倍。城镇化的快速推进使得北方城镇建筑面积不断增长，同时城镇居民的生活水平不断提高，北方城镇集中供热建筑的面积也随之增长。

根据《中国城乡建设统计年鉴 2016》的数据，我国近十年集中供热面积增长迅速，年均增长率达 13%，2016 年北方地区城镇集中供热的面积约 91.4 亿 m²。其中，城市占比80%，可见城市集中供热在我国北方集中供热中占主体地位（见图 2-1）；而小城镇占比20%，相比 2006 年的小城镇占比 12.8% 有显著提升，可见近年来随着新型城镇化的推进，我国小城镇集中供热迅速发展，对集中供热的研究也应充分考虑小城镇的情况。

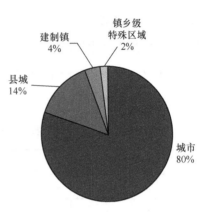

图 2-1　北方地区城镇集中供热面积（2016 年）

同样由《中国城乡建设统计年鉴 2016》获取北方部分省（自治区、直辖市）的集中供热面积如图 2-2 所示，可见由于发展程度和城乡结构的不同，各省份的集中供热特点存在差异，部分省份集中供热几乎全部集中在城市地区，而部分地区小城镇集中供热也已经得到了一定程度的发展。

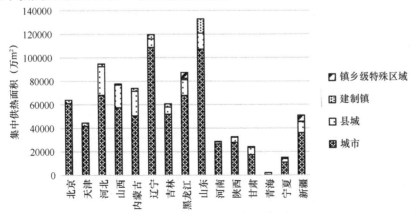

图 2-2　北方部分省份城镇集中供热面积（2016 年）

　　统计年鉴中给出的集中供热面积仅统计了经营性的集中供热系统所供应的供暖面积，但实际上，除了这部分面积，还存在大量的建筑面积，由非经营性集中供热系统来为建筑供暖，例如：高校、部队、机关大院以及一些大型企业有自己独立的供热管理团队来运营集中供暖系统，而这部分集中供暖系统所供应的建筑面积由于各种原因并未被有关部门统计到。表 2-1 列出了一些典型城市《中国城市建设统计年鉴 2016》给出的集中供热面积和当地供热专项规划❶中给出的集中供热面积现状值的对比。以北京为例，2016 年年鉴给出的集中供热面积为 63911 万 m²，而北京供热专项规划文件中给出的北京市集中供热面积现状值约为 74049 万 m²（约为前者的 1.16 倍），也就是约 1.01 亿 m² 的面积未统计进去，这主要是由那些非经营性集中供热系统构成。

北方典型城市供热面积（单位：万 m²）　　　　　　　　表 2-1

城市名称	年鉴统计数据	当地供热专项规划数据
北京	63911	74049
唐山	6642	7939
迁安	1294	1536
秦皇岛	5803	5902
邢台	2110	3316
涿州	330	1011
张家口	2568	4240
承德	2008	2293
廊坊	2148	2199
衡水	1288	1800
定州	380	1263
呼伦贝尔	1849	2834
牙克石	823	917

---

　　❶ 数据来源：北京来自《北京市清洁取暖规划方案》；唐山、迁安、秦皇岛、邢台、涿州、张家口、承德、廊坊、衡水、定州来自《河北城镇供热"十三五"规划》；呼伦贝尔、牙克石、乌兰浩特、锡林浩特来自当地政府实地调研中提供材料；大连来自《大连市供热规划》；寿光来自《寿光市热电联产规划》；银川来自《银川市 2017～2018 年度供热工作总结暨 2018～2019 年度供热工作安排》。

续表

城市名称	年鉴统计数据	当地供热专项规划数据
乌兰浩特	1123	1525
锡林浩特	1749	2273
大连	23358	26617
寿光	846	1383
银川	6995	9375

在统计年鉴中给出的集中供热面积的基础上考虑了非经营性集中供暖面积,进行修正后得到北方城镇地区 2016 年集中供热的面积约为 110 亿 m^2,集中供热率为84.5%,相对于 2013 年的集中供热率 76% 有明显提升。

2.1.2　不同热源供热比率

北方供暖使用的能源种类主要包括燃煤、燃气和电力等,按热源系统形式及规模分类,可分为大中规模的热电联产❶、小规模热电联产❷、区域燃煤锅炉、区域燃气锅炉、小区燃煤锅炉、小区燃气锅炉、热泵集中供热等集中供热方式,以及户式燃气炉、户式燃煤炉、空调分散供暖和直接电加热等分散供暖方式。由于现阶段大部分供暖区域主要采用单热源供热,故现阶段热源比例的统计基于供暖面积进行。随着未来集中供热多热源互补局面的加强,应考虑进行基于装机容量、供热量等不同方式的热源比例统计。

根据 2017 年北方各省份向住房城乡建设部上报的清洁取暖汇报文件,可得我国北方整体及各省份的城镇热源结构如图 2-3 和图 2-4 所

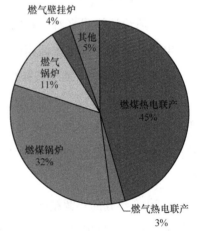

图 2-3　北方城镇地区热源结构
（2016 年年底）

---

❶ 大中规模的热电联产指的是单机容量为 10 万 kW、20 万 kW、30 万 kW 发电量的大型凝气机组,这类机组基本兴建于 2000 年以后。

❷ 小规模热电联产指的单机容量从不足 1 万 kW 到几万 kW 发电量的小型热电联产机组,多兴建于 20世纪 80～90 年代。

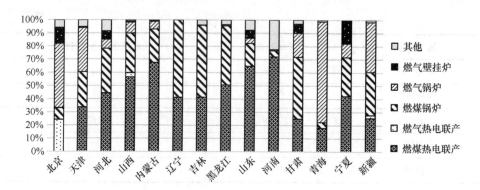

图 2-4 北方各省份城镇热源结构（2016 年年底）

注：1. 缺陕西省数据，河南省为不完全统计。

2. 燃煤锅炉包括区域燃煤锅炉和燃煤小锅炉。

3. 其他包括：电锅炉、各类电热泵（空气源、地源、污水源）、工业余热、燃油、太
   阳能、生物质等。

4. 各省份统计的地域口径并非完全一致，天津、辽宁、甘肃、宁夏、新疆未统计建
   制镇，内蒙古、吉林未统计县城和建制镇，但考虑到未统计的部分往往只占该省
   总量的少数，故认为该调研所得热源比例仍较为可靠。

示。从供热热源构成来看，我国北方供热领域仍然以燃煤供暖为主，2016 年底燃
煤热电联产面积占总供暖面积的 45%，燃煤锅炉占比为 32%；其次为燃气供暖，
燃气锅炉占比 11%，燃气壁挂炉占比 4%；另外还有电锅炉、各类电热泵（空气
源、地源、污水源）、工业余热、燃油、太阳能、生物质等热源形式，共占比
5%。各省的热源结构差别较大，如内蒙古、山东、河南等省份以热电联产为主，
辽宁、吉林等省份燃煤锅炉占比较大，而北京、青海等省份则燃气供热占比
较大。

将 2016 年底的热源结构与 2013 底的热源结构进行对比（见图 2-5），可以看出
热电联产占比明显提升，由 42% 升至 48%；燃煤锅炉占比则明显下降，由 42.4%
降至 31.9%；另外，燃气锅炉及壁挂炉的比例也有一定程度的提升，由 12% 升
至 14.8%。

对部分城市的热源结构进行分析（见图 2-6），可见不同城市的热源结构存在
较大差异，部分城市完全依赖燃煤锅炉，部分城市完全采用热电联产，部分城市则
具有多种热源相结合的复合型热源结构。

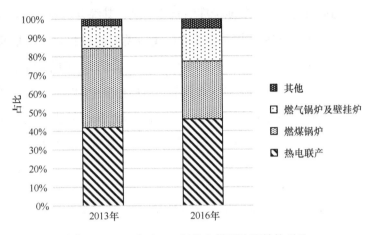

图 2-5　2013 年/2016 年北方供暖热源结构对比

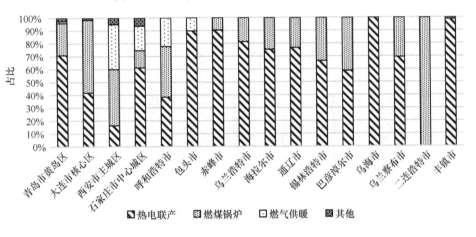

图 2-6　部分城市热源供热形式构成比例

注：1. 数据由各地实地调研时当地政府提供，为 2017～2018 供暖季数据。

2. 其他包括：电锅炉、各类电热泵（空气源、地源、污水源）、工业余热、
燃油、太阳能、生物质等。

3. 燃气供暖包括：燃气锅炉房、燃气壁挂炉。

2.2　供热耗热量现状

2.2.1　建筑保温工作

图 2-7 是按照耗热量指标折算出的北方不同地区不同节能标准居住建筑综合传

热系数。可以看到，达到 65% 节能标准的新建建筑，其综合传热系数已达到 0.7～1.2W/(m² · K) 之间。发达国家也经过了与我们类似的过程，一些早期建筑围护结构平均传热系数也在 1.5W/(m² · K) 以上，从 20 世纪 70 年代能源危机开始，各国开始注重围护结构的保温，写入欧美各国建筑节能标准中的围护结构平均传热系数可低至 0.4W/(m² · K)。目前我国有部分地区已经开始执行 4 步节能标准（75%），包括京津冀地区、新疆、河南、山东等，综合传热系数进一步降低到 0.4～0.6W/(m² · K) 之间。

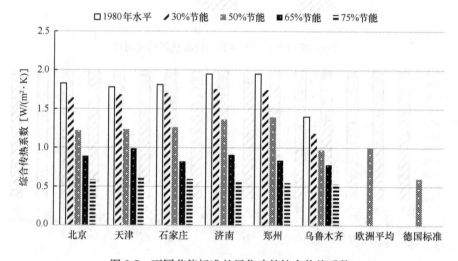

图 2-7　不同节能标准的居住建筑综合传热系数

截至 2016 年，全国城镇新建建筑全面执行节能强制性标准，累计建成节能建筑面积超过 150 亿 m²，节能建筑占比 47.2%。全国城镇累计完成既有居住建筑节能改造面积超过 13 亿 m²，其中北方采暖地区累计完成 12.4 亿 m²❶。针对北方采暖地区，"十一五"期间完成既有建筑节能改造 1.8 亿 m²，"十二五"期间完成 9.9 亿 m²。图 2-8 显示了北方地区各省份"十二五"期间既有建筑节能改造工作完成情况❷。

❶　住房城乡建设部办公厅关于 2016 年建筑节能与绿色建筑工作进展专项检查情况的通报。
❷　来源：各省政府"十二五"期间节能工作报告与总结。

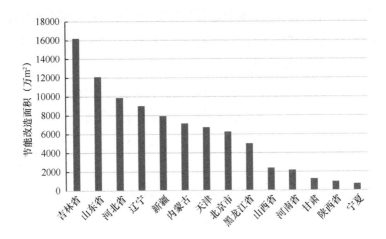

图 2-8　北方地区各省份"十二五"期间既有建筑节能改造面积

注：由于统计口径不一，且西藏缺少具体数据，各省份面积总和与总面积有一定出入。

2.2.2　建筑物实际热耗

图 2-9 为实地调研我国北方地区部分典型城镇的 2017～2018 年供暖季单位面积耗热量。调研得到的数据为热源出口处计量的热量，扣除掉 5％的一、二次网损失后认为是建筑物实际耗热。其中横坐标按照各城镇的供暖度日数（HDD18）从小到大排序。调研城镇从我国最北方的海拉尔、齐齐哈尔市到我国中部的郑州市、三门峡市，包括省会城市和其他地级市、县城。总调研供热面积 19.3 亿 m²，约占我国北方地区总集中供热面积的 14％。将各省调研情况汇总至表 2-2，其中的平均

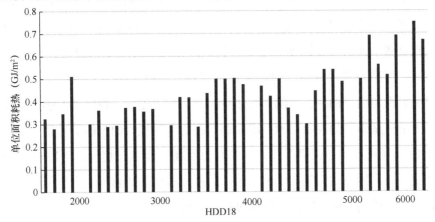

图 2-9　不同城镇 2017～2018 供暖季扣除管网损失后建筑耗热量状况

热耗和度日数是根据各城市供热面积进行加权得到。可以看出所有调研城市的平均单位面积耗热量约为 $0.355GJ/m^2$，对应供暖度日数为2788，据此可以估算出于我国北方地区目前集中供热年耗热量约为50亿GJ。

北方各省份调研建筑面积，加权平均热耗和度日数   表2-2

省　份	调研建筑面积 （万 m^2）	平均热耗 （GJ/m^2）	平均度日数
黑龙江省	1989	0.487	4886
吉林省	9647	0.356	4223
辽宁省	8100	0.318	3375
北京市	87000	0.288	2166
河北省	12765	0.342	2263
山西省	6237	0.356	2579
内蒙古自治区	43709	0.500	4112
山东省	6017	0.346	1960
河南省	9797	0.372	1901
陕西省	6225	0.280	1924
甘肃省	1204	0.420	3162
总计	192690	0.355	2788

具体来看，以位于内蒙古自治区的赤峰市为例，图2-10展示了不同建筑类型的热力站单位面积耗热量。这些热力站均以居住建筑为主。其中，与非节能建筑相比，二步节能建筑单位面积耗热仅有少量下降，但实际调研表明这些建筑的室内温度得到了显著提升，供热质量上升。三步节能建筑平均耗热量 $0.32GJ/m^2$，相比于非节能建筑整体降低36%左右，但其中也存在耗热量高达 $0.54GJ/m^2$ 的小区。调研发现这些小区由于建筑物保温较好但缺乏供热调控，室内温度往往可以达到26～28℃，居民开窗"散热"的现象比较严重。同时，图2-10中的数据也表明，即便是保温性能相近的一类建筑，耗热量也存在较大差异，说明目前供热系统中仍然存在大量过量供热的现象，通过增强调控还能实现较大的节能潜力。

图2-11展示了实地调研部分城市的热力站耗热量分布情况。可以看出即使是同一个城市内，热力站间耗热量也有很大的差异。排除掉建筑物自身保温水平的因素，剩余的差异则是由于冷热不均和过量供热所引起。

由上可知，目前我国北方地区整体热耗水平为 $0.355GJ/m^2$，但仍有较大的节

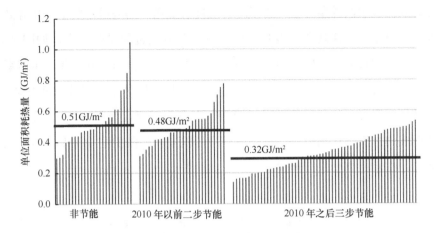

图 2-10　赤峰市不同建筑类型的热力站单位面积耗热，单位：GJ/m²

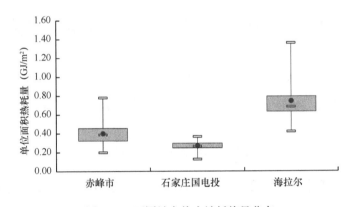

图 2-11　不同城市热力站耗热量分布

能空间。一方面，应该继续增强建筑物保温工作，对老旧建筑进行保温改造，在新建建筑中严格执行节能标准；另一方面，应当加强供热系统的调控，杜绝过量供热现象，减少热量损失。两方面结合，共同实现节能降耗的目标。

2.2.3　减少供热系统损失

从实际测量数据可以看出，建筑物的实际耗热量除了与建筑物保温性能相关以外，还受到供热系统调控等多个方面的影响。图 2-12 给出了典型庭院管网的热量流程图，可以看出，实际耗热量主要包括四个方面的影响：一是庭院管网的漏热损失，由于管道保温层脱落或漏水等原因造成，如图 2-12 中的庭院管网损失和楼内管道损失；二是由于空间分布上的问题，各个用户的室内温度冷热不均，在目前末端缺乏有效调节手段的条件下，为了维持温度较低用户的舒适性要求，热源处只能整体加大供热量，这样就会使得其他用户过热，造成过量供暖损失，如图2-12中的楼栋间不均匀损失和楼内不均匀损失；三是由于时间分布上的问题，供暖系统热源未能随着天气变化及时有效调整供热量，使得整个供热系统部分时间整体过热，造成过量供暖损失，这种现象供暖初期和末期尤为明显，如图2-12中系统不能及时调节造成的过量供热损失；四是建筑自身的因素，如围护结构保温性能、用户用热习惯等，在上一节已进行阐述。

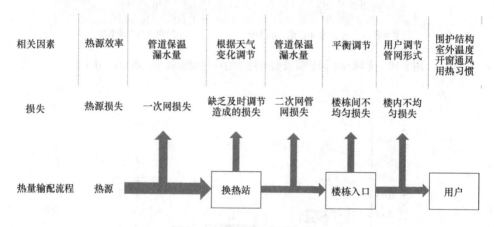

图2-12　庭院管网热量流程图

以建筑物在整个供暖期维持稳定的标准室内温度（例如18℃）为基准，其所需的热量为基础热量。由于上述原因造成室内温度超标，实际热量超过基准值的部分视为各类型的过量供热损失。由于每一类热损失所受影响因素较多，不同热力站和建筑物之间差异较大，很难给出一个统一的数值。以下分别进行具体分析。

1. 供暖系统不能随天气变化及时调节所造成的过量供热损失

当集中供热系统规模过大时，系统的热惯性也相应较大，在热源处对热量的调节需要一天以上的时间才能反映到末端建筑。在目前的供热条件下很难根据天气的突然变化实现及时有效的调整，这在规模很大的城市热网中更为突出。此外，目前的集中供热系统调节主要在热源处采取质调节的方式。由于末端建筑千差万别，这种调节方式除难以确定合适的控制策略、给定合适的供水温度外，对于一些只能依靠运行管理人员的经验"看天烧火"供热系统，很难仅凭经验就能做到热量供需平衡，为了保险起见，减少投诉率，运行人员往往会加大供热量，从而造成系统整体过热。应注意的是这种现象在初、末寒期更容易出现。

　　图 2-13 为寒冷地区某集中供热系统热力站实际耗热情况与建筑物理论需热量的对比。其中理论需热量根据最大耗热量和室外温度进行计算。可以看出，由于热力站未能随着天气变化及时有效调整供热量，导致过量供热量达到了 21.2%，在初寒期和末寒期室外气温较高时过量供热尤为严重。

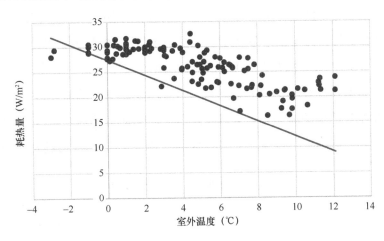

图 2-13　寒冷地区某集中供热系统热力站过量供热情况

　　图 2-14 为实地调研我国北方地区部分城市的时间分布上过量供热损失，普遍在 10%～20% 之间。虽然城市供热系统都安装了自动控制设备，但过量供热损失仍然偏高。

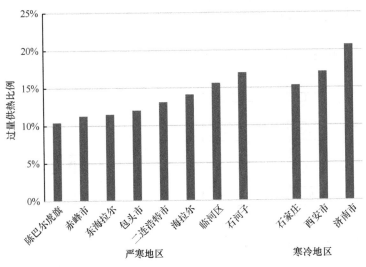

图 2-14　部分城市时间上过量供热损失比例

2. 楼栋间不均造成的过量供热损失

集中供热管网的流量调节不均匀，导致部分建筑热水循环量过大，从而室温高于其他建筑。而为了保证流量偏小、室温偏低的建筑或房间的室温不低于 18℃，就要提高供热参数，以满足这些流量偏小的建筑或房间的供热要求。这就造成流量高的建筑或房间室温偏高，这种流量调节的不均匀性不仅存在于建筑之间，也存在于城市集中热网的不同热力站之间以及同一栋楼的不同用户之间，特别是对于单管串联的散热器系统，流量偏小会使得上下游房间的垂直失调明显加重。

图 2-15 展示了实际测量某小区楼栋的耗热量和平均室内温度。各楼栋完全相同，当没有明显的投诉情况时，则可认为平均耗热量最低的楼栋完全满足供热要求，以此作为建筑的需热量，则高于此值的建筑即为楼栋之间冷热不匀造成的过量供热损失。从图中可以看出，12 号，5 号楼的热量远远超过建筑物热需求，

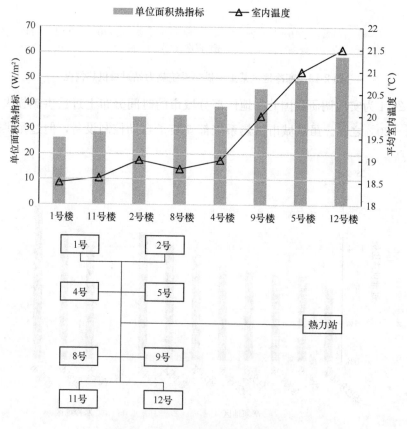

图 2-15　某小区楼栋间不均匀现象

相应的室内温度比 1 号楼高了近 3℃。由于二次网缺乏调节，距离热力站较近的楼栋流量偏大导致热量也偏高，而距离热力站较远的不利末端，流量较小，热量也较小。

楼栋间不均匀现象受到庭院管网设计、实际运行调节等因素影响。通过不合理管路改造，增强水力自平衡性；同时增强楼栋间调节，如在楼栋前安装调节阀或者通过运行人员手动调节的方式，可以有效降低楼栋间不均造成的过量损失，还能提升供热服务水平，增加用户满意度。

3. 楼内不均造成的过量供热损失

由于不同室内得热、不同围护结构面积，导致同一栋楼不同位置用户负荷的变化差异很大。然而目前用户侧供水温度统一，不可能供给不同的供水温度，用户热量调节只能依靠调节供水流量。然而实际运行中，受到楼内系统连接形式以及阀门调节特性的影响，部分系统调节性较差，导致楼内供热不均匀现象普遍发生，体现在用户间较大的室内温度差异。而此时若要保证最不利用户的室温，就必须按照最大负荷率的用户确定供热参数，其他负荷率偏小的用户就必然过热。

针对四种楼内系统，选取四栋楼的典型单元，对各楼层的同一房间在一周内的室内平均温度进行测试，如图 2-16 和表 2-3 所示。可以得到以下结论：

（1）无论何种供热形式，垂直热力失调都存在。单管系统的各楼层温度差异较大，而双管系统的各楼层温度差异较小。在垂直方向上，双管式比单管式室温的均匀性要好很多。

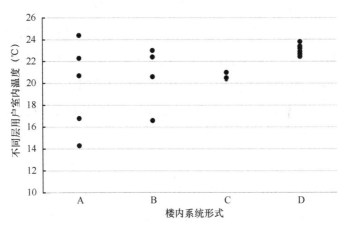

图 2-16　不同楼内系统形式用户室内温度分布情况

（2）垂直方向的供热不均现象在上供下回单管串联式系统中尤为突出，同一个单元内的不同用户最大温差达到了近10K。顶层用户室内温度通常较高，以至于开窗通风散热从而造成热量损失，而且进一步影响底层用户供热质量。

（3）温度最高的住户一般是中间偏上，紧邻顶层的用户。顶层用户由于存在大面积的屋顶散热，温度不是最高的。在调查中还发现，由于用户存在私自加装散热器的现象，不仅导致自身室温过热，还可能导致下层用户供热量不足。

（4）对于新建的三步节能住宅，由于建筑物保温性能较好，用户自身热负荷需求不高，加上楼内采用双管分户式的连接形式，用户可以根据需求自行开关暖气片，实际用户间不均匀现象并不突出。楼内不均匀现象主要出现于采用单管连接形式中，且保温性能不佳的老旧建筑物中尤为突出。

不同楼内系统各楼层的室内温度（单位：℃）　　　　**表 2-3**

系统形式	一层	二层	三层	四层	五层	六层
A：上供下回垂直单管串联式	14.3	16.8	20.7	24.4	22.3	
B：上供下回垂直单管跨越式		16.6	20.6	22.4	23.0	20.6
C：下供上回垂直双管并联式	20.4	20.4		20.5	21.0	20.5
D：下供下回双管分户式	22.5	22.7	23.4	23.2	23.8	22.9

4. 管道漏热损失

我国目前的集中供热系统管网损失参差不齐，差异非常大。根据初步调查，管网损失偏大的主要是两类情况：（1）蒸汽管网，采用架空或地下管沟方式，由于保温层脱落、渗水，再加上个别的蒸汽泄漏，造成管网热损失。（2）庭院管网由于年久失修和漏水，有些管道长期泡在水中，造成巨大的热量损失。总体来看，随着蒸汽管网的不断被淘汰，一次网保温水平逐渐提升，目前一次网漏热损失相对较小。对于20km以上的长距离输送管网，实际温降都可以控制在1K左右。然而，对于小区内的庭院管网，由于缺乏必要的更新改造，管道漏热现象相对较严重，甚至在1km的小区范围内就出现2～3K的温降。

表2-4给出了集中供热系统几个相对独立运行的一次网，其热源出口水温到热力站进口水温之差。这几个热源中热源1、2、3在市区范围内，出口水温到热力站进口水温温差一般都在1K以内，考虑到整个供暖季一次网供回水温差为55K，该一次管网热损约为输送热量的1.8%。其余的长距离输送案例，高温网长度均在

25km 以上，该部分最大温降平均也只有 1K 左右，计算该部分热损仅为输送热量的 2% 以内。

不同集中供热系统一次网供水温度的温降实测值 表 2-4

系统形式	一次网主线长度 (km)	最大温降 (K)
市内热源 1	14	0.9
市内热源 2	8	0.8
市内热源 3	7	0.6
太原-古交长距离输送	37.8	1.0
西柏坡长输	27	<1
济南章丘长输	23	<1

然而，相比于一次网，庭院管网由于泡水、保温层脱落等原因，实际热损失比例相对较高。表 2-5 给出了严寒地区某城市不同小区庭院管网热损失的实测结果。可以看出，大部分小区庭院管网主管段长度在 200～400m 之间。各小区庭院管网供水温度最大温降为 1～2K，也有小区出现了 2.4K 的温降。根据供水温降情况计算出庭院管网热损失普遍在 10% 左右。

不同小区庭院管网热损失实测结果 表 2-5

	小区 1	小区 2	小区 3	小区 4	小区 5	小区 6	小区 7	小区 8	小区 9
供回水温差 (K)	10.5	13	11.7	12.4	12.4	7	7.7	8	6
最大温降 (K)	1.3	1.4	1.1	2.2	2.1	2.4	1.9	1.5	2
热损失	8%	7%	7%	12%	10%	13%	10%	10%	15%
主管段长度 (m)	200	312	350	285	293	225	406	862	383

2.2.4 总结

根据上述分析，庭院管网各环节热损失成因和改造措施如表 2-6 所示。从加强运行管理，改善老旧管网设备上，都仍有很大的节能空间。

庭院管网各环节热损失成因与改造措施　　　　表2-6

热损失类型	成因	改造措施
管道漏热、漏水损失	管道保温层脱落、跑冒滴漏等	检查漏水点，修缮管道
缺乏及时调节造成的过量供热损失	系统未根据天气和热负荷情况进行调节	安装气候补偿器及自控设备
楼栋间不均匀损失	管网设计不合理，缺乏调节	增强运行精细化调节
楼内不均匀损失	室内管道设计不合理，用户私改	对老旧室内管道进行改造

以赤峰市为例，该城市自2011年起不断进行供热系统节能改造。通过庭院管网平衡调节降低过量供热损失，老旧管网改造，以及政府不断推行的老旧建筑改造，城市整体热耗（已修正至相同气温）由2011年的0.55GJ/m²降低至2017年0.36GJ/m²，节约近35%，已经达到了《民用建筑能耗标准》GB/T 51161—2016中规定的约束值。该城市历年单位面积热耗如图2-17所示。同时，根据第2.2.1节的分析，该城市仍有一定比例的非节能建筑，目前耗热量仍然偏高。通过对剩余非节能建筑进行保温改造，该城市热耗有望进一步降低至《民用建筑能耗标准》GB/T 51161—2016中的目标值附近。

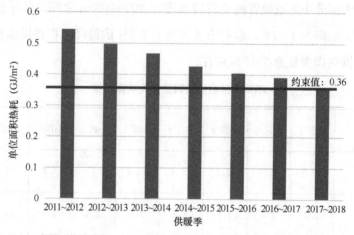

图2-17　赤峰市历年单位面积热耗

2.3　集中供热热网现状

2.3.1　管网长度

截至2016年，我国集中供热管线总长度约为26.05万km，其中包含蒸汽管道

1.50 万 km 和热水管道 24.55km。图 2-18 展示了我国集中供热管线长度历年变化情况。蒸汽管道长度在 2008 年达到峰值 1.77 万 km 后，逐渐保持稳定并呈现下降趋势。热水管道随着城镇供热事业不断发展，仍保持每年 1～2 万 km 的速度增长，自 2015 年起增速变缓。

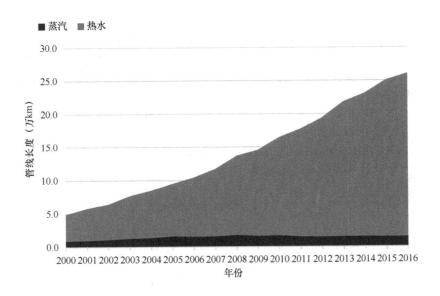

图 2-18　我国集中供热管线长度历年变化情况

总管网中包含了城市 21.36 万 km，县城 4.69 万 km。城市和县城中的蒸汽管网比例分别为 5.7% 和 5.9%。

2.3.2　运行参数

我国集中供热系统大多数采用间接连接，一次网输送热量至热力站，经过换热器把热量传递到二次侧循环水。一次侧的供水参数由管网输送热量的需求决定。供水温度越高，可以实现更大的供回水温差，从而输送更多的热量。但供水温度受到管网承受温度和热源加热能力的限制。而回水温度则是由二次侧回水温度所决定。只有二次侧回水温度低才能使得一次网回水温度低，从而可以得到较大的供回水温差，保证管网较大的热量输送能力。同时，较低的回水温度还有利于充分利用热源处的低品位热量。

对于北方供暖地区典型城市集中供暖系统，其最冷日一次网供回水温度如表

2-7所示。表中列出的均为间供系统，按照城市纬度从低到高的顺序而从上到下进行排列，可以看出其中大部分城市一次网回水温度都在45℃以上。而山西的大同市和太原市在部分末端热力站安装吸收式换热设备，可以使这些站的一次网回水温度降低至24℃，整体回水温度达到35～38℃，有效提升一次侧供回水温差，增强管道输送能力，并且有利于回收电厂乏汽余热。

典型城市集中供暖系统一次网供回水温度　　　　　　表2-7

城市	一次网供水温度（℃）	一次网回水温度（℃）
济南	92	50
太原①	107	48/24
大同①	105	38
石家庄	88	58
银川	85	65
包头	83	48
阜新	85	47
赤峰	96	52
吉林	95	40
哈尔滨	92	46

① 末端部分热力站安装吸收式换热设备。

北方供暖地区典型城市的集中供暖系统，其最冷日二次网的实际供回水温度如表2-8所示。其中的城市按照其纬度从低到高的顺序排列。可见，总的规律是越是北方寒冷地区，二次侧的供回水温度越低。这一现象的主要原因是严寒地区安装的室内散热器容量大，从而实现向室内输送热量所需的换热温差小。同时，气候带对建筑保温水平和开窗率的影响也是重要原因。越是外温高的地区，用户开窗频率就越高，再加上围护结构保温效果相对较差，就出现冬季平均供暖负荷反而越高的现象。而仅仅只是由于这些地区供暖周期短，总的供暖热量才低于北方。这样，通过各种机制减少这些地区冬季供暖时外窗开启率，对这些地区的供暖节能尤为重要。而实际上通过改善室内散热器系统，改善运行管理，并加强建筑保温，无论什么地区的建筑，其二次网回水温度都有可能维持在40℃以下。这样就为全面"低温供热"，提高集中供热系统热源效率提供了依据。

典型城市集中供暖系统二次网供回水温度 表 2-8

城市	二次网供水温度（℃）	二次网回水温度（℃）
济南	54	46
太原	54	42
石家庄	58	48
包头	50	42
阜新	47	41
赤峰	51	41
延吉	42	32
吉林	48	39
哈尔滨	50	40

2.3.3 输配电耗

总体来看，由于各城市气候条件不同，热负荷存在较大差异。根据上一节的描述，各城市供回水温差比较一致，因此热负荷的差异一定程度体现在了流量的差异上。而循环泵的实际电耗是供暖时长、流量、系统效率等因素的乘积。因此，在评价输配系统电耗时，也要综合考虑上述因素。

图 2-19 和图 2-20 分别为我国北方地区部分城市一次网循环泵和二次网循环泵

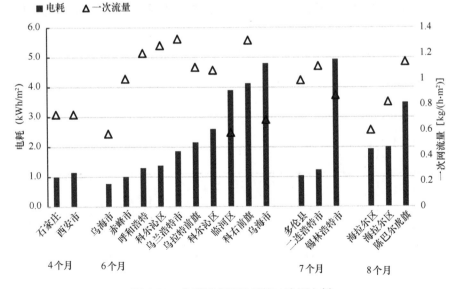

图 2-19 典型城市间连系统一次网电耗

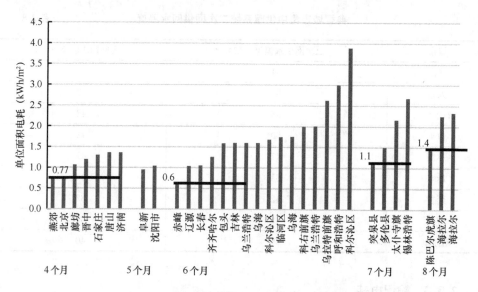

图 2-20 典型城市集中供暖系统二次网电耗

注：图中横线表示的是相同供暖期各城市二次网电耗最低值。

单位面积电耗。可以看出，即便是相同供暖时长的各城市泵耗差异也较大。目前各城市一次网流量基本在 $0.5\sim1.5\mathrm{kg}/(h\cdot m^2)$。针对二次网而言，各城市同样差异较大。但由于二次网内部连接形式相对固定，各城市之间电耗差异一定程度上反映出了节能管理水平的不同，二次网电耗最小的城市可以作为其他城市的节能目标。

一个城市内部的各换热站电耗也会存在差异。图 2-21 为北方某寒冷地区所有

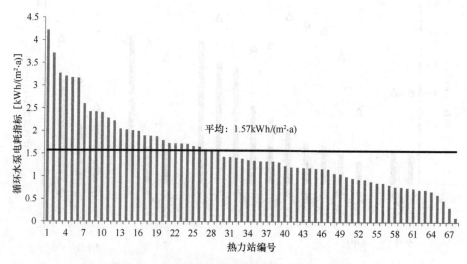

图 2-21 北方某地区各换热站单位平米电耗统计

换热站的二次网循环泵单位面积电耗（供暖天数 183d），其平均电耗为 1.57kWh/（m²·a）。各站之间的差异较大，存在节能潜力。

目前北方地区热力站二次网耗电量在 1～4kWh/m² 之间，如果平均为 2kWh/m²，则相当于每平方米耗能约为 650 克标准煤，占到供暖总能耗的 4%，占供暖成本的 10%。如果采用各种技术管理手段将二次管网平均电耗降低为 1kWh/m²，则北方地区每年可节约用电约 136 亿 kWh，具有非常大的节能潜力。

经过对多个城市的调研发现，导致热力站循环水泵电耗高的原因主要有以下几点：

（1）热力站内部出现不合理压力损失，例如板式换热器压力损失、水泵进出口管压力损失等，导致大量的能源浪费在站内不合理阻力设备上。

（2）热力站水泵选型不合理。热力站水泵设计往往偏大，扬程和流量都大于实际的需求。根据统计，换热站水泵所需的扬程一般不超过 20m。而实际调研发现很多热力站出现了扬程力 40～45m 的水泵，导致大量能源浪费在阀门上，且水泵运行工作点偏离，效率降低。

（3）二次网运行流量偏大。造成这一现象的原因比较多，如庭院管网设计不合理、缺乏有效调节等。庭院管网会出现供热不均的现象，为了减少用户投诉，热力公司运行人员往往会加大循环流量，这样会造成输配电耗升高。

图 2-22 为严寒地区两个典型城市二次网水泵历年节能改造效果。两地供暖时长均为 183d。其中 CF 市自 2013 年起开始更换不合理选型的水泵，并排查二次网

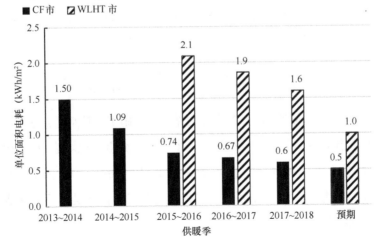

图 2-22 严寒地区两个典型城市输配系统节能改造效果

阻力设备，直至 2018 年二次网平均电耗已经降至 0.6kWh/m²。而 WLHT 市起步较晚，该市最大的热力公司总计有 140 个换热站，二次网水泵扬程普遍在 40～60m。自 2015 年起每年更换 20 个热力站的水泵，输配系统电耗显著下降。预计未来该市二次网平均电耗也可下降至 1kWh/m²以内。

2.3.4　管道水损

图 2-23 展示了实地调研我国部分城市一、二次网单位面积水损量［单位：kg/(m²·a)］。由于管道安装和维护水平差异、运行管理水平不同，导致各城市间耗水量差异巨大。但整体来看，各城市一二次网水损仍然处于一个较高的水平。这不仅造成严重的水资源浪费和热量浪费，同时在频繁补水的过程中引入了硬水和溶解氧，加剧了管道与换热设备的结垢和锈蚀，危害供热质量。解决失水问题应该是供热行业现代化管理首先解决的问题。

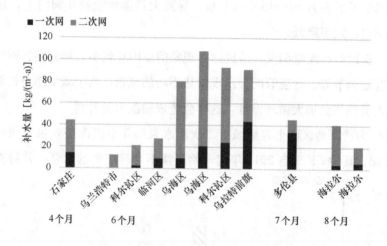

图 2-23　部分城市一、二次网耗水量统计

即便是同一个城市内部，由于各个热力站的管道施工维护水平存在差异，不同热力站的二次网水损也会存在差异，如图 2-24 所示。该城市水耗均值为 30kg/(m²·a)，其中有 38%的热力站水耗高于该值，最高为 158kg/(m²·a)，为平均值的 5 倍。这种严重的失水现象一般是由于系统存在持续的漏点，再就是管理不善造成终端使用者大量盗用热水。

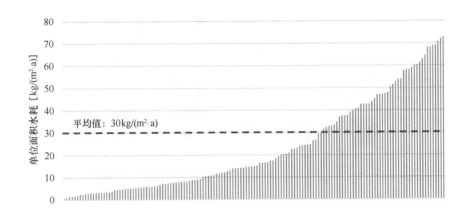

图 2-24 某城市各热力站单位面积水耗

2.4 供 热 热 源 现 状

清洁热源是以降低污染物排放和能源消耗两个方面为目标的。其中,降低污染物的排放主要在于降低单位燃料的污染物排放,而降低能源消耗主要在于降低单位热量的燃料耗量,综合以上考虑,清洁供热对于热源总体要求应当是降低单位供热量的排放。而调研了解热源现状是研究清洁热源发展的基础,在接下来的几个小节中,将对热电联产、工业余热、燃气、深层地热、城市污水、垃圾焚烧、生物质和电能作为热源的供热发展现状进行介绍。

2.4.1 热电联产供热现状

1. 热电联产装机概况

根据《中国电力年鉴 2017》统计数据,近年来我国电厂供热容量(即热电联产装机容量)持续增加。2016 年,我国热电联产机组容量为 3.9 亿 kW,占全国总火电装机容量的 37%(统计范围均为 6000kW 以上机组),其中包括一批主要为工业生产用热服务的热电机组(见图 2-25)。

根据《中国电力年鉴 2017》统计数据,我国北方地区热电联产装机 2.86 亿 kW,占北方总火电装机的 50.9%。其中各省装机情况如图 2-26 所示,可见不同省份热

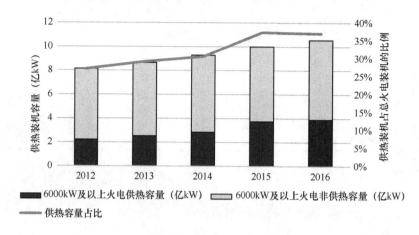

图 2-25　我国近年火电装机容量

电联产发展程度存在差异，部分省份电厂供热能力得到较大的发掘，而部分省份电厂供热发展尚不充分。

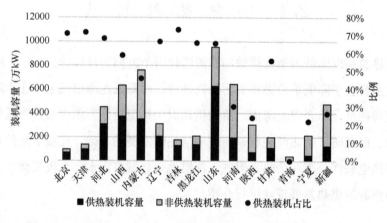

图 2-26　北方各省份火电装机容量（万 kW）

2. 热电比

针对某集团北方地区 20 万 kW 以上机组的现状供热出力进行调研。将各个机组现状设计供热能力与发电装机容量的比值由高到低排列，如图 2-27 所示，可见不同机组的供热挖掘程度存在较大差异，部分机组在充分利用抽汽和乏汽的情况下发挥了较大的供热功能，而部分机组抽汽、乏汽并未得到充分利用。如果认为热电联产的最大供热能力为额定发电容量的 1.5 倍，则该集团 20 万 kW 以上机组中仅有 6% 的机组现状供热量达到该最大供热能力，绝大多数机组供热潜力仍存在很大

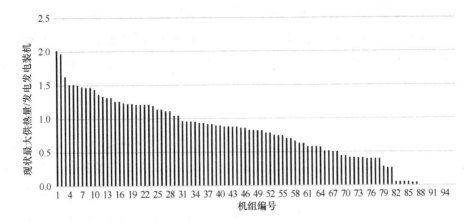

图 2-27 某集团北方地区 20 万 kW 以上机组现状最大供热量与发电装机容量比

的挖掘空间。

根据 2017～2018 年供暖季实际运行数据，对该集团机组装机不低于 20 万 kW 的各火电厂实际最高月热电比和供暖季总热电比进行分析（见图 2-28），可见虽然实际运行中最高热电比可达 3 附近，但绝大多数电厂供热潜力仍存在很大的挖掘空间。

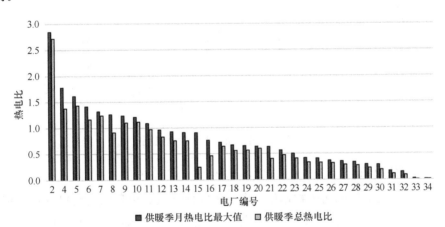

■供暖季月热电比最大值　■供暖季总热电比

图 2-28 某集团各电厂 2017～2018 年供暖季实际热电比

对该集团各机组数据汇总计算，可得该集团热电联产热量产出仅为可产出的44％，仅该集团的待开发供热潜力就高达约 3 万 MW。由此可见，目前北方存量机组的供热能力尚未得到充分利用。一方面，仍存在尚未投入供热的纯凝火电机组，而投入供热的热电机组多采用抽汽供热，乏汽余热未能得到利用；另一方面，发电量的限制也是实际运行中影响电厂供热的重要原因。因此，发展热电联产应优先利用存量机组供热能力，充分利用乏汽余热、循环冷却水余热，充分改造纯凝发电机组，推动热电联产机组灵活性改造、实施热电解耦，在确保存量机组充分利用的前提下方可新建热电联产机组。

3. 热电联产能耗水平

对某集团旗下热电厂2017～2018年供暖季的能耗情况进行分析。通过烟分摊法（具体算法见第4章）计算得，该集团装机20万kW及以上的机组平均发电煤耗为297.5gce/kWh，平均供热煤耗20.6kgce/GJ，平均热效率为53%，可见该集团大型热电联产机组煤耗已降低到较低水平，但目前平均热效率仍较低，还有很大的提高供热量空间。

该集团旗下各电厂发电煤耗与机组装机容量对应如图2-29所示，整体趋势体现出大型热电联产机组的节能优势。

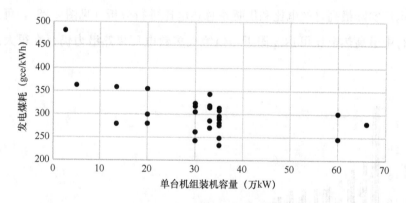

图2-29 某集团各电厂发电煤耗

4. 污染物排放

针对燃煤火电厂的污染物排放，现行国家标准《火电厂大气污染物排放标准》GB 13223—2011中规定（在基准氧含量6%条件下）一般地区新建燃煤火电锅炉NO_x、SO_2、烟尘排放浓度限度为$100mg/m^3$烟气、$100mg/m^3$烟气和$30mg/m^3$烟气；在运行锅炉的NO_x、SO_2、烟尘排放浓度限度为$100mg/m^3$烟气、$200mg/m^3$烟气和$30mg/m^3$烟气；重点地区煤电锅炉NO_x、SO_2、烟尘排放浓度限度为$100mg/m^3$烟气、$50mg/m^3$烟气和$20mg/m^3$烟气。对我国北方部分大型燃煤电厂（发电装机普遍在300MW以上）近3年供暖季调研发现：大型燃煤电厂污染物排

放因子整体呈现逐年下降的趋势，其中 SO_2 和粉尘排放下降明显，具体数据详见第 6.2 节

综上，近年来我国北方地区热电联产持续发展，已成为北方城镇供热的主力热源，其中大型燃煤电厂煤耗已降低到较低水平，污染物排放也呈现逐年下降的趋势。目前北方存量机组的供热能力尚未得到充分的利用，热电联产供热量仍具备较大的挖潜空间。

2.4.2　工业余热供热现状

工业余热供暖可实现生产和生活系统循环链接[1]符合绿色发展理念。

由于工业余热是工业生产的"尾部"产品，利用余热既不会影响生产工艺，也不会影响生产能耗，属于额外得来的"附加值"；利用工业余热供暖，不再需要锅炉，也就没有化石能源消耗，因此可以认为这种供热方式的直接排放为零。对于有些低品位工业余热，需要电热泵或者吸收式热泵提温后才能用于供暖，则也只是消耗了一部分电力，或者消耗了工厂原本用于发电的中低压蒸汽（等同于消耗了一部分电力），属于间接排放。综上，工业余热是一种清洁热源，适用于清洁供暖系统。

我国是世界最大的制造业国家，2015 年工业能耗 29.23 亿 tce，占社会总能耗的 2/3 强。其中，石油加工、炼焦和核燃料加工业、化学原料和化学制品制造业、非金属矿物制品业、黑色金属冶炼和延压加工业、有色金属冶炼和延压加工业是能耗最大的五类工业部门，以下合称"五大类高耗能工业部门"。2015 年五大类高耗能工业部门的能耗为 19.13 亿 tce，约占工业能耗的 2/3。五大类高耗能工业部门排放的低品位余热空间集中度高，余热品位相对较高，回收利用的潜力巨大。

根据测算（详见第 5.3 节），2015 年冬季供暖期内北方集中供暖地区的低品位工业余热量约有 40 亿 GJ，若仅回收其中的 20%，也有 8 亿 GJ，北方地区建筑基础热需求按照 $0.2GJ/m^2$ 估计，相当于可为至少 40 亿 m^2 建筑提供满足基础负荷的热量。

尽管低品位工业余热资源量非常丰富，余热利用率却不高，特别是适合低品位

---

❶　习近平总书记 2018 年 5 月 19 日在全国生态环境保护大会上的讲话。

余热利用的余热供暖比例很小。2017年12月十部委联合发布了《北方地区冬季清洁取暖规划（2017—2021）》（以下简称《规划》），《规划》调研得到我国工业余热供暖面积1亿m^2，并要求"继续做好工业余热回收供暖，……，统筹整合钢铁、水泥等高耗能企业的余热余能资源和区域用能需求，实现能源梯级利用"，计划"到2021年工业余热供暖面积达到2亿平方米"。相比于2016年北方地区城镇供暖面积约136亿m^2，工业余热供暖占比不到1‰，远小于工业余热的供热能力，整体仍处于起步阶段，仍有巨大的潜力可挖。

我国最早利用工业余热供暖大约起步于20世纪80年代的本溪钢厂，本溪钢厂为此专门有"余热处"，负责利用渣水余热供暖。从这个时期算起至今，利用工业余热为城镇建筑供暖已有三十多年的实践历史。从余热供暖面积和案例个数来看，这三十多年发展历程明显可以分为两个阶段，分别是2015年末国家发展改革委、住房城乡建设部《余热暖民工程实施方案》颁布之前，和2016年之后。

2015年以前，余热供暖案例较少，余热供暖面积也不大。文献可查的最早工程案例始于20世纪90年代末，1997年起济钢利用部分高炉冲渣水为13万m^2的厂内小区进行供暖。表2-9所示为文献查到的部分2015年之前余热供暖工程案例。

部分工业余热供暖工程案例（2015年前）   表2-9

编号	实施省市（县）	工厂类型	余热资源	余热功率（kW）	供暖对象	供暖面积（m^2）（年份）
1	山东济南	钢铁厂	高炉冲渣水	25000	企业自建小区	50万（2009）
2	河北张家口	钢铁厂	高炉冲渣水	—	职工宿舍	30万（2003）
3	河北唐山	钢铁厂	低温循环水	—	城市居民	100万（2011）
4	内蒙古赤峰	铜厂	冶炼炉冲渣水、浓硫酸、SO_3烟气等	40000	城市居民	100万（2013）
5	宁夏银川	石化厂	循环水、蒸汽、凝液等	22800	企业办公楼、生产车间	—
6	河北迁西	钢铁厂	高炉冲渣水、高炉炉壁冷却循环水、烟气等	180000	城市居民	360万（2014）

2015 年 10 月底，国家发展改革委、住房城乡建设部印发《余热暖民工程实施方案》，要求到 2020 年，通过集中回收利用低品位余热资源，替代燃煤供热 20 亿 m² 以上，减少供热用原煤 5000 万 t 以上。实施余热暖民示范工程，选择 150 个示范市（县、区），探索建立余热资源用于供热的经济范式、典型模式，不断改革和完善城镇供热的政策机制和制度保障。《余热暖民工程实施方案》的颁布标志着我国低品位余热供暖步入新的历史阶段。

根据对国内两家大型余热供暖换热器厂家的调研，仅这两家设备厂商就参与多达 101 个钢铁厂冲渣水和烧结烟气余热供暖项目，除去 6 个未提供项目供暖功率数据的项目，剩余 95 个项目的余热供暖功率总计为 3212MW。按照单位面积供暖负荷为 40W/m² 计算，95 个项目余热供暖的面积预计有 8000 万 m²。对 95 个项目按照年份统计，如图 2-30 所示，其中 80 个项目为 2015 年及之后建成，占总数的 84%；80 个项目的余热供暖功率总计 2733MW，占 95 个项目总功率的 85%。2016 年以来的项目数量突增，表明近三年来《余热暖民工程实施方案》起到的积极推动作用。

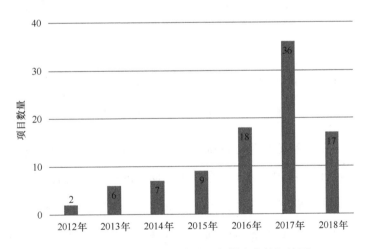

图 2-30 针对 2 家典型余热设备供应商的钢铁厂
余热供暖项目统计（2012～2018 年）

95 个余热供暖项目大部分主要集中在河北、山西、山东等工业省份，如图 2-31 所示。95 个项目中，有一半多（48 个）位于河北，20 个在山西，12 个在山东，5 个在天津，4 个在辽宁，2 个在河南，内蒙古、陕西、黑龙江和吉林各有 1 个。

尽管项目的地域分布与设备厂商的市场活动开展有关，但不可否认的是市场活动的活跃程度与地区对工业余热供暖的重视程度密切相关。95 个项目中，位于京津冀大气污染传输通道城市（即"2＋26"城市）的项目有 65 个（其中天津 5 个、河北 44 个、山西 10 个，山东 5 个，河南 1 个），占全部项目的 68％，此外另有 9 个项目在"汾渭平原冬季取暖城市"，均位于山西省，分别是临汾 4 个、吕梁 2 个、运城 2 个和晋中 1 个。因此总计有 74 个项目位于环境保护部《2018～2019 年蓝天保卫战重点区域强化督查方案》中提到的"2＋26"及汾渭平原冬季清洁取暖重点城市，占项目总数的 78％，体现出许多地方将"清洁取暖"试点工作做在了《北方地区冬季清洁取暖规划（2017～2021 年）》出台之前。

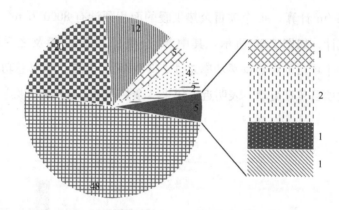

Ⅱ河北　▪山西　Ⅲ山东　〉天津　∶辽宁　＝河南　✕陕西　∶内蒙古　▩黑龙江　〿吉林

图 2-31　工业余热供暖项目的地区分布

根据上述分析，两家大型余热供暖换热器厂家参与的工业余热供暖面积约 8000 万 m²，估计超过我国北方工业余热供暖面积的一半，也就是说目前我国北方地区工业余热供暖面积应该不超过 1.5 亿 m²，与《北方地区冬季清洁取暖规划（2017～2021 年)》的工业余热供暖现状描述接近，与《余热暖民工程实施方案》提出的 20 亿 m² 的目标差距较大。

工业余热的推广进程仍不够快的原因可能有以下几点：

（1）余热产出不稳定。包括内在的不稳定和外在的不稳定。内在的不稳定是由于工厂自身因生产工艺或调度而出现热量波动，或者停产检修导致热量中断。例如铜厂转炉生产按照送风期—筛炉期—停炉期三阶段周而复始，不同时期产量不同，停炉期不生产，也就没有余热产生；筛炉期产量是送风期的 2 倍，余热也同样是送风期的 2 倍，因此转炉余热就会呈现周期性波动。再例如钢铁厂高炉排渣也按照一定时间周期，炉渣余热也会随之波动，只是由于大型高炉采用多个出铁（渣）口，基本可以实现连续排铁排渣，加之渣池的蓄热作用，冲渣水余热波动不大。外在不稳定是由于受政策影响，工业面临结构调整，钢铁、水泥等高耗能工业都要"去产能"。特别是冬季供暖期，受到大气污染治理方面的压力，一旦"限产"、"减产"，余热量就会大幅削减。

（2）项目类型比较单一，主要集中在钢铁厂和石化厂余热利用，少有其他类型高耗能工业部门的余热利用工程。这是由于钢铁厂和石化厂余热密度大，单个余热热源的余热量就很大，便于回收。随着余热暖民工程的推进实施，许多周边只有除钢铁或石化工业以外其他工厂的城镇也希望利用工业余热供暖，但缺少可借鉴的示范案例及专业技术服务。

（3）工业余热利用方式较粗放，缺乏统筹规划，往往只利用最容易回收的余热，不考虑余热供暖项目的长远发展。对上节提到的 95 个项目按照回收的余热类型进行分析，有 85 个项目仅回收了冲渣水余热，3 个项目仅回收了烟气，5 个项目同时回收了冲渣水和烟气的余热，2 个项目同时回收了冲渣水、烟气和余热发电乏汽余热。单一余热回收项目较多，占总项目数的 93%，多数余热供暖项目仍只回收最易回收的余热，做不到多种余热的梯级回收利用，余热利用率不高。

（4）政策延续性不强，不足以很好地调动工厂参与余热供暖的积极性。对 95 个项目按照年份分析（见图 2-30），发现 2017 年余热供暖项目达到阶段性顶峰，2018 年回落至 2016 年水平，有几点可能原因：一是 2017 年项目大多为唐山市和唐山管辖县区的钢铁厂余热项目，据设备厂家反馈"几乎做完了所有的唐山大型钢铁厂项目"；二是市场竞争加强，另有至少两家知名设备厂家参与其中，分摊到每家设备厂的项目数量减少，但"总量可能并没减少"。正因为政策因素对工业余热供暖起到举足轻重的作用，两家余热供暖设备厂都对目前工业余热供暖的政策环境表现出一些忧虑，具体来说：工业企业对参与余热供暖获得的经济利益并不十分在意，但非常希望通过余热供暖的行为提高企业在削减产能大环境下"存活"的可能性。当参与余热供暖的企业能比未参与的企业在冬季限产时得到"不减产"或"少减产"的优先权时，工业企业就会更积极主动地谋求回收余热进行供暖；反之若两者在限产问题上得到的是无差别对待时，则不能激励其参与到"余热暖民"工程中来。例如由环保部等 10 部门、京津冀晋鲁豫等 6 省市联合印发《京津冀及周边地区 2017－2018 年秋冬季大气污染综合治理攻坚行动方案》要求'2＋26'城市要实施钢铁企业分类管理，按照污染排放绩效水平，2017 年 9 月底前制定错峰限停产方案。石家庄、唐山、邯郸、安阳等重点城市，供暖季钢铁产能限产 50％，以高炉生产能力计，采用企业实际用电量核实，这条极为严苛的"限产令"在实施过程中并没有区分钢铁企业是否参与"余热暖民"工程，从而打击了一批参与"余热暖民"工程钢铁厂的积极性，也使得一批本打算参与进来的钢铁厂采取了保守观望的态度，这同样可以解释 2018 年项目数量为何没能延续 2017 年的迅猛增加趋势。

2.4.3 燃气供热现状

近年来天然气在供热领域的应用快速增长。截至 2016 年年底，我国北方地区天然气供暖面积约 22 亿 m^2。2017 年通过煤改气工程的建设，天然气供暖面积呈现出爆发式增长，根据国家发展改革委统计数据，2017 年上半年天然气消费总量同比增长了 15％以上。

按照中国石油给出的非官方统计数据，2017 年北方地区天然气耗量 1125 亿 m^3，接近全国天然气总消费量的 50％。仅统计燃气锅炉房和燃气壁挂炉的供暖用天然气耗量，北方地区集中供热总耗气量约为 159 亿 m^3，占北方地区总耗量的 14％以上，各地区采暖用天然气耗量见表 2-10。

2017 年北方地区用于供暖用天然气量统计表（单位：亿 m^3） 表 2-10

序号	省市	天然气总消费量	供暖用天然气耗量	本地区供暖用天然气占天然气总消费量比例	本地区供暖用天然气占全国供暖用天然气比例
1	北京	165.9	51.6	31.1％	32.42％
2	天津	75.7	3.35	4.4％	2.11％
3	河北	104.6	17.0	16.3％	10.71％
4	河南	95.5	5.98	6.3％	3.76％
5	山东	132.6	10.0	7.5％	6.29％
6	山西	58.1	5.32	9.2％	3.35％
7	黑龙江	39.2	1.21	3.1％	0.76％

续表

序号	省市	天然气总消费量	供暖用天然气耗量	本地区供暖用天然气占天然气总消费量比例	本地区供暖用天然气占全国供暖用天然气比例
8	吉林	25.8	4.29	16.6%	2.70%
9	辽宁	63.2	2.77	4.4%	1.74%
10	内蒙古	42.4	2.88	6.8%	1.81%
11	宁夏	21.4	2.68	12.5%	1.69%
12	青海	39.4	4.99	12.7%	3.14%
13	甘肃	30.5	6.54	21.4%	4.11%
14	陕西	93.5	11.97	12.8%	7.53%
15	新疆	137.4	28.5	20.7%	17.90%
	总计	1125.2	159.0	—	100.00%

注：表中供暖用耗天然气量是指锅炉房及壁挂炉供热年耗量。

　　从天然气热源类型分析，常规天然气作为清洁能源在供热领域应用方式主要有：天然气热电联产供热、天然气锅炉房供热、天然气直燃机供热、天然气热泵供热、天然气壁挂炉供热等，其中天然气壁挂炉为分散供暖方式，不属于集中供暖。燃气热电厂在我国应用比例不高，地区供热面积占比最高的是北京市，燃气热电联产集中供热比例达到 25%。天津市有 3 座热电厂新建或改造为燃气机组，实际供热比例约 4%。应用最为普遍的方式是天然气锅炉房供热。北京市天然气锅炉房供热面积占比超过 55%，天津市、银川市均超过 30%，西安市接近 25%，乌鲁木齐市最高为 66.5%。除上述天然气应用在集中供热上的形式外，其余方式中占比较高的是分散壁挂炉供热，北京市应用占比接近 12%，银川市 11%，西安市 5.5%，乌鲁木齐市约为 5.7%。

　　从天然气供热区域分析，天然气供热主要集中在京津冀地区，北京市 2017 年天然气供热面积（包括热电联产、锅炉房和壁挂炉）7.85 亿 m^2，占总供热面积 8.54 亿 m^2 的 91.9%，其中燃气锅炉房和壁挂炉供热面积 5.66 亿 m^2，占总供热面积的 66.3%；天津现状供热以燃煤热电联产为主，天然气作为主力调峰热源和分散供热热源的供热面积占比达到 30%；河北省也在积极推进清洁能源供热进程，其中 50% 以上的清洁供暖面积是依靠天然气供热保障的，达到 1.3 亿 m^2。东北地区天然气作为能源的集中供热系统很少，典型城市如大庆。根据大庆市生态环境保护要求，积极推进煤改气工程建设，全面淘汰 10 蒸吨以下燃煤小锅炉。目前大庆市天然气集中供热设施能力已达 1360MW。西北地区由于是天然气几大长输管线的源头和必经之路，具有得天独厚的资源条件，所以天然气应用较为广泛。其中新疆、甘肃、陕西地区应用较多。为了加强冬季大气污染治理工作，乌鲁木齐市"十二五"期间开始大力推进煤改气工程的实施，彻底改变了过去以燃煤为主的供热方式，2015 年，乌鲁木齐市天然气供热面积超过 1.3 亿 m^2，占总供热面积的 80% 以上。近年来，西安市也在大面积进行煤改气工程建设，2017 年天然气供热面积已达 8740 万 m^2，占主城区供热面积 2.92 亿 m^2 的 30%。银川市供热面积接近 1.1 亿 m^2，其中天然气供热面积约 4800 万 m^2，占比超过 40%。

2.4.4 中深层地热供热现状

地热能是一种绿色低碳的可再生能源，具有储量大、分布广、清洁环保、稳定可靠等特点。我国地热资源丰富，可采储量相当于 4626.5 亿 tce，市场潜力巨大，发展前景广阔。加快开发利用地热能不仅对调整能源结构、节能减排、改善环境具有重要意义，而且对培育新兴产业、促进新型城镇化建设、增加就业均具有显著的拉动效应，是促进生态文明建设的重要举措。《地热能开发利用"十三五"规划》提出，到 2020 年，中国地热能年利用量折合 7000 万 tce，在一次能源消费中占比将达 1.5% 左右。

根据地热资源埋藏深度分类，主要分为浅层地热能、中深层地热能以及超深层地热能。其中浅层地热能一般是指温度低于 25℃，深度小于 200m 的地热能。广义可指各类土壤源和水源热泵系统，也叫"浅层地温能"。中深层地热能一般是指温度高于 25℃，埋深一般在 3000m 以内的地热能（一种说法为 4000m 以内），也叫"常规地热能"。超深层地热能一般是指一般没有或者很少流体，温度高于 150℃，埋深一般大于 3000m，即所谓"干热岩"，也叫"非常规地热能"。据统计，中深层水热型地热能年可采资源量折合 18.65 亿 tce（回灌情境下）。中国地质调查局的最新评价数据显示，中国大陆 3～10km 深处中深层地热资源总量为 $2.5×10^{25}$ J（合 856 万亿 tce），若能开采出 2%，就相当于我国 2010 年全国一次性能耗总量（32.5 亿 tce）的 5300 倍。其中干热岩型地热能由于其高温特性，常用于地热发电领域。而对于中深层地热能，部分高温水热型地热资源可用于发电领域，其主要还是用于地热直接利用，包括北方地区供暖、旅游疗养、种植养殖等。

2016 年 12 月，《可再生能源发展"十三五"规划》重点提出要加快地热能开发利用，加强地热能开发利用规划与城市整体规划的衔接，将地热供暖纳入城镇基础设施建设，在用地、用电、财税、价格等方面给予地热能开发利用政策扶持。2017 年 1 月，《地热能开发利用"十三五"规划》提出，在"十三五"时期，新增地热能供暖面积 11 亿 m^2。

1. 浅层地热资源应用现状

中国浅层地热能利用起步于 20 世纪末，2000 年利用浅层地热能供暖（制冷）面积仅为 10 万 m^2。伴随绿色奥运、节能减排和应对气候变化行动，浅层地热能利用进入快速发展阶段，2004 年供暖（制冷）面积达 767 万 m^2，2010 年以来，以年均 28% 的速度递增。截至 2017 年年底，中国地源热泵装机容量达 2 万 MW，位居世界第一，年利用浅层地热能折合 1900 万吨 tce，实现供暖（制冷）建筑面积超过 5 亿 m^2，主要分布在北京、天津、河北、辽宁、山东、湖北、江苏、上海等省市的城区，其中京津冀开发利用规模最大。然而，所谓浅层地热实质上是利用地下土壤岩石进行季节性蓄热的系统，冬季从地下提取低品位热量，蓄存冷量，夏季则需要从地下提取低品位冷量，蓄存低品位热量。如果冬夏之间存取热量不平衡，就会出现地下温度逐年升高或逐年下降的现象。在我国黄河流域以北地区，对于大多数建筑来说，冬季供暖需要的热量一般都多于夏季需要的空调冷量。这样，就很容易形成地下温度逐年下降的现象。尤其对于居住建筑，冬季供暖需热量大约为夏季空调需要冷量的 5～10 倍，所以采用浅层地热方式，往往导致地下温度逐年下降，从而供暖性能越来越差。因此，浅层地热系统必须进行深入的分析论证，不能盲目上马。

2. 中深层地热资源概述

中深层地热资源的储量十分丰富，约为已探明的地热资源总量的 30%。在较浅层的中深层资源中，蕴藏的热能是包括石油、天然气和煤在内的所有化石燃料能量的 300 倍还多。据初步估算：我国中深层地热在地下 2000～4000m 范围内，主要的高热流区约 190 万 km^2。储存的热量相当于 51.6 万亿 tce。

《北方地区冬季清洁取暖规划（2017～2021 年）》明确提出："中深层地热能供暖具有清洁、环保、利用系数高等特点，主要适于地热资源条件良好、地质条件便于回灌的地区，重点在松辽盆地、渤海湾盆地、河淮盆地、江汉盆地、汾河—渭河盆地、环鄂尔多斯盆地、银川平原等地区，代表地区为京津冀、山西、陕西、山东、黑龙江、河南等。"如表 2-11 所示。

我国部分地区地温分布表

表 2-11

区域	地区	1000m 深		2000m 深		3000m 深	
		平均地温	最高地温	平均地温	最高地温	平均地温	最高地温
中国东部	松辽盆地	45～50	60～70	70～80	100～110	90～110	140～150
	华北盆地	40～45	60～70	70～80	90～100	90～100	130～140
	东南沿海地区	40～45	60～70	70～80	90～100	90～100	140～150
	台湾地区	40～45	45～60	60～70	90～100	100～120	140～150
中国中部	汾渭谷地	40～45	60	70～80	90～100	90～100	130～140
	四川盆地	40～45	50～60	60～70	90～100	90～100	120～130
	昆明-六盘水地区	40～45	40～50	70～80	90～100	100～110	120～130
中国西部	滇藏地区	40～45	70～80	60～80	100～140	90～100	200～300
	藏北盆地	35～40	50～60	60～80	90～100	80～100	120～130
	柴达木盆地	35～40	50～60	50～70	80～100	80～100	130～140
	河西走廊	35～40	50～60	50～70	70～80	70～80	100～110

对于中深层地热资源的利用，目前普遍采用水热型地热资源直接利用的形式，通过开采 4000m 以浅、温度大于 25℃ 的热水和蒸汽，可直接利用，或结合电驱动热泵技术用于北方地区供暖、旅游疗养、种植养殖、发电和工业利用等方面。据国土资源部 2015 年发布的数据，4000m 以浅水热型地热资源量折合标准煤 12500 亿 t，年可采资源量折合标准煤 18.7 亿 t。中国水热型地热能已连续多年位居世界首位。近十年来，中国水热型地热能直接利用以年均 10% 的速度增长。据不完全统计，截至 2017 年年底，全国水热型地热能供暖建筑面积超过 1.5 亿 m^2，其中山东、河北、河南增长较快。

对于水热型地热能直接利用的形式，一方面受资源禀赋的限制，一方面存在尾水回灌难的问题，导致地下水位下降，地下水质变化等诸多环境问题。针对上述情况，《地热能开发利用"十三五"规划》提出在发展地热资源时，需要采用"采灌均衡、间接换热"的工艺技术，实现地热资源的可持续开发。开展井下换热技术深度研发。在"取热不取水"的指导原则下，进行传统供暖区域的清洁能源供暖替代。2017 年 12 月，《关于印发〈北方地区冬季清洁取暖规划（2017～2021 年）〉的通知》中指出，地热能具有储量大、分布广、清洁环保、稳定可靠等特点。我国北方地区地热资源丰富，可因地制宜作为集中或分散供暖热源。按照"取热不取水"的原则，采用"采灌均衡、间接换热"或"井下换热"技术，以集中式与分散式相结合的方式推进中深层地热供暖，实现地热资源的可持续开发。

近年来，采用间壁式换热的方法，提取中深层地热能用于供暖的技术在陕西等地率先建成，并逐渐建成多个技术示范项目（下称中深层无干扰地热供热技术）。该技术采用换热介质，通过地埋管换热的形式获取 2～3km 中深层地热能，在利用的整个过程中处于封闭循环系统。地上结合电驱动热泵技术，用于末端供暖，真正实现"取热不取水"。一方面避免了地热水直接利用可能带来的地下水污染问题，另一方面相比于常规浅层地源热泵供热系统，运行性能更高，运行稳定性更强，目前已经实现市场化。

3. 中深层无干扰地热供热技术应用现状

目前，中深层无干扰地热供热技术在陕西省得到了较为普遍的应用。截至 2017 年年底，陕西省使用中深层无干扰地热供热技术进行建筑供热的项目供暖面积已超过 500 万 ㎡，供暖季总供热量接近 150 万 GJ。该领域内技术经验丰富的企业包括陕西四季春清洁热源股份有限公司、延长石油国际勘探开发工程有限公司、陕西省煤田地质集团公司、陕西德龙地热开发有限公司、上海中金能源投资有限公司等。

已有实际工程实测结果表明，该技术取热孔深度多为 2～3km，单个取热孔循环水量为 20～30m³/h 时，热源侧最高供水温度能达到 35℃，受取热孔当地具体地质条件及取热孔实际深度的影响，单个取热孔的取量可达到 250～350kW，平均每延米取热量可达到 120～180W/m，个别项目甚至更高。这样，当热泵机组热源侧循环水设计供水/回水温度为 30℃/20℃ 时，热泵蒸发温度在 15℃ 以上；当末端是地板供暖系统时，用户侧供/回水温度为 42℃/37℃，热泵冷凝温度可以在 45℃ 或者更低一些。当末端采用常规散热器或风机盘管时，供回水温度要求在 45～50℃，热泵冷凝温度达到 48～53℃。即无论搭配何种末端形式，采用该技术的热泵压缩机与常规的浅层地源热泵系统相比，都运行在一个更小的压缩比工况下，机组 COP 更高。工程案例实测也表明，应用中深层地热源的热泵机组制热 COP 能达到 6，供热系统的综合效率 EER 能达到 4（包括热源侧循环泵和用户侧循环泵的电耗），具体系统效率取决于系统设计、施工、调试和运行管理水平。而常规的浅层地源热泵系统实测系统综合效率 EER 集中在3左右。可见，得益于高温的热源，中深层地热源热泵供热系统具有更高的运行能效，是实现高效清洁供暖、推动建筑节能的重要途径。

为了促进该技术的发展和应用，陕西省也出台了相关政策予以支持。2018年1月3日，陕西省发布《关于印发〈关于发展地热能供热的实施意见〉的通知》，指出西安、延安、榆林要优先发展中深层地埋管、中水（污水）等清洁供热技术，宝鸡、咸阳、渭南、铜川、西咸要积极发展中深层地埋管、地热水等清洁供热技术；新建建筑的工程规划和设计，要将地热能利用纳入工程技术方案和设计的相关环节；把中深层地热能供热作为城镇冬季清洁采暖的重要方式，进一步完善和优化市政供热体系；新区建设要优先发展建设地热能供热站；地热能集中供热收费，执行城镇集中供热价格政策；地热能供热系统用电，可享受峰谷分时和阶梯价格政策；单位、小区自建自用的地热能供热系统用电，执行居民用电价格；支持地热能开发企业进入城镇供热市场，在实施集中供热特许经营的区域内，新开发建设地热能分布式供热项目，可不受特许经营权的限制；建设中深层地埋管供热项目，规划建设审批、监管时可不办理《地热采矿许可证》。

2018年4月23日，陕西省西咸新区开发建设管理委员会办公室印发《西咸新区中深层地热能无干扰供暖清洁能源技术推广工作方案》和《西咸新区中深层地热能无干扰供暖等清洁能源技术推广管理办法（试行）》，指出：（1）以建设清洁供暖和"无煤城市"为目标，大力推广应用中深层地热能无干扰供暖清洁能源技术，持续推进清洁供暖产业发展，新区符合条件的新建建筑全部采用中深层地热能无干扰供热，力争2018年推广面积不少于600万 m^2，经过三年探索，到2020年，逐步完善以中深层地热能无干扰供暖为主的清洁能源供暖体系。（2）坚持全面推广。中深层地热能无干扰供热技术要在新区范围内，坚持能用必用的原则进行全面推广，打造西咸新区科学、高效、可持续的地热能资源开发利用体系，形成可供复制的标准化模式。（3）坚持清洁高效。中深层地热能无干扰供暖等清洁能源技术在新区范围内能用必用。因特殊原因无法采用的，必须采用天然气、空气源热泵、污水源热泵、电能替代等清洁方式供暖。

2018年6月13日，陕西省发展改革委等十部门印发《陕西省冬季清洁取暖实施方案（2017~2021 年)》，指出大力推进可再生能源供暖。以关中地区为主，积极发展地热能供暖，提高地热能在建筑中的比例。关中地区新建建筑采用地热能供暖不低于 30%。西安市和西咸新区具备条件的新建建筑全部采用地热能供暖。其次，按照"集中式和分散式相结合"的方式积极推进无干扰地热供热技术应用，实现井下间接换热，避免抽水取热产生的问题。到 2019 年年底，关中地区推进地热能示范供暖面积新增 1000 万 m² 以上，其中，新增中深层（含无干扰地热供暖）地热供暖面积 740 万 m² 以上。到 2021 年年底，关中地区推进地热能示范供暖面积再新增 2500 万 m² 以上，其中，新增中深层（含无干扰地热供暖）地热供暖面积 1800 万 m² 以上。

政策上的大力支持，一方面显示了政府对于清洁供暖的决心，同时也显示了中深层无干扰地热供热技术的推广应用价值。

2.4.5 城镇污水供热现状

随着城市化的进程和人口的增加，我国污水处理量与污水处理率均呈明显上升趋势。2016 年，我国城镇总污水处理量达到 529.8 亿 m³，总污水处理率为 92.5%，其中城市总污水处理量为 448.8 亿 m³，污水处理率为 93.4%；县城总污水处理量为 81.0 亿 m³，污水处理率为 87.4%，如图 2-32 所示。

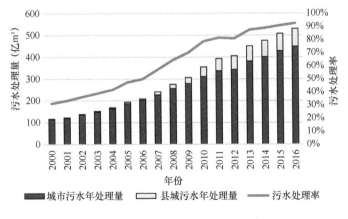

图 2-32 我国污水处理量与处理率

我国对污水源热泵的研究始于 20 世纪 80 年代，但发展较慢。2000 年，北京高碑店污水处理厂建立了国内第一个污水源热泵系统，标志着我国污水源热泵系统的研究进入了一个新的时代。近20年来，由于能源需求与环境形势发展，利用污水源热泵回收污水热能的研究与应用逐渐展开，污水源热泵在各地污水处理厂中逐渐推广应用，主要包括：青岛市团岛污水处理厂、沈阳沈水湾污水处理厂、天津纪庄子污水厂、承德和烟台等地污水处理厂、无锡（太湖）国际科技园、北京南站能源站、南昌市青山湖区城市综合体项目。这些项目的运行经验表明，与传统燃煤锅炉和空气源热泵等技术相比，污水源热泵在烟尘、CO_2、NO_x、SO_x减排方面具有明显优势。

目前国内污水源热泵工程以间接式污水源热泵系统为主，通常采用经过处理的二级污水。在污水取水技术上，我国已经形成具有自主知识产权的多种污水取水技术，已经解决城市原生污水和污水处理厂二级处理污水取水问题，但是在换热技术上，我国还处于初始研究阶段。此外，污水源热泵供暖区域通常局限于污水处理厂附近居民。如石家庄市桥东污水源热泵供暖项目，以桥东污水处理厂为轴心，为5km范围内的建筑供暖。但污水处理厂往往位于建筑物比较稀疏的郊区，且目前我国污水处理设施还非常有限，这就大大地限制了对污水源热泵的大规模开发。《"十二五"全国城镇污水处理及再生利用设施建设规划》中明确指出，"十二五"期间，全国规划范围内的城镇建设污水管网15.9万km，全部建成后，全国城镇污水管网总长度达到32.7万km，每万吨污水日处理能力配套污水管网达到15.6km，大幅提高城镇污水收集能力和污水处理厂运行负荷率。这些规划的实施将为污水源热泵应用提供良好的基础。

总的来看，目前国内污水源热泵应用的供热面积仍然较小。由《中国城乡建设统计年鉴2016》中的污水处理数据，按照取热前后5K温差估算北方各地市的污水余热量并与当地城镇热负荷相比较，可得大部分的地市的污水余热占当地城镇建筑热负荷的比例为1%～4%，北方地区城镇污水余热占城镇建筑热负荷的整体比例约为2.5%，可见污水源热能并非城镇供暖的主力热源，但作为辅助和补充热源仍具备一定的开发潜力。

2.4.6 城镇垃圾供热现状

城镇生活垃圾处理是城镇发展中不可忽视的环节。当前，我国通用的垃圾无害化处理方式主要有三类：卫生填埋、堆肥和垃圾焚烧。随着城市化的进展和人口的增加，我国城镇垃圾无害化处理量与无害化处理率均呈明显上升趋势。由《中国城乡建设统计年鉴 2016》数据，2016 年，我国城镇总垃圾无害化处理量达到 25354 万 t，总无害化处理率达到 93.8%，其中卫生填埋处理量占比 66%，焚烧处理量占比 31%，如图 2-33 所示。

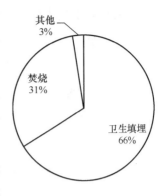

图 2-33　我国城镇垃圾无害化处理量（2016 年）

焚烧法对垃圾原料的要求较低，而又具备处效率高、占地面积小和后端资源化利用的优点。根据《"十三五"全国城镇生活垃圾无害化处理设施建设规划》，到"十三五"末期垃圾无害化处理中的焚烧占比将超过 50%，规划中新增无害化处理产能中 80% 都为垃圾焚烧项目，可见，垃圾焚烧将继续作为当前最符合国情的无害化处理方式得到大力支持。

目前，全国共有 30 个省（区、市）投产了生活垃圾焚烧发电项目 339 个，累计并网装机 725.3 万 kW，年发电量 375.2 亿 kWh❶。垃圾焚烧发电也成为城镇供热可再生热源之一，截至 2016 年年底，我国北方地区城镇垃圾与农林生物质的总清洁供暖面积约 2 亿 m²❷，《北方地区冬季清洁取暖规划（2017～2021 年）》提出了 2020 年城镇生活垃圾热电联产供暖面积 5 亿 m² 的发展目标。

但需要注意的是，发展城镇垃圾焚烧发电的主要目的为城镇垃圾的无害化消纳，供热仅为其冬季的附属功能。由《中国城乡建设统计年鉴》中的垃圾处理数据，取锅炉效率为 90%，发电效率为 25%，计算北方各地市垃圾热点联产余热供热能力，可得若现状全部无害化处理的垃圾均投用于热电联产，则大部分的地市的垃圾热电联产可负担当地城镇建筑热负荷的 1%～4%，整个北方地区城镇垃圾热电联产余热可负担北方城镇建筑热负荷的 2.7%，可见垃圾焚烧热电联产并非城镇供暖的主力热源，其发展定位应为城镇供热辅助和补充热源。

2.4.7　农林生物质供热现状

生物质能是重要的可再生能源，我国生物质资源丰富，能源化利用潜力大。

---

❶　数据来源：中国产业信息网。
❷　数据来源：《北方地区冬季清洁取暖规划（2017～2021 年）》。

目前我国农林生物质通过发电、成型燃料、天然气、液体燃料等方式得到了发展和利用，截至"十二五"期末，我国农林生物质直燃发电装机约 530 万 kW，沼气发电装机约 30 万 kW，生物质发电技术基本成熟；生物质成型燃料年利用量约 800 万 t，主要用于城镇供暖和工业供热等领域，成型燃料机械制造、专用锅炉制造、燃料燃烧等技术日益成熟；生物质沼气理论年产量约 190 亿 m³，正处于转型升级关键阶段；生物液体燃料方面，燃料乙醇年产量约 210 万 t，生物柴油年产量约 80 万 t[❶]。生物质热电联产和成型燃料的利用均可为城镇供热提供热源。

截至 2016 年年底，我国北方地区生物质能（含农林生物质和城镇垃圾）清洁供暖面积共约 2 亿 m²[❷]。《北方地区冬季清洁取暖规划（2017～2021 年）》指出，生物质能清洁供暖布局灵活，适应性强，适宜就近收集原料、就地加工转换、就近消费、分布式开发利用，可用于北方生物质资源丰富地区的县城及农村取暖，在用户侧直接替代煤炭。

2.4.8 电供热现状

电能对当地零排放，因此电能往往被视为清洁能源，电能驱动的供热方式也成为很多城市降低供热大气污染的手段，并成为政府供热财政补贴的一个主要对象。尤其是近年来天然气不断涨价，使得电能供热的经济成本凸显出一定优势，使其呼声越来越高，并得到较快发展。根据国家发展改革委、能源局等十部委发布的《北方地区冬季清洁取暖规划（2017～2021 年）》，可将电供热分为两类：一类是电直热供热，包括蓄热式电锅炉等集中式供热设施以及发热电缆、电热膜、蓄热电暖气等分散式供热设施。近年来兴起的电磁能供热、石墨烯供热甚至所谓的量子能供热都可归为不同规模的电直热供热；另一类是电驱动热泵供热，热泵利用电能作为驱动力，通过提取低温热源的热量而产生数倍于所消耗电能的热量，以满足不同温度水平的供热需求。电直热与电动热泵在电能转换效率上有本质的区别，不应该统一称为电供热，而应该分为这样两类分别对待。

---

❶ 数据来源：《生物质能发展"十三五"规划》。
❷ 数据来源：《北方地区冬季清洁取暖规划（2017～2021 年）》。

1. 电直热供热

电直热供热是一种将电能通过电阻直接转化为热能的供热方式，具有投资小、运行简单方便等优点。在我国北方农村"煤改电"工程初期，分散式的电直热供热得到了一些应用和推广，但是近些年由于其自身存在的一些问题，逐渐被空气源热泵等供热方式所取代。北京市从 2017 年开始就明文规定："在推进农村煤改电过程中，禁止推广使用直热式电取暖设备，并将替换更新所有试点安装的直热式电暖器。"其主要问题在于耗能太多，电费太高，且对农村电网扩容要求太高。

电直热供热是能源转换效率最低的一种方式，一份电只能转换为一份热量。由于我国电能 70％来自于火力发电，一份化石能源转为电能并再送到用户就只剩下 1/3。从这一点看，电直热方式供暖效率只相当于 40％的燃煤锅炉。因此，当追溯到电的来源，电直热供热方式既不清洁，也不节能。当地排放虽然没有了，但导致电厂的大量排放。

目前在山东、东北等地也出现了一些大型集中的蓄热型电锅炉的应用，电供热与蓄热相结合。这样可以配合电网调峰，促进可再生能源消纳，而且采用低谷电，通过优惠的低谷电价降低供热成本，往往会使得电直热供热方式比天然气锅炉供热成本还要低。低谷电用于供热与目前我国弃风电等可再生能源利用相结合，使得电直热供热似乎充分符合节能减排理念。然而，从能源利用的角度来看，电是品位最高的能源，相对于电直热供热，电能可以采用提高数倍效率的电动热泵供热方式利用。且集中式的大型电锅炉采用热水网输送热量，其输送效率低，经济成本较电能的输送高。本书第 8 章详细比较了电锅炉加蓄热与热电协同的热电联产方式，同样的发电量和供热量情况下，两者煤耗量相差甚大。

因此，电直热供热方式，包括电锅炉与蓄热相结合利用低谷电的供热方式，不应鼓励大面积推广使用，只有在一些特殊场合，例如环境保护要求严格，热网和燃气网辐射不到，而且气候严寒，空气源热泵无法运行的地方，才可以考虑蓄热式电直热供热方式。

2. 热泵供热

热泵供热是使用电供热的最好方式。热泵系统有多种方式，根据低温热源的不同，可以将热泵分为：空气源热泵、海（河）水源热泵、污水源热泵、浅层地源热泵、深层地源热泵等，通过对室外空气制冷从中提取热量；以地下埋管形式从土壤中用热泵取热；通过打井提取地下水通过热泵从水中取量；采用海水、湖水、河水利用热泵提取其热量；利用热泵从污水提取热量等。这部分热量再通过空气或水送到室内，满足供热要求。目前这些方式作为节能的供热措施在我国北方地区得到大力推广。

根据中国建筑科学研究院等单位的相关调研统计，到 2016 年年底，北方地区建筑供暖面积中各类热泵供暖面积已经达到约 6.7 亿 m² （包括农村地区）。而在 2017～2018 年间，各类热泵新增供暖面积约 2.08 亿 m²，在新增非煤、非天然气热源中占比高达约 60%。其中空气源热泵和地源热泵成为热泵供暖最重要的两种形式。

2016 年空气源热泵在电热泵供暖面积中占比 34%，土壤源、地下水源、污水源、海水源和淡水源热泵系统供热面积占比分别为 29%、18%、9%、3% 和 7%，如图 2-34 所示。

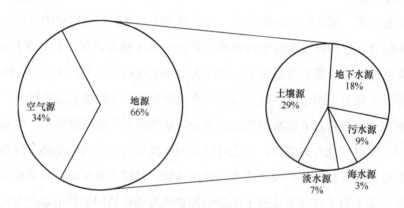

图 2-34　2016 年电热泵类型比例

空气源热泵可以从较低温度的室外空气中提取热量，在实际运行中，考虑到电机效率、压缩机效率、换热器效率等因素，在北方建筑供暖中空气源热泵制热效率 COP 通常可达 2～4，与直接电加热供暖相比，耗电量仅为 1/4～1/2，具有非常好的节能效果。近年来，能够在低温空气中取热的双级压缩式热泵技术也取得了很大进展，进一步扩大了空气源热泵的应用范围，并在多地拥有了成功的示范工程，详见《中国建筑节能研究年度发展研究报告 2015》第 6.9 节。

在地源热泵中，土壤源热泵系统、地下水源热泵系统、地表水源热泵系统的使用比例分别是 43%、27% 和 30%；而在 2009 年，这一比例分别是 34%、38% 和

28%。可以看出，由于地方政府加强了对地下水资源的监管，地下水源热泵系统使用比例有明显下降。与此相对应的是，土壤源热泵系统技术逐渐普及带来了成本造价降低，从而使其市场份额明显提高。在地表水源热泵系统中，由于其应用范围不断扩大，其使用比例也稳步提高，尤其是污水源热泵系统，其在不少地方供热规划中均有明确提及。土壤源热泵和水源热泵的具体应用情况详见上文。

中深层地热是目前利用较少的热源，但是地下储量巨大、适用范围广，有很大的可开发空间。其从深度在 2km 左右，岩层温度在 70～90℃的中深层热能取热，出水温度可达到 20～40℃，可以为热泵系统提供更高温度的低温热源，甚至直接作为热源加热循环水供热。同时这一部分地热更为稳定，基本不受气候环境的影响，可以长期、稳定地高效供热。中深层地热资源的恢复能力也相对较强，无需考虑冬夏平衡问题，可以专门来供暖。目前在北方地区有用多个成功的示范工程，仅陕西省等地就有超过 600 万 m² 的供热面积，具体介绍详见本书第 8.9 节。

实测各类热泵系统性能   表 2-12

编号	地区	建筑面积	单位供热量的能耗（kgce/GJ）	单位供热量的电耗（kWh/GJ）	综合 COP	系统形式
A	北京	167m²	27.8	89.6	3.1	空气源热泵＋地板辐射
B	合肥	85m²	36.6	118.2	2.35	空气源热泵＋地板辐射
C	沈阳 1	19 万 m²	28.7	92.6	3	浅层水源热泵
D	沈阳 2	10 万 m²	31.9	102.9	2.7	浅层水源热泵
E	沈阳 3	14 万 m²	24.6	79.4	3.5	浅层水源热泵
F	沈阳 4	5.8 万 m²	22.5	72.7	3.82	浅层水源热泵
G	西安	2.1 万 m²	23.0	74.3	3.74	深层地源热泵
H	西安	4.4 万 m²	23.8	76.7	3.62	深层地源热泵
I	西安	5.6 万 m²	23.5	75.9	3.66	深层地源热泵
J	西安	3.8 万 m²	23.6	76.1	3.65	深层地源热泵
K	—	—	86.1	277.8	1	电锅炉

从各类热泵实际运行测试中可以看出，热泵系统整体效率与热泵本身制热效率和热泵两侧输配效率有关。其中热泵效率主要与提供热量所需要提升的温差以及系统的容量调节（负荷率）有关，对于空气源热泵还要考虑蒸发器表面结霜和除霜，将导致机组制热性能的恶化。而热泵两侧的输配效率则主要受输送水或空气的供回

温差，以及水泵风机的自身效率决定。

表 2-12 中北京的案例是采用空气源热泵＋地板辐射供暖的系统方案，系统供暖季 COP 达到 3.1，运行效果良好。对其具体运行情况进行分析可以看出其具有以下特点：

（1）采用末端地板辐射方式，用户需求供水温度较低，降低了系统冷凝温度，系统能效提升；

（2）采用每户独立机组运行，没有大的输配管网，末端输配系统水泵能耗很低；

（3）该系统采用电加热补热的方式，在室外温度－16℃以下时，为电加热运行。但实际系统运行时，电加热运行时间占系统总运行时间比例非常小，基本不影响系统整体性能。

沈阳 4 个水源热泵项目都是采用直接提取地下水，经过热泵提升温度，制备供暖用热水；被提取了热量、温度降低了的地下水再重新回灌到地下的方式运行。具体分析其能耗性能差异，以及在实际中遇到的问题，可以发现：

（1）地下水温度降低导致的系统性能降低；

（2）潜水泵和热水循环泵的电耗占总的电耗的比例较高，可达 30％～40％。

西安的 4 个深层地源热泵项目都是采用套管换热的方式（取热不取水），取热温度达到 20～30℃。但实测中也发现现有系统运行也还存在较多问题。如主机能效差、管网漏热严重、用户侧水利不平衡、管网阻力过大导致用户侧输配电耗偏高等，导致最终系统 EER 在 3.6 左右。如果能够改善这些问题，精确调节，系统整体 EER 有望达到 4～4.5，单位面积电耗可以实现 15～20kWh/m^2 之间。

2.5 供热的能源消耗及环境影响

北方城镇供热的一次能源消耗主要以煤为主，其次是天然气和电力。热电联产和燃煤锅炉是最主要的热源提供方式，近年来分散的燃煤锅炉不断被大型燃煤锅炉和热电联产所取代。2017 年北方供暖总一次能源消耗为 2.01 亿 tce，2001～2017 年北方城镇供热各类热源的一次能源消耗量逐年变化情况如图 2-35 所示。

2017 年北方城镇供热的碳排放总量为 5.41 亿 t，占全国建筑运行能耗相关碳排放总量的 1/4。随着该地区单位面积建筑供热能耗的下降，以及天然气比例的增加，该地区的碳排放总量和单位面积的碳排放强度还会进一步下降。

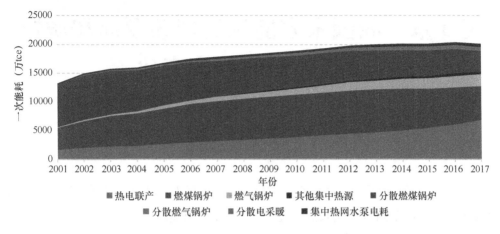

图 2-35 北方城镇供热各类热源的一次能源消耗

随着高污染物排放的分散燃煤锅炉逐步被更清洁的热电联产和大型锅炉代替，各种污染物排放总量在达到峰值后不断下降，北方城镇供热造成的污染物排放变化趋势如图 2-36 所示。2017 年北方城镇供热所造成的 NO_x 排放总量为 42 万 t（占全国排放量的 3%），SO_2 为 64 万 t（占全国排放量的 4%），粉尘为 44 万 t（占全国排放量的 4%）。

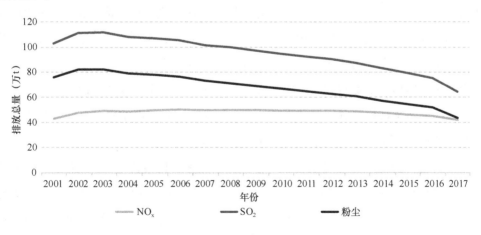

图 2-36 北方城镇供热各类污染物排放总量

第3章 我国未来能源的低碳发展和城镇供暖热源的相应变化

3.1 我国城市面临的能源与环境问题

我国城市发展过程进入了一个新阶段。经过近三十年城镇化发展，我国城市化率从改革初期的不到30%增长到接近60%，城镇房屋总量从不到100亿 m² 增长到350亿 m²，与城市密切相关的制造业和服务业占国民经济总量也从不到50%增加到85%以上，城镇化拉动了我国社会和经济的飞速发展，城市为社会和经济发展提供了巨大的平台。

进入新时期，随着我国城镇化建设基本完成，我国城镇化面临的主要矛盾已经出现变化，城镇化率与城市基础设施不适应社会经济发展需要的基本状态已经出现了转变：城市建设已基本上满足社会和经济发展的需要，城镇化也将从以前的迸发式增长阶段转为缓慢增长期。在这样的新时期，城市发展的主要矛盾已经转为持续发展和社会公平与交通拥堵、用能增加、环境污染以及减少碳排放总量以应对气候变化的矛盾。要在生态文明的理念下实现城市的可持续发展，必须把工作的重点从大规模建设转移到消除贫困、解决能源与环境问题以及交通拥堵治理上。我国未来的城市能源系统将以低碳发展和雾霾治理为导向，调整能源结构，全面实现能源供给侧和消费侧革命，缓解气候变化，还百姓以蓝天。

2016 年 4 月至今，全球已有 170 多个国家签署《巴黎协定》，协定正式确定了未来全球温升控制在低于 2℃且尽可能争取 1.5℃的奋斗目标。我国作为负责任的发展中大国，同时也是最大碳排放国，正以积极务实的态度履行自己的国际义务，参与全球气候治理。2017 年我国由于使用化石能源所造成的二氧化碳排放总量已超过 100 亿 t，人年均碳排放达到 7.5t，已大大超过了目前全球人均碳排放 4.9t 的水平。我国已经郑重承诺在 2030 年以前二氧化碳排放总量将达到峰值，2030 年开始碳排放总量将逐年降低。按照《巴黎协定》的要求，要实现全球平均温度不超过 2℃的目标，2050 年全球二氧化碳排放总量应在 150 亿 t 以内，这时人均年碳排放量应控制在 2.5t 以下。我国 2050 年人口为 14 亿人的话，碳排放总量应不超过 35 亿 t，仅为目前的 1/3。如何在 30 年左右的时间内，在满足我国社会和经济持续发展的前提下，既实现我国建成现代化强国、实现中国梦的目标，又使二氧化碳排放总量控制在仅为目前的 1/3，这是我国今后 30 年能源领域发展面临的巨大挑战。

未来城市能源发展还须考虑大气质量和老百姓对蓝天的需求。近年来我国东部和北部地区长时间持续的高浓度可吸入颗粒物的"雾霾"天已经严重影响了百姓的生理和心理健康，全面治理雾霾，还百姓以蓝天已经成为从中央到地方、从专业人士到普通百姓的要求和愿望。研究表明，不合理使用化石能源是导致大气污染和雾霾现象的根本原因，电力、工业、交通、供热是 PM2.5 的四大污染源。为了缓解雾霾，工业停产和限产、汽车限量和限行、供暖"煤改气、煤改电"，这些措施可以使雾霾现象得以缓解，但如果其代价是对经济发展和百姓生活改善的影响，则很难持续。只有通过供给侧和消费侧的革命，彻底改变能源模式，在实现低碳的同时实现能源清洁化，才有可能彻底消除雾霾，而不对经济发展和百姓生活产生显现影响。

破解雾霾难题，实现低碳发展，只有彻底改变目前的能源供给结构，从碳基的燃煤为主的能源结构变为可再生能源为主导的低碳能源供给结构，才有可能彻底消除污染物和碳的排放。而新的能源供给结构需要有新的能源消费模式，需要彻底改变目前对应于燃煤为主的能源消费模式，以适应低碳能源的供给结构。同时，还需要尽可能降低用能需求，减轻发展低碳能源的压力。

3.2 我国能源结构的转型

未来能否依靠以零碳的可再生能源为主，支撑中国的社会和经济发展？这需要先分析预测我国未来的能源需求总量，根据需求量和我国的资源环境状况规划我国未来能源生产和输送模式，再根据新的能源供给方式研究与其相对应的能源消费方式。

3.2.1 未来能源需求总量预测

1. 我国目前能源消费总量

2016年，我国的电力消费总量为6万亿度，发电以外的直接燃料消费总量为28.8亿tce，如果电力全部按照发电煤耗折算为标煤，则能源消费总量为46.8亿tce。工业、交通和建筑运行三大部门能源消费分解见表3-1。

表3-1表明，我国目前的能源消费结构和发达国家有很大不同。我国工业生产能耗占总能源的63%，而发达国家这一比例大多在30%~35%之间。我国人均工业生产用能已经与发达国家平均的人均水平接近，且超出英、法等国目前状况。与此相对应的是我国在建筑和交通领域的能耗占比却远低于发达国家。目前，中国人均建筑运行能耗为美国的1/5，为OECD国家的1/3；人均交通能耗为美国的1/9，为OECD国家的1/5。这反映出中国目前的社会与经济发展与目前的发达国家还处在不同的阶段。

我国能源消费总量（2016）   表3-1

用能部门	电力消费	直接燃料消费	折算能源消费总量	占总能耗之比
工业	3.9万亿度	16.5亿tce	28.2亿tce	61%
交通	0.6万亿度	7.2亿tce	9.0亿tce	18.9%
建筑	1.5万亿度	5.1亿tce	9.6亿tce	20.1%
总计	6.0万亿度	28.8亿tce	46.8亿tce	100%

注：表中的能源总量是把电力都按照发电煤耗折合为标准煤的结果，由于我国有1.8万亿kWh的电力源自可再生能源与核能，现行的能源统计表按照热值法计算这部分能源，所以比此表数值少180g×1.8万亿＝3.2亿tce。

2. 我国能源需求总量发展趋势分析

图3-1是自2000年以来我国每年的能耗总量，给出了一次能源总量、发电用能以及非发电用能的逐年变化。在21世纪开始的几年，多个能源研究机构对未来的能源消费量进行预测，但实际发展总比预测结果快。例如在2004年通过的能源中长期发展规划纲要中，认为2020年我国一次能源消费总量将达到30亿tce，结果不到5年后在2007年的实际能源消费量就达到这一预测值；2008年前后一些机

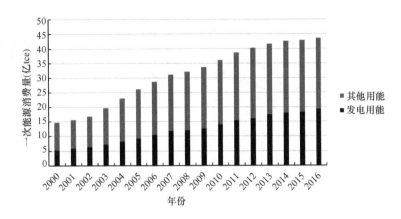

图 3-1 我国历年能源消费总量（来源：中国能源统计年鉴）

构预测在 2020 年能耗将达到 40 亿 tce❶，结果在 2012 年实际能源消耗量就已经超出 40 亿 tce。由于预测值总是跟不上实际的发展，以后的研究和预测就给出非常高的未来预测值。例如能源生产和消费革命战略中的总量控制目标为 2020 年的一次能源消费总量 50 亿 tce，2030 年为 60 亿 tce。然而，从目前实际能耗变化看，2013 年我国燃煤消耗总量已经接近峰值，以后总能耗的增加量基本上可以由可再生能源的增量来满足；自 2014 年以来能源的弹性系数降低到 0.3 以下；尽管 GDP 增长仍然在 6.5% 以上，但 2014～2017 年已经连续四年一次能源消费量的增长率不超过 1.5%，至今总能耗没有超过 44 亿 tce（可再生电力按照热值折算）。

这是由于随着我国社会进入新时期，经济发展模式也出现了巨大的转变：由依靠制造业产量的增长带动 GDP 增长转为依靠制造业质量的提高；由制成品规模的增长以满足人民物质消费的需求转为提高服务业比例的增加来适应人民美好生活的需要；由大规模制造业产品出口转为通过"一带一路"形式带动技术与工程服务的全套出口模式。这样，能源消耗总量与 GDP 的增长关系就会完全不同于以往。图 3-2 给出世界上一些发达国家在完成现代化之后，人均能耗与 GDP 之间的关系。可以看出，不少国家进入"后工业化"时期后，尽管 GDP 仍持续增长，但人均能耗已经稳定于一定水平，甚至有所降低。

---

❶ 中国能源中长期发展战略研究项目组. 中国能源中长期（2030、2050）发展战略研究-综合卷. 北京：科学出版社，2011.

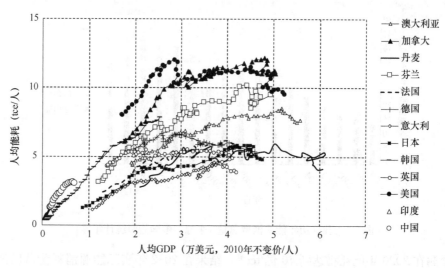

图 3-2　人均能耗与人均 GDP 的关系❶

3. 我国工业部门能源需求总量未来预测

工业是 2000 年以来拉动我国能源消费总量持续增长主要领域，但是未来我国的工业能耗很难再像 2000 年以来的变化趋势一样持续增长。这是因为：

（1）我国城市建设和基础设施建设已经初步完成，今后不可能再这样持续的大规模基本建设。图 3-3 和图 3-4 分别对比了我国与其他国家的人均住宅面积和公共建筑面积。可以看到，我国的人均住宅面积是 41m²，已经超过了亚洲发达国家日本和韩国，接近欧美国家水平。我国人均公共建筑面积虽然与欧美发达国家有一定的差距，但是这是因为我国的城市人口规模普遍较大，大城市、特大城市、超大城

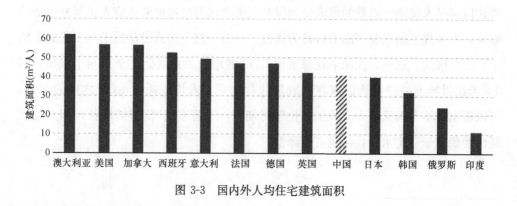

图 3-3　国内外人均住宅建筑面积

❶　数据来源：国际能源署、世界银行数据库。

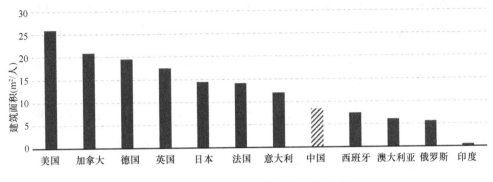

图 3-4　国内外人均公共建筑面积对比

市比比皆是，城市人口密度高、公共建筑服务效率高。未来，只要不"大拆大建"，维持建筑寿命，由城市建设和基础设施建设拉动的钢铁、建材等高能耗产业也就很难再像以往那样持续增长。

（2）我国目前五大高能耗产业的产品人均累积量已经接近甚至超过发达国家水平。如图 3-5 所示粗钢消费量和水泥生产量的 30 年人均累计值与发达国家的对比，其中钢铁消费量的比较还应考虑到美国、日本、德国都是汽车出口大国，汽车制造需要消费大量的钢材，而且我国主要以铁矿石为原料采用高炉—转炉法生产钢铁，废钢回收并用电弧炉法生产的钢铁比例仅占 6%，而发达国家的这一比例如美国、

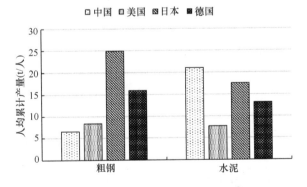

图 3-5　各国人均 30 年累计产量❶

注：消费量考虑了生产量和进出口量，进出口的各类钢材均按照一定比例折算为粗钢量，水泥生产量由于未能获得各国进出口量因此无法计算消费量。

---

❶　钢铁数据来源：Steel Statistical Yearbooks，world steel association。水泥数据来源：Cement Statistics and Information，USGS。

日本、德国分别在63％、23％、30％。这表明中国这些产品的积累量已经与发达国家持平，中国已经基本完成以大量物质产品生产为主要目标的工业化过程，制造业的进一步发展将由目前依靠量的增长转为主要依靠质的提高，而质的提高很难造成能源消费的同步增加。

（3）自2014年开始，我国制造业能耗增长已经显著放缓，制造业能耗增长率与工业增加值之比已经降低到0.1以下，这就定量地表明我国制造已经开始从量的增长拉动转为依靠质的增长拉动。

图3-6给出目前世界上主要的发达国家工业领域单位GDP能耗水平，未来如果我国GDP总量为40万亿美元，其中工业占40％，即16万亿美元。如果经过结构调整和技术进步，工业制造的主要领域单位GDP能耗接近发达国家水平，那么即使平均GDP能耗比OECD国家均值高10％，16万亿美元产值也只需要约18万亿tce的能源投入（电热值法），这可以分解为5万亿度电和12亿tce的直接燃料。如果按人均工业能耗来比较，按此预测结果，未来我国人均工业电耗4000kWh、人均工业直接燃料消耗1tce，与美国目前状况接近，并超过英、德、法、意等OECD国家。考虑未来工业生产效率的不断提升和产业结构的转型，5万亿度电和12亿tce直接燃料的能耗总量应该不会被超过。

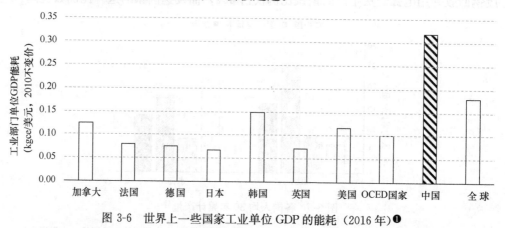

图3-6　世界上一些国家工业单位GDP的能耗（2016年）❶

4. 我国建筑和交通部门能源需求总量预测

建筑和交通的用能是我国目前与发达国家在人均能耗指标上差异最大的领域，

---

❶　图中数据为工业部门终端能耗/工业部门GDP。数据来源：国际能源署；世界银行数据库。

我国在这两个领域的人均用能显著低于发达国家。随着社会发展和居民生活水平的不断提高，这两个领域的人均能耗有可能会有所提高，但是未来是否会发展到接近 OECD 国家甚至接近美国目前的人均水平呢？如果 2050 年我国人口仍为 13 亿人，建筑和交通人均能耗达到 OECD 国家目前水平，则仅建筑运行和交通运行的能耗就需要约 60 亿 tce，大于我国目前的能耗总量；如果达到美国水平，则需要 130 亿 tce，为目前全球能耗总量的 80%！把目前发达国家的用能模式复制到我国的建筑和交通领域是环境资源所无法承载的。

这样，能否实现未来能源及低碳发展目标的关键就是未来建筑运行和交通的用能总量。除物流交通外，建筑运行（主要指民用建筑，工业建筑运行能耗属于工业生产能耗）与客运交通的能源消耗与 GDP 并无直接关系，因此未来能源消耗的增长并不是直接用于 GDP 的增长，而是由于 GDP 增长，人们生活水平提高，对建筑与交通提供的服务水平的需求不断提高可能造成的能耗增长。这样，需要解决的问题就是未来应该提供什么样的建筑与交通的服务来满足社会发展和人们生活水平提高所产生的需求的增长，而同时又要不出现在这两个领域的能耗总量像发达国家那样的飞速增长。

根据清华大学建筑节能研究中心多年研究的结论，我国如果全面按照生态文明的理念发展城市建设，在建筑和交通领域发展中国特色的服务体系（参考文献：《建筑节能思辨》，中国建筑工业出版社，2015），可以在较低的能耗水平基础上满足社会和经济发展的需要：

在建筑领域，如果未来城乡建筑总量控制在 800 亿 m² 内，建筑使用方式继续保持目前这种外窗可开、大多数时间依靠自然通风，室内环境控制采用"部分时间、部分空间"的模式，北方供暖热源以低品位余热为主，在考虑加大终端用能中电力占比，可以预测在 2.5 万亿度电（目前为 1.5 万亿度电）再加上 2.5 亿 tce 的直接燃料的能耗水平下即可满足要求。按照发电煤耗来折合电力消耗，则总能耗维持在 10 亿 tce 以内。

在交通领域，电力应该成为未来的主要交通用能，例如轨道交通、各类汽车和内河船舶。按照目前的技术水平 25kWh 电力替代 10L 汽油，假设未来运输量比目前增加 40%，通过电能替代可以把未来的交通用能总量控制在 2 万亿度电和 2.5 亿 t 燃油以内（等效于目前 10.5 亿 t 燃油可提供的运输量）。实现该目标的前提是大力发展公共交通，大幅度减少燃煤、建材和钢材的运输。

5. 我国未来能源消费总量

根据上述分部门预测结果，我国未来能源需求总量约46.5亿tce，其中电力消费9.5万亿度、直接燃料消费18亿tce。电力消费的9.5万亿度中工业用电5万亿度，建筑运行用电2.5万亿度，交通用电2万亿度。其中交通用电量是当前的4倍，是考虑主要的地面交通都转为纯电动方式。非电的燃料消费18亿tce，主要满足工业生产的需要、炊事以及部分交通用油（飞机），其中工业消费12亿tce，交通消费3.5亿tce，建筑用能2.5亿tce（见表3-2）。

我国未来能源消费总量预测   表3-2

用能部门	电力消费	直接燃料消费	折算能源消费总量
工业	5万亿度	12亿tce	27亿tce
交通	2万亿度	3.5亿tce	9.5亿tce
建筑	2.5万亿度	2.5亿tce	10亿tce
总计	9.5万亿度	18亿tce	46.5亿tce

注：1t燃油≈1.45tce。

3.2.2 我国未来的低碳能源规划

按照上述未来的能源需求，电力占到了终端用能的60%，应该主要依靠水电、风电、光电和核电这些零碳电力来供应；而占总量40%的直接燃料则需要尽可能依靠零碳的生物质燃料来满足需求。

我国水力、风力以及太阳能资源的分布状况。仍然符合20世纪30年代胡焕庸先生提出来的我国资源与需求之间的二八分布规律。我国80%的人口分布在连接漠河与腾冲间的胡焕庸线以东，同时这又是80%以上GDP的产出地和消费全国80%以上能源的地域。然而我国的可再生能源资源的80%以上却分布于胡焕庸线以西地域。实际上，煤、油、气这些化石能源的80%以上也分布于胡焕庸线以西。

水电只能在丰富的水力资源地区发展，所以我国主要的水电分布在西部地区。目前长江、黄河以及横断山脉地区的水力资源已经充分开发，待开发的水力资源集中于西藏雅鲁藏布江流域。风力资源则集中于内蒙古、甘肃和新疆等北方部分地区，以及东部沿海一带的海上风电。在这些风力资源充沛的地域发展风电，同样的初投资可以获得的效益远高于在其他风力资源稀薄的地区。尽管这几年西部地区风电大开发，但已开发量还不到可开发资源的 5%，风电仍是大有可为。随着光伏电池成本的迅速下降和新技术的不断涌现，这几年光伏电力一直在飞速增长。光伏电池的效益也与当地太阳能资源相关。我国西部地区太阳能辐射年总量在 1800～2000kWh/m² 之间，而东部和内地的太阳能年辐射总量不超过 1300kWh/m²，约为西部地区的 2/3。同时，东部地区土地和空间资源严重不足，而西部地区相对来说有充裕的土地和空间资源。所以，太阳能光电未来也应该以西部太阳能资源富集区为重点。从这一思路出发，把西部地区作为发展风电、光电等可再生电力的能源基地，符合当地资源环境状况，还有可能通过发展可再生能源拉动这一地区的经济增长。我国的能源禀赋特征决定了大规模西电东送、北电南送的供电格局。国家电网公司在"十二五"期间规划了"三纵三横"的特高压骨干网架，在"十三五"期间还将进一步发展形成"五横五纵"的特高压电网整体布局。通过特高压输电线路实现跨大区的电力输运是解决我国可再生电力消纳问题、地域发展不平衡问题的重要途径。

目前西部年水电发电量为 1.2 万亿 kWh，进一步开发利用，可以增长到 1.5 万亿 kWh；西部风电目前为 0.2 万亿 kWh，完全可以增长 5 倍，达到年发电 1 万亿～1.2 万亿 kWh；西部的光伏电力目前还很少，但考虑到这些丰富的资源状况，未来完全可以发展出 5 亿 kW 的装机容量（约 50 亿 m²），每年产生 0.7 万亿～0.8 万亿 kWh 的光电。由此，西部可开发生产可再生电力 3.5 万亿 kWh，其中水电约占 40%。风电、光电都属于一天内随机变化的电源，需要有足够的灵活电源为其调峰。除了水电可以参与调峰外，大约还需要由火电提供 1.5 万亿 kWh 的调峰电力，与可再生电力配合，形成稳定的优质电源。西部地区当地用电量约为 2.5 万亿 kWh，这样，约 50% 的电力，既每年 2.5 万亿度电要通过西电东输，以满足东部沿海地区的电力需求。而东部地区需要约 7 万亿度电力，除了接收西电东输的 2.5 万亿 kWh，还需要 4.5 万亿 kWh 电力。这可在东部沿海地区发展核电，提供每年 1 万亿 kWh，风电、光电、水电等可再生电力每年 0.5 万亿 kWh，再由燃煤燃气为燃料的火电提供剩余的 3 万亿 kWh。东部地区接收西部稳定的长途输电和当地沿海的核电共 3.5 万亿 kWh，占总电量的 50%，随机变化的可再生电力 0.5 万亿 kWh，由火电提供的 3 万亿 kWh 主要就作为灵活电源、用于应对电力负荷侧的峰谷变化。这 3 万亿 kWh 作为灵活电源、主要用于调峰的火电，约 1/3 分布于胡焕庸线以东区域的北方供暖区，其冬季供暖期约发电 0.4 万亿 kWh，同时排除低品位余热 0.6 万亿～0.7 万亿 kWh，这又可以作为北方东部地域冬季供热的最合适的热源。胡焕庸线东部的北方供暖地区按照供暖建筑面积计算，约占我国北方供热区域的 50%，另外 50% 的供热区域位于胡线以西。这样，胡焕庸线以东的供暖区可以从当地的热电联产中获取约 0.6 万亿 kWh、既约 21 亿 GJ 的余热作为供暖热源，另外 50% 位于胡焕庸线以西地域的供暖建筑也可以从当地用于调峰的 1.5 万亿的火电发电过程中也可以获得约 0.45 万亿 kWh 即约 16 亿 GJ 的余热作为供热热源。这样，我国未来的 9.5 万亿 kWh 的电力中，有 5 万亿 kWh 电力来源于零碳的核电与可再生电力，4.5 万亿 kWh 来源于基于化石能源的火电，这需要消费大约 9 亿 tce 和 3000 亿 m^3 的天然气。我国目前已有火电装机容量 11.5 亿 kW 的火电装机容量，火电年发电量为 4.4 万亿 kWh。这些电厂基本满足东西部调峰电厂容量需要，可能再在一些的地区适量增加少量的燃气调峰电厂，即可满足源侧和汇侧对电力的调峰需要。同时，这些主要用于调峰的火电在冬季还可以为北方的集中供热系统提供约 37 亿 GJ 的热量。东部和西部地区电力的生产、输送和消费规划以及电力生产及辅产的余热规划见表 3-3。

　　未来相当于 18 亿 tce 的直接燃烧的燃料为了实现低碳，应主要来源于生物质能源。我国目前可以获得的生物质能源有农业秸秆 5 亿 t、林业秸秆 4 亿 t、动物粪便 3 亿 t、餐厨垃圾 1 亿 t（都已折算为干料），这些生物质能源充分利用，可折合 8 亿 tce，此外还可以发展在戈壁滩、盐碱地以及工业置换下来的重金属严重污染、不适宜种植食物的土地上大量种植速生的能源植物，这也可以获得约 1 亿 tce 的生物质燃料。由这些生物质的零碳型燃料可以提供相当于 9 亿 tce 的燃料。这些生物质能可以通过两种途径加工成高效清洁易使用的商品能源：压缩成颗粒燃料，从而可高效清洁燃烧；也可通过生物法或热解法制备成燃气。在制气过程中，还会分离出气态二氧化碳或固体碳，因此这一过程还可实现部分的二氧化碳负排放。另外需求的 9 亿 tce 的直接燃料则只好依靠燃煤、燃油以及天然气提供。这样，我国未来在满足社会发展和经济增长的前提下需要的化石能源为 12 亿 t 燃煤、2.5 亿 t 燃油以及 4500 亿 m^3 天然气，共折合约 22 亿 tce。扣除掉生物质燃料加工过程回收的二氧化碳，由于能源消费导致的碳排放可控制在 43 亿 t 以内。表 3-4 列出上述未来的低碳能源规划。

我国胡焕庸线东西的能源生产和消费（单位：万亿 kWh）　　表 3-3

	西部地区				东部地区南方			东部地区北方			
	总生产量	当地消费总量	供暖季的余热	西电东输	自产	接收西部电力	消费总量	自产	接收西部电力	消费总量	供暖季的余热
水电	1.5										
风电	1.2				0.3			0.2			
光电	0.8	2.5		2.5		2.0	5.0		0.5	2.0	
火电	1.5		16 亿 GJ		2.1			0.9			
核电	0				0.6			0.4			21 亿 GJ

我国未来能源结果规划　　表 3-4

		电力消费		非电燃料消费	
		（万亿 kWh）		（亿 tce）	
		2017 年	2050 年	2017 年	2050 年
需求预测	工业	3.8	5.0	16	12
	建筑	1.7	2.5	4.5	2.5
	交通	0.5	2.0	5	3.5
总计		6.0	9.5	25.5	18
供给规划	水电	1.2	1.5	生物天然气	3.5
	风电	0.24	1.5	生物固态燃料	5.5
	光电	0.07	1.0	化石燃料	9
	核电	0.2	1.0		
	火电	4.3	4.5	余热副产品	37 亿 GJ
合计		6.0	9.5	25.5	18

3.3　我国北方供暖低碳发展路线

　　建筑供暖要求的室温是 20℃左右，因此只要是能够在 20℃下释放热量的热源从原则上讲都可以作为供暖热源。建筑供暖就应该以低品位能源为主，而燃煤锅炉、燃气锅炉、电锅炉都是把高品位能源转换为低品位热量，都造成严重的浪费，因此不应该作为建筑供暖热源。目前我国城镇供热热源中仍有超过一半是各类锅炉，这与未来节能和低碳的要求完全不符。因此，北方供暖要实现低碳发展，必须彻底改变当前的热源模式，向以低品位热源为主的能源结构转型。目前我国北方供暖面积 140 亿 m^2，未来将发展到 200 亿 m^2，这时如何才能找到足够的低品位热源以满足未来的供热需求呢？

根据前面的讨论，西部地区为了调节风电、光电的变化，需要有足够的火电为其调峰，已形成稳定的优质电源。调峰火电的余热则可以作为西部地区冬季供热的主要热源。而东部地区为了适应终端用电末端的峰谷差变化，也需要足够的火电作为调峰电源。这些火电在冬季的余热也成为东部北方地区的供热热源。表 3-3 给出，冬季北方东西部地区可以从电厂余热中获得的余热量约为 37 亿 GJ。此外，从坐落在北方地区的钢铁、冶金、化工、建材等高能耗工业生产过程中，也可以在供暖季获得 100℃ 以下的低品位热量 10GJ。如果回收工业低品位余热的 50%，热电联产余热的 80%，则可以至少可在供暖季获得 35 亿 GJ 的余热热量。如果我国未来北方地区可接入城镇集中供热管网的建筑面积为 160 亿 m^2，则平均每平方米可以获得用于供暖的余热 0.22GJ/m^2，接近供暖平均需热量的 0.23GJ/m^2。如果在终端再采用天然气锅炉或天然气吸收式热泵调峰，补充严寒期热量，由天然气提供 0.02GJ/m^2 的热量，那么只需要再补充 110 亿 m^3 天然气，就可以解决这 160 亿 m^2 城镇建筑的供暖热源。所需要的能源仅为 110 亿 m^3 天然气和输配工业与发电余热的水泵电耗（约 400 亿 kWh），以及提取部分低品位热量所需要的一些蒸汽和电力（约折合 1200 亿 kWh 电力）。按照发电煤耗计算，1600 亿 kWh 电力再加上 110 亿 m^3 天然气，共折合燃煤 5300 万 tce，折合单位供热能耗 3.5kgce/m^2，仅为目前北方地区供暖强度的 1/4。这应该是实现城镇供暖低碳节能热源的方向，而且与我国整体的能源发展方向一致。北方城镇建筑的另外 20% 约 40 亿 m^2，由于各种原因不能与集中供热网连接，则可以采用各类电动热泵或燃气壁挂炉分散供暖。如果两种方式各占一半，则需要 800 亿 kWh 电力和 200 亿 m^3 天然气，折合 5500 万 tce。这使得我国未来城镇建筑达到 200 亿 m^2 后，总的供暖能耗为 1.08 亿 tce，仅为目前 140 亿 m^2 供暖建筑时的 54%。

要实现上述目标，还必须解决如下问题：

(1) 火电厂和产生工业余热的工厂的分布情况与需要供暖的城镇建筑地理位置

上的分布不匹配。这可以通过热量长途输送的方式解决。细致的分析表明，在输送半径为150km以内就可以实现热量产生与供暖需要热量之间的匹配。本书第8章详细介绍了长途热量输送的关键技术和经济性。目前国内已有一批实际工程案例，其运行结果也示范了这一技术的可行性和优越性。

（2）规划的火电厂的主要功能为电力调峰。当冬季改为热电联产方式，在发电的同时承担建筑供热时，如何还能满足电力调峰的需求。这就需要彻底改变目前火电厂热电联产模式，变目前的"以热定电"为"热电协同"方式。本书第8章详细介绍了火电厂热电协同、在输出热量的同时大范围为电力调峰的技术路径，主要是在电厂安装巨量的蓄热装置，同时通过电动热泵和吸收式热泵提升发电过程排出的低品位余热，从而使发电过程的余热能够全部回收利用，在不改变电厂锅炉蒸汽量的前提下能够大范围调节对外输出的电量。这种改造方式设备投入较高，但可以有效解决热电厂电与热之间的矛盾。未来我国北方地区的火电厂都肩负电力调峰和冬季供热的任务，因此这种模式应该是未来北方火电厂应该实施的主要模式。

冬季大量回收火电厂和高能耗工厂的低品位余热，作为建筑供暖热源，那么其他非供热季节不需要这些余热，就要把这些热量排放。这是否造成巨大的热量浪费呢？实际上，热量的价值取决于热量释放时的温度与当时环境温度之差。外温为35℃时温度为40℃的余热无任何价值，属于"垃圾热量"；而外温为−10℃时温度为40℃的热量却是最合适的建筑供热热量，是优质热能。反过来看，工业生产过程和火电厂发电过程都希望其生产工艺流程稳定，不出现大范围变化。这样，就要按照外温最高的夏季设计安排其流程，从而冬季就会出现大量排放可以利用的低品位热量的现象。而回收这些低品位热量用于冬季建筑供暖，恰是选择这些排放的热量最具有利用价值的时段来合理利用。随着环境温度的升高，这些热量的可利用价值逐渐减弱，到春、夏、秋季外温较高，这些热量基本上失去利用价值，就应该排掉。这不存在任何浪费的概念。

3.4 小　　结

本章讨论了我国到2050年长远的能源发展目标和路径。从大能源系统的角度探讨了在满足社会和经济发展对能源需求的前提下如何实现低碳和可持续发展，勾画了未来我国可再生能源为主、化石能源为辅的能源系统蓝图，这可能也是未来实现能源生产革命的一个可行构想。

从这一可再生能源为主的低碳能源系统出发，得到未来北方地区城镇供暖热源方式：主要依靠调峰用火电厂的低品位余热以及钢铁、有色、化工、建材能工业生产过程排放的余热，构成北方地区的全区热能大联网系统，作为基础的供热热源，承担 90％以上的总热量、70％以上的最大负荷，同时再辅之以终端以燃气为动力的调峰热源，承担 30％左右的最大负荷和不到 10％的总热量，实现我国北方地区新型的供热热源系统。

第4章 热电联产辨析

4.1 不同的热电联产评价方法

我国是火电和热电联产装机容量大国，热电联产实现能源梯级利用，高品位能用于发电，低品位能用于供热，因此能源利用效率高，是我国集中供热的主热源。

由于热电联产同时产生电力和热力两种产品，热、电的用途和能源品位的不同，加上不同规模的热电联产机组、不同余热利用系统形式、不同电力价格机制，以及在各种条件下运行工况的复杂性，需要形成热电联产合理的评价方法，推动热电联产健康发展。目前国内各界对热电联产的实际能耗缺少统一认识，甚至有些观点认为热电联产并不节能，政策也多是支持各类热泵，为此需要科学地给出热电联产的评价方法。

现有用于热电联产主要的评价方法有好处归电法（参照燃煤锅炉）、好处归热法（参照发电煤耗）、焓差法（热量法）、㶲分摊法和热电变动法等。以图4-1为例，典型的大型热电联产在不同工况下，电、热这两种产品的质与量也不同。抽凝机组工况下，1kgce可产生2.6kWh电和3.3kWh热，热电比为1.3，也就是发电效率为32%、供热效率为41%、总热效率为73%；在背压机组工况下，1kgce可

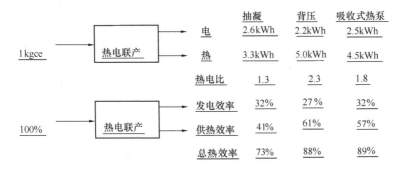

图4-1 不同机组、工况及系统方式下热电联产的电和热

产生 2.2kWh 电和 5.0kWh 热，热电比为 2.3，也就是发电效率为 27%、供热效率为 61%、总热效率为 88%；对于采用吸收式热泵回收余热的热电联产系统，相对于抽凝机组而言，可以在不影响抽汽量和发电量的情况下，通过吸收式热泵回收汽轮机乏汽余热，额外增加供热量，因而会显著降低供热和发电煤耗，1kgce 可产生 2.6kWh 电和 4.7kWh 热，热电比为 1.8，也就是发电效率为 32%、供热效率为 57%、总热效率为 89%。

好处归电法（参照燃煤锅炉法）：热电联产的供热煤耗分摊等同于大型燃煤锅炉的产热煤耗，热电联产节能优势体现为供电煤耗的降低。若参照电厂燃煤锅炉热效率 90% 计算，折合供热煤耗 37.9kgce/GJ，即供热煤耗为 136g/kWh。图 4-1 中，供电煤耗在抽凝、背压和热泵工况下分别为 225g/kWh、159g/kWh 和 154g/kWh。该方法无法体现热电联产与燃煤锅炉产热的区别，把热电联产的好处完全归于发电侧，将供热煤耗等同为燃煤锅炉而对供热品位不加区别的这一评价方法是不合理的。

好处归热法（参照发电煤耗法）：参照全国火电机组供电标准煤耗计算，不同机组发电煤耗一致，从总煤耗中扣除发电煤耗，认为是供热煤耗。参照 2017 年全国火电机组供电标准煤耗 309g/kWh 计算，图 4-1 中，各工况下供电煤耗皆为 309g/kWh，而供热煤耗在抽凝、背压和热泵工况下分别为 71g/kWh、76g/kWh 和 51g/kWh。该方法无法考虑机组性能，按统一的发电煤耗折算也不合理。对于小型低效机组，供热煤耗就非常高，而对于大型超临界机组，若也用平均发电煤耗计算，则对主动促进热电厂节能积极性不利。

焓差法（热量法）：按照输出的焓值分摊煤耗，此时热和电相同，供电煤耗＝燃煤输入量/（发电量＋产热量），是按照实际的总热效率来把热折算为燃煤，无法体现热、电在能源品位的差别。图 4-1 中，供热煤耗和供电煤耗在抽凝、背压和热泵工况下分别为 175g/kWh、143g/kWh 和 143g/kWh，供电煤耗和供热煤耗相同，显然不合理。

上述评价方法都不能满足科学地分析热电联产能耗的要求，为此，本节采用㶲分摊法和热电变动法这两种热电联产系统评价方法。

1. 㶲分摊法

与上述方法不同的是，㶲分摊法按照输出的㶲分摊法分摊煤耗，按照㶲折算系数计算分摊，如式（4-1）所示，体现了能源品质差别，按照㶲分摊法对供热煤耗进行分摊计算。

$$\text{电力分摊燃煤比} = \text{电} / (\text{电} + \text{热} \times \text{㶲折算系数}) \tag{4-1}$$

$$\text{热量分摊燃煤比} = \text{热} \times \text{㶲折算系数} / (\text{电} + \text{热} \times \text{㶲折算系数})$$

㶲折算系数 λ 在 0～1 之间，电力㶲折算系数取 1。热水㶲折算系数根据供回水温度由式（4-2）计算，是热水理论情况下能够转化为最大有用功占能源总量的比例，在不同供回水温度下反映了热量品位的差别，评价更为科学。例如环境温度为 0℃时，供/回水温度 130℃/60℃时 $\lambda_{hw} = 0.256$，60℃/45℃时 $\lambda_{hw} = 0.161$，130℃/20℃时 $\lambda_{hw} = 0.209$。

$$\lambda_{hw} = 1 - \frac{T_0}{T_{ws} - T_{bw}} \ln \frac{T_{ws}}{T_{bw}} \tag{4-2}$$

式中　λ_{hw}——一次网热水㶲折算系数；

　　　T_0——该热源所在地区的平均温度 ≤ +5 ℃期间内的平均温度，K〔K 为开尔文温度（热力学温度），1K=1℃+273.15〕；

　　　T_{ws}——热源一次网热水供水温度，K；

　　　T_{bw}——热源一次网热水回水温度，K。

若热输出按照蒸汽计算，则按照式（4-3）计算，供暖抽汽为 0.4MPa 时蒸汽㶲折算系数 $\lambda_s = 0.312$。

$$\lambda_s = \frac{r}{h_1 - h_2}\left(1 - \frac{T_0}{T_1}\right) + \left(1 - \frac{r}{h_1 - h_2}\right)\left(1 - \frac{T_0}{T_1 - T_2}\ln \frac{T_1}{T_2}\right) \tag{4-3}$$

式中　T_1——蒸汽温度；

　　　T_2——疏水温度；

　　　r——蒸汽在温度 T_1 下的汽化潜热；

　　　h_1——蒸汽的焓；

　　　h_2——凝水的焓。

表 4-1 为根据图 4-1 的产电、产热情况，按照不同方法得到的评价结果。从表中可知，㶲分摊法相对其他评价方法介于好处归电法和好处归热法之间，分摊结果更为合理，热电联产的供热煤耗仅为大型燃煤锅炉供热的 45%～50%。㶲分摊法适用于不同电厂的横向比较，分摊燃煤为供电煤耗和供热煤耗，评价方法科学合理、公平公正。

不同热电联产评价方法计算结果   表 4-1

评价方法			抽凝机组	背压机组	吸收式热泵余热回收
好处归电法	供热煤耗	g/kWh	136	136	136
		kg/GJ	37.9	37.9	37.9
	供电煤耗（g/kWh）		225	159	154
好处归热法	供热煤耗	g/kWh	71	76	51
		kg/GJ	19.7	21.2	14.0
	供电煤耗（g/kWh）		309	309	309
焓差法（热量法）	供热煤耗	g/kWh	175	143	143
		kg/GJ	48.7	39.7	39.7
	供电煤耗（g/kWh）		175	143	143
㶲分摊法 130℃/60℃	供热煤耗	g/kWh	75	75	59
		kg/GJ	20.7	20.7	16.3
	供电煤耗（g/kWh）		289	290	278

注：好处归电法参照电厂燃煤锅炉热效率 90% 计算，好处归热法参照 2017 年全国火电机组供电标准煤耗 309g/kWh 计算（该值为变动值）。环境温度取 0℃。供热煤耗折算系数 1g/kWh＝0.278kg/GJ。

2. 热电变动法

热电变动法是用于比较热电联产改造前和改造后热与电的变化状况，用电的减少量与热的增加量相除，得到等效于热泵的 COP 的参数，用来评价改造的合理性，即等效 COP＝热量增量/电量减量。

以图 4-1 中工况参数为例，对比参照无热电联产时机组 1kgce 发电 3kWh，各改造工况的等效 COP＝供热量/（纯凝电厂发电量－热电联产发电量），则不同热电联产系统得到等效 COP＝4～9，如表 4-2 所示，相比现有电动热泵（空气源、水源、地源等）系统 COP＝3，体现出热电联产的节能优越性，也说明该工况点下背压机组并不能获得高的能源转换效率，尤其是小容量低初参数高背压的背压机组，其 COP 可能小于高初参数的抽凝机组。

与纯凝机组工况对比的热电变动法计算结果   表 4-2

评价方法		抽凝机组	背压机组	吸收式热泵余热回收
热电变动法	COP	4.5～5.0	4.3～4.6	6.4～9.0

对于电厂余热回收系统的改造工程，若评价其改造效果，可采用热电变动法评

价。对于不同热电联产项目之间的比较以及将热电联产与其他发电和供热方式的比较评价，可采用㶲分摊法。制定科学的热电联产评价方法，不仅可用于合理评价不同机组规模、不同热电联产系统流程的热电联产系统本身，也可用于合理评价不同热源方式的供热系统。

4.2 热电联产供热方式的评价

当前正值我国全面开展清洁供热工作的关键时期，采取什么样的清洁供热方式成为社会关注的热点。目前，有多种热源被列为清洁供热热源而大力推广，但热电联产却没有被摆在合适的地位。热电联产实现能源梯级转换利用，其供热量来自于发电后的副产品，即余热。这一供热方式不仅是最高效的能源利用方式，在供热成本和污染减排等方面与其他供热方式相比也有明显优势。

然而，长期以来，热电联产方式在节约能源、减少污染等方面的优越性并没有得到客观合理的评价。导致在各项节能减排活动中，都把各类热泵方式作为鼓励推广方式，而没能够认识到充分利用发电余热的热电联产方式才是我国北方地区现实状况下最节能并且最应该大力推广的清洁热源方式。为此，本节对各种热电联产方式进行评价，并与热泵等其他热源方式进行比较。由于热电联产的产出是电与热两种产品，所以采用上一节的㶲分摊方式，分别由电和热两种输出产品分摊热电联产输入的燃料。

1. 抽凝供热方式

目前大多数热电联产机组采用抽凝供热方式。按供热设计的机组抽汽压力较低，一般为 0.2~0.6MPa，而纯凝机组改造成的供热机组，其抽汽来源于原机组的中压缸排汽，因而抽汽压力较高，一般为 0.8~1.0MPa。

热电厂的供暖抽汽直接加热一次热网水，一般采用抽凝方式供热的热网设计供/回水温度为 130℃/60℃。以某 300MW 热电机组为例。采用上节所述㶲分摊法计算，该供回水温度下，供热的㶲折算系数为 0.256。可得出电厂总的热效率为 73%，供热煤耗为 20.7kgce/GJ，发电煤耗为 289gce/kWh。

2. 高背压直接换热供热方式

高背压直接换热方式通过提高汽轮机排汽背压，将热网回水引入凝汽器，与乏汽直接换热，由乏汽余热承担主要的供热负荷，最终由热网尖峰加热器加热后送出。某些高背压余热回收系统中，机组运行背压高于允许的最高背压。此时，就需要采用低压缸换转子技术对低压缸和凝汽器做相应改造。供暖季在高背压下运行，通常运行背压在 40～80kPa，非供暖季再换回原低压转子，恢复正常背压运行。

热网供/回水温度为 130℃/60℃，更换转子后，机组的最高背压为 53kPa，凝汽器出水温度可达到 80℃。以与前述相同的 300MW 机组为例，供热煤耗为 20.3kgce/GJ，发电煤耗为 283gce/kWh，总的热效率为 83%。

电厂有多台机组时，可将多台机组的凝汽器串联，热网水依次经过各台凝汽器加热。采用多级串联加热方式可缩小每级凝汽器的换热温差，减少不可逆损失，提高系统能效。以两台 300MW 机组组成的系统为例，热网回水依次经过两台机组的凝汽器加热，其中第一台机组背压为 33kPa，第二台机组的背压为 53kPa。此时系统总热效率为 84%。采用㶲分摊法计算得出电厂出口的供热煤耗为 20.0kgce/GJ，发电煤耗为 280gce/kWh。系统参数及计算过程在第 8.1 节详述。

3. 吸收式热泵回收乏汽余热

利用吸收式热泵回收乏汽余热的技术在近年来已经得到了广泛应用。吸收式热泵利用机组供暖抽汽作为驱动热源，回收乏汽余热，加热热网循环水。最后利用机组抽汽通过尖峰加热器将热网水加热至更高的供水温度。

采用㶲分摊法计算前述 300MW 机组采用吸收式热泵回收乏汽余热供热系统在热网供/回水温度为 130℃/60℃ 时的供热煤耗为 20.4kgce/kWh，发电煤耗为 285gce/kWh，总的热效率为 81%。

4. 与其他供热方式的比较

除了热电联产外，目前我国采用的主要供热方式还有燃煤锅炉、燃气锅炉、电锅炉、地源热泵、污水源热泵及空气源热泵等方式。其中各种锅炉、地源热泵及污水源热泵均为集中供热。空气源热泵方式有集中型和分户型。设置集中型空气源热泵站中热泵出水温度较高。而分户设置的空气源热泵的冷凝温度较低，COP 比集中型空气源热泵高，因此这两种空气源热泵利用形式分别计算。燃煤锅炉效率取 85%；燃气锅炉回收烟气余热，效率取 108%；电锅炉热效率取 98%；地源热泵 COP 取 4；污水源热泵 COP 取 4.5；分户空气源热泵 COP 取 3；集中空气源热泵 COP 取 2.5；电锅炉及热泵耗电按全国平均供电煤耗 310gce/kWh 折算为煤耗。计算结果汇总如表 4-3 所示。

几种主要供热方式的供热煤耗和发电煤耗　　　　　表 4-3

供热方式	供热煤耗	供电煤耗节约①
	kgce/GJ	gce/kWh
热电联产抽汽供热（130℃/60℃）	20.7	21
单台机组高背压（130℃/60℃）	20.3	27
两台机组高背压（130℃/60℃）	20.0	30
吸收式余热回收（130℃/60℃）	20.4	25
燃煤锅炉（130℃/60℃）	40.1	——
燃气锅炉（130℃/60℃）	31.6	——
电锅炉（60℃/45℃）	87.9	——
地源热泵（60℃/45℃）	21.5	——
污水源热泵（60℃/45℃）	19.1	——
分户空气源热泵（40℃/30℃）	28.7	——
集中空气源热泵（60℃/45℃）	34.4	——

① 供电煤耗参考值为全国平均供电煤耗 310gce/kWh。

前述分析采用㶲分摊法横向对比了各供热方式的供热煤耗。而未来发展热电联产的主要方式应为现有的纯凝火电改造为热电厂。纯凝电厂改造后对外供热，但机组受供暖抽汽增加及排汽压力提高等因素影响，发电量下降。采用热电变动法分析改造前后的供热量及发电量的变化，用增加的供热量比上减少的发电量，得出该热电联产改造方式的等效 COP。纯凝改造机组抽汽压力高，供给同样的热量，机组减少的发电量较多，等效 COP 较低。回收余热后，供热量增加，而抽汽和提高背压所影响的发电量变化不大，等效 COP 大幅提高。

电热泵供热方式也是消耗电力制取热量。机组改造后的供热等效 COP 可与各热泵方式的 COP 进行比较，如表 4-4 所示。抽汽供热的等效 COP 与热泵方式相当，而回收乏汽余热后，等效 COP 高于热泵方式。

热电联产改造后等效 COP 与几种热泵 COP 的比较　　　　　表 4-4

供热方式		改造后等效 COP 或热泵 COP
供热机组	抽汽供热（130℃/60℃）	4.5~6
	余热回收供热（130℃/60℃）	6~9

续表

供热方式		改造后等效 COP 或热泵 COP
改造机组	抽汽供热（130℃/60℃）	3.5～4.5
	余热回收供热（130℃/60℃）	5～6
水源热泵（60℃/45℃）		4～5
地源热泵（60℃/45℃）		4～5
集中空气源热泵（60℃/45℃）		1～2
分户空气源热泵（40℃/30℃）		2～3

从以上两个表中可以看到，无论采用哪种评价方法，热电联产均是最为节能的供热方式。首先，热电联产遵循能量梯级利用的原理，其供热能耗远低于燃煤和燃气锅炉。各种电热泵的供热能耗低于燃煤和燃气锅炉，但仍高于热电联产方式。因为电热泵消耗的电主要来源于火电厂发电。而火电厂发电过程需要排放 30℃ 左右的排汽热量。电热泵再消耗这部分电力在热用户附近提取低温热源的热量。而这些低温热源的温度大多低于火电厂排汽温度。比如空气源热泵的低温热源为室外空气，一般低于 0℃，在东北等严寒地区，空气温度在 −20℃ 以下。浅层地源热泵和污水源热泵的低温热源温度要高一些，约 10～20℃，但取热循环系统的泵耗也较高，因此系统的综合 COP 并没有提高多少。可以认为电热泵舍弃了 30℃ 排汽热量，而选择了温度更低的低温热源。热电联产则相当于以 30℃ 的排汽为低温热源，将这部分热升温后用于加热热网水。除了低温热源的温度差别之外，热电联产是将发电过程中的部分蒸汽直接用于供热，而电热泵方式则相当于将这部分蒸汽先经过汽轮机发电，然后消耗这部分电力提取热量供热。电热泵相比热电联产多经过了热变电、电再变热这两个能量转换过程。因此，热电联产供热能耗必然低于前述的这些电热泵供热方式。

热电联产采用抽汽供热方式时，仍有部分排汽热量通过冷却装置排放，这部分损失所增加的能耗在㶲分摊法中部分归于发电、部分归于供热。因而该方式供热能耗比背压机或切除低压缸的方式要高。

吸收式回收余热方式和高背压回收余热方式与背压机或切除低压缸方式相比，均实现了乏汽余热的全回收。但这两种方式将热网水的加热过程分为了更多的加热级。大幅缩小了每级换热器的换热温差，减少了换热过程的不可逆损失。因此，供热能耗也就比背压机或切除低压缸方式要更低。

综合前述分析，热电联产在各种清洁供暖方式中供热能耗最低，是最节能的方式。热电联产应该得到足够的重视，成为北方供热发展的主要方向。

4.3 北方地区燃煤火电的供热潜力

我国北方地区存在大量 300MW 以上火力发电机组，将这些火电机组进行供热改造，可使之成为热电联产集中供热热源。本节将分析我国北方地区火电的供热潜力。

将燃煤火电机组改为热电机组供热时，主要采用吸收式热泵回收乏汽余热和低压缸换转子这两种技术深度挖掘热电机组的供热潜力。并在热力站设置大温差机组降低热网回水温度。电厂在严寒期可以实现乏汽余热全回收。汽轮机的供热能力为抽汽热量与乏汽热量之和。

此外，电厂锅炉排烟中也存在大量余热，通过烟气余热回收技术，将锅炉排烟温度降低至 25℃ 左右能回收锅炉产热量的约 7% 的热量。考虑烟气余热回收后，不同热电机组的最大供热能力如表 4-5 所示。

不同热电机组的供热潜力　　　　　　　　　　　　　　　表 4-5

机组容量	机组类型	冷却方式	铭牌发电功率（MW）	最大供热工况发电功率（MW）	最大供热能力（MW）	单位铭牌发电功率供热能力（MW/MW）
300MW	供热机组	空冷	300	250	524	1.75
		湿冷	300	258	520	1.73
	纯凝改造机组	空冷	300	255	530	1.77
		湿冷	320	278	483	1.51
600MW	供热机组	空冷	660	589	951	1.44
		湿冷	660	546	862	1.31
	纯凝改造机组	空冷	600	523	903	1.50
		湿冷	600	572	821	1.37

300MW 机组单位铭牌发电功率的供热能力平均为 1.69MW/MW，600MW 机组单位铭牌发电功率的供热能力平均为 1.41MW/MW。

表 4-6 统计了我国北方地区各省份燃煤火电机组的装机容量。

北方地区各省份燃煤火电机组装机容量   表 4-6

省份	300～600MW 燃煤火电装机容量（MW）	600MW 以上燃煤火电装机容量（MW）	300MW 以上燃煤火电总装机容量（MW）
天津	4880	5200	10080
河北	26830	15840	42670
山东	32870	27740	60610
河南	21780	36120	57900
山西	20440	21280	41720
内蒙古	19506	33850	53356
辽宁	12265	14140	26405
吉林	3980	10530	14510
黑龙江	3840	11120	14960
新疆	29670	13240	42910
宁夏	9204	13280	22484
青海	1500	0	1500
甘肃	6420	4560	10980
合计	193185	206900	400085

北京地区目前已经关停了所有的燃煤火电机组，华能热电厂和北京第一热电厂的燃煤机组仍保留作为备用机组，装机容量共 1245MW。

根据表 4-6 所示统计数据，北方地区 300～600MW 的燃煤火电机组装机容量为 193185MW，600MW 以上燃煤火电机组装机容量为 206900MW。根据表 4-5 所列出的单位装机容量改造后的供热能力，计算各省、市、自治区 300MW 以上燃煤火电机组的 80％改造为热电机组并回收余热后所能提供供热能力。根据目前北方地区各省份的供热面积，预测到 2050 年总供热面积达到 200 亿 m² 后，各省份的供热面积如表 4-7 所示。

北方地区各省份热负荷与火电供热能力   表 4-7

省份	2050 年供热面积	热电联产供热能力	热电联产供热能力	
	万 m²	MW	W/m²	可承担热负荷比例
北京	127050	12333	9.7	31％
天津	59847	12463	20.8	67％
河北	211879	54142	25.6	82％

续表

省份	2050 年供热面积	热电联产供热能力	热电联产供热能力	
	万 m²	MW	W/m²	可承担热负荷比例
山东	348651	106706	30.6	99%
河南	259896	70190	27.0	91%
山西	109707	51639	47.1	大于 100%
陕西	116713	26218	22.5	64%
内蒙古	99353	64555	65.0	大于 100%
辽宁	195604	63507	32.5	89%
吉林	100676	17259	17.1	46%
黑龙江	157256	17735	11.3	31%
新疆	91722	55049	60.0	大于 100%
宁夏	28549	27424	96.1	大于 100%
青海	17074	2028	11.9	34%
甘肃	76023	13824	18.2	52%
合计	2000000	533121		

注：山东及辽宁的供热能力包含核电余热，2050 年核电装机按第 3 章所述低碳能源规划预测。

根据第 3 章所述北方供热低碳发展路线，城镇供暖建筑的 80% 可以连接集中热网，由热电联产供热，如果取 30% 为调峰热源，则热电厂供热能力占比达到 56% 以上即可承担本地区基础供热负荷。

从表 4-7 可以看出，山西、内蒙古、新疆及宁夏煤炭资源丰富。因此，在这些区域建立了许多燃煤火电厂用于发电，并将电力"西电东送"。仅部分火电厂改为热电厂，即可满足本地热负荷。因此，在上述地区应根据现状及新增热负荷所在地，将附近的部分火电厂改为热电厂，承担基础供热负荷。

北京热电联产的供热能力不足。而邻近北京的河北、天津和内蒙古在满足自身的供热需求后，仍有一定余力。因此，北京在充分挖掘现有热电厂供热潜力的基础上，应考虑河北、天津及内蒙古靠近北京的部分热电厂通过长距离输送热网将热送至北京。

表 4-7 中辽宁和山东的热电联产供热能力包含了未来核电厂的余热供热能力。根据第 3 章低碳能源规划，这两个省的核电装机到 2050 年均可达到 20000MW 以上。这些核电的余热全部回收利用可提供超过 30000MW 的供热能

力。这样辽宁的热电联产将完全可以承担其基础供热负荷。而山东利用目前
300MW 以上燃煤机组余热和核电余热就完全可以承担本省基础供热负荷，而不
再需要小火电参与供热。

黑龙江和吉林的热电联产供热能力不足，应在充分利用燃煤火电的乏汽余热供
热能力的基础上提高调峰热源比例，并发展其他清洁供热方式，弥补热电联产供热
能力的不足。如黑龙江粮食产量居全国第一，生物质能资源十分丰富，应大力发展
生物质能供热以满足供热需求。

青海虽然热电联产供热能力较低，但有大量的可再生能源电力，利用可再生能
源产生的电力结合各种电热泵供热方式，并结合燃气调峰锅炉可满足其供热需求。

根据上述结果可以得出结论，我国北方地区除黑龙江、吉林、青海三省外，其
余各省份都可以利用热电联产作为供热基础热源。

4.4　电力供需的匹配

根据第 3 章所述我国低碳能源规划，胡焕庸线以西省份到 2050 年将新增大量
风电与光电，而现有火电将用于为这些风电和光电调峰，形成稳定的优质电源，送
给东部省份。以新疆、西藏、青海、甘肃、四川、云南、宁夏、内蒙古 8 个省份考
虑，到 2050 年火电装机容量维持现状装机容量约 2.2 亿 kW，水电装机容量约 2.6
亿 kW，风电和光伏发电装机容量各约 5 亿 kW。如图 4-2 所示，风电和光电靠水

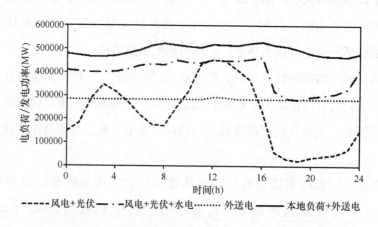

图 4-2　2050 年西部地区冬季典型日电力供需波动图

电和火电进行调峰，最终在满足本地电负荷后，可外送电约 2.9 亿 kW，且全天稳定供给，几乎没有波动。

这些省份的火电为风电和光电调峰，火电厂用于补充风电、光电和水电的不足，其逐时发电量为图 4-2 中本地负荷＋外送电与风电＋光伏＋水电发电功率之差。火电厂的电负荷在一天内的波动如图 4-3 所示。在这些西部地区省份，外送电占总发电量比例超过一半，所以火电的调峰目标是将外送电调平。因此，在光电和风电较为富裕的时段内，火电维持较小出力（火电最小出力按灵活性改造后 30％铭牌功率计算），而在夜间没有光电且风电出力较小的时段，需要维持较高的发电出力。

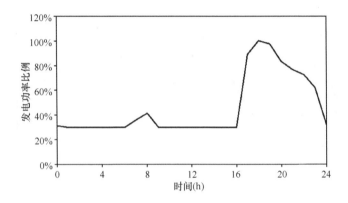

图 4-3　2050 年西部地区冬季典型日火电厂发电调节曲线

东部北方地区则为受电地区，根据第 3 章的规划，东部北方地区受电量为西部地区输出电量的 1/5，受电功率约为 5700 万 kW。在沿海地区发展核电，装机容量约 4600 万 kW，风电、光电和水电装机共约 1.5 亿 kW，其余电负荷由火电满足。电力供需在一天内的波动如图 4-4 所示。其中核电的余热供热能力约 78000MW，火电厂余热可提供供热能力约 227000MW，这两者合计可提供的供热能力约 305000MW。东部北方地区 2050 年城镇供热负荷约 540000MW，因此，核电和火电热电联产可承担 56.5％的热负荷，可以承担这些地区的基础供热负荷。

在东部北方地区，核电和外部受电保持稳定，火电需要同时为本地的风电和光电以及本地电负荷调峰，火电厂的逐时发电量为图 4-4 中本地电负荷与核电＋受电＋风、光、水电发电功率之差。火电厂的电负荷在一天内的波动如图 4-5 所示。电网用电负荷在夜间为最低谷时段，在正午则处于早晚两个用电高峰之间的相对低谷

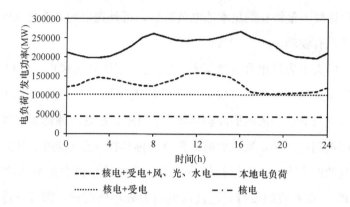

图 4-4   2050 年东部北方地区冬季典型日电力供需波动图

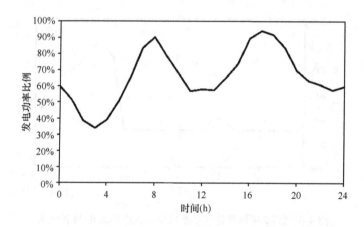

图 4-5   2050 年东部北方地区冬季典型日火电厂发电调节曲线

时段。而风电则在夜间呈现高峰出力，光伏发电高峰出力出现在正午。风电、光电和电网负荷在一天内的波动呈现出"两峰对两谷"的特征。因此，火电出力也出现两个高峰和两个低谷。发电功率峰谷差最大值达到了 60％额定发电功率。

综上，为了满足未来大比例的可再生能源发电的需要，北方地区不论是东部地区还是西部地区，均需要具备足够的调峰火电。这些火电需要在 30％～100％发电负荷率之间进行大范围发电出力调节。目前"以热定电"的运行模式下，火电改为热电后调峰能力大幅下降，因此必须采用"热电协同"的方式解耦热电厂的热电输出，使得热电厂在保证供热能力时，发电可满足上述调节范围要求。从热电联产的供热能力上看，西部北方地区火电容量丰富，将部分火电改为热电后就完全可以满足这些省份的供热需求；东部北方地区将核电和火电热电联产的余热用于供热，加上 30％的燃气调峰锅炉就可以满足该地区 80％的城镇建筑供热。

4.5　热电联产为电网调峰

目前热电厂按"以热定电"模式运行，优先保证供热出力。此时，如图 4-6 所示，虚线与纵坐标轴围成的范围为 300MW 抽凝供热机组的供热与发电调节范围；实线围成的区域为余热全回收后，系统供热与发电调节范围。从图中可以看出，随着热负荷的增加，发电调节范围越来越小。严寒期，为保证供热负荷，发电几乎不可调节。因此，若将提供调峰能力的火力发电厂改造为热电厂，则电网的调峰能力将进一步下降，使得可再生能源发电上网更加困难。更甚者，在电网负荷较低的时段，不得不压减热电厂发电功率，导致电厂供热能力下降，供热安全受到影响。因此，热电联产在供热时仍应具备大幅度调节发电出力的能力。

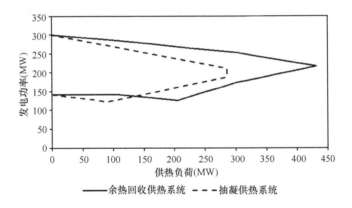

图 4-6　不同供热负荷率下的发电功率调节范围

为了实现第 3 章所述低碳能源规划，热电厂也必须承担相应的调峰任务。如图 4-5 所示，火电厂的发电功率需要在较大幅度内进行调节。而在东部北方省份，热电联产占火电比例在未来将接近 80％。此时，热电厂低谷期最低发电功率应低于 40％额定发电功率；高峰期最高发电功率应接近 100％额定发电功率，与改造前的纯凝电厂的调峰能力相当。

为了提高电厂的灵活性，以提高热电机组灵活性为目的，有许多研究者做了相关的研究：

1. 结合蓄热装置实现热电解耦

如图 4-7 所示，原有的热电厂供热系统与一个蓄热罐并联，热电联产机组接受电网调度指令。电负荷高峰期增加汽轮机进汽量、减少抽汽量以增加机组发电功率，电负荷低谷期减少汽轮机进汽量、增加抽汽量以降低机组发电功率。系统中设置的蓄热水罐用于平衡电厂负荷变化所导致的供热量输出波动。这种方式在欧洲如德国、丹麦等国家已经有

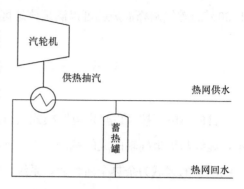

图 4-7　热电联产结合蓄热罐实现发电调节的方式

了较多的应用。国内目前也在一些电厂有应用，如吉林江南电厂使用了一个 2 万 m³ 的蓄热水罐。除了采用蓄热水罐外，由于建筑物热惯性与热网热惯性的存在，二次网供回水温度、一次网回水温度及建筑物室内温度随一次网供水温度波动的幅度存在较大衰减。因此，也可以不使用蓄热罐，仅靠热惯性就能保证供热质量。但这种方式的缺点是热电联产机组在一天中无法一直维持最大供热出力，使得一天内的总供热量减少，机组的供热能力无法得到最大限度的发挥。同时，供热管网也不能全时满负荷运行，不能发挥其最大输送能力。且发电高峰期所排放的乏汽余热未得到充分利用，供热能力大大降低。

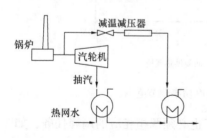

图 4-8　电厂旁通锅炉主蒸汽发电调节方式原理图

2. 旁通蒸汽和电锅炉

发电负荷下降后，汽轮机进汽量减少。如图 4-8 所示，此时不降低锅炉蒸发量，而将锅炉主蒸汽或者中间再热蒸汽通过减温减压装置后，直接用于加热热网回水。该方式仅相当于在电厂利用电锅炉消耗低谷期电量。该方式将锅炉产生的高温高压蒸汽直接用于加热热网水，换热温差大，系统能效低。还有一种方式是将谷期发电直接通过设置电锅炉转变为热量送至热网。无论旁通蒸汽方式还是电锅炉方式，实质都一样，都会造成能效大幅降低。

综合前述内容，将现有纯凝电厂改造为热电联产并深度挖掘其余热供热潜力，尽可能提高热电厂的热电比是目前热电联产发展的主要方式。然而，在"以热定

电"的运行模式下热电厂的发电调节能力不足会成为热电联产发展的一个主要障碍。因此,热电厂必须改变以供热为核心的定位,转变为以电力调峰为核心功能,发电机组以电定热运行,利用蓄热等手段,解除热电厂的供热与供电的耦合关系,实现热电厂的热电协同。

3. 热电协同的热电厂蓄热调峰系统

为了同时提高热电联产的能源利用效率与发电调节能力,清华大学提出了"热电协同"的新型电力调峰热电联产余热回收系统。如图 4-9 所示,在电厂余热回收系统的基础上,增加了两个储水温度不同的蓄热水罐以及一组蓄能电热泵。高峰期机组抽汽减少,排汽余热量增加,无法回收的排汽余热储存在低温蓄热水罐中,并释放高温蓄热水罐中储存的热量补足供热能力缺口;低谷期增加机组抽汽并消耗额外电量作为驱动力,用于回收低谷期机组本身的余热,并将高峰期储存在低温蓄热罐中的余热回收,用于加热热网水和高温蓄热罐储水。

这种方式下,热电厂严寒期的发电调节范围扩大到了 40%～95%,而在初末寒期,结合机组进汽量的调节,发电调节范围可以进一步扩大。热电协同模式下热电厂的发电调节能力比纯凝火电更大。火电厂改造成热电厂后,发电调节能力不受影响,电厂可根据电网需求调节发电出力。并且,即使在发电高峰期,机组所产生的低品位余热也能有效回收,系统一直保持高的总热效率。

4. 切除低压缸技术

目前有许多抽凝电厂在遭遇压减电负荷时,由于主蒸汽量减少,使得机组的最大抽汽量减少,机组的供热能力受到较大影响。2018 年 12 月,为了保证风电上网,太原古交电厂的 5 号、6 号机组的发电负荷就受到了压减,从而使得这两台机组的抽汽量大幅减少,其所承担的供热区域出现大面积的供热不足现象,严重影响了供热安全。而笔者在与古交电厂技术人员探讨的过程中发现,电厂技术人员想利用切除低压缸技术来提高机组的灵活性,从而确保供热安全。其基本思路是,调度电负荷下降后,机组切除低压缸,从而将所有中压缸排汽用于供热,大幅提高了机组的供暖蒸汽量。另一方面,切除低压缸后,低压缸不再发电,机组发电出力减少,从而在输出相同发电功率时,增加汽轮机进汽量,进一步增加供暖蒸汽量。从这两个方面使得机组在发电负荷降低后,机组仍能维持抽汽量,保证供热量不减少。然而切除低压缸后,机组等同于一台背压机,热网水全部由中压缸排汽加热,

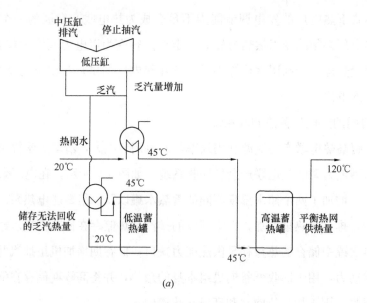

(a)

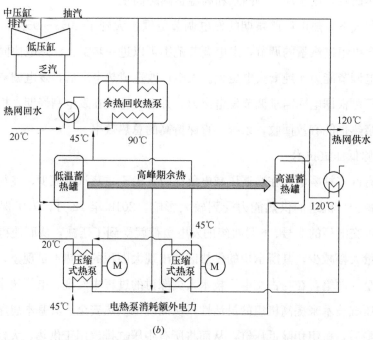

(b)

图 4-9　热电协同系统的流程与原理图

(a) 热电协同系统高峰期流程图；(b) 热电协同系统低谷期流程图

换热过程的不可逆损失大。能效远低于换转子方式和吸收式热泵回收余热方式。

前述方式 1~3 的调节范围如图 4-10 所示。

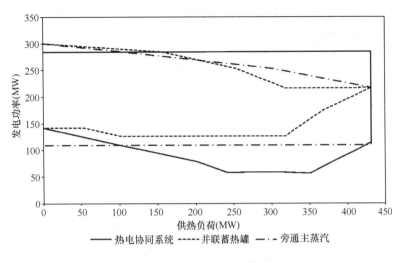

图 4-10　不同方法调节范围图

　　上述三种方式中，并联蓄热罐方式在热负荷较高时，调峰能力急剧降低，当供热负荷达到机组最大供热能力时，该方式失去了发电调节的作用。旁通主蒸汽的方式虽然能在较大幅度内进行调节，但随着供热负荷的下降，机组高峰期需要弃热，使得该方式供暖季总热效率要低于热电协同方式。

　　此外，热电协同系统除了在低谷期消耗过剩电力降低低谷期发电之外，还能在高峰期提高发电能力。从图 4-10 可以看出，在电厂供热负荷率降低到 40% 前，热电协同系统的高峰期发电功率均高于其他两种方式。而目前电力供需关系在供暖季呈现出"缺峰不缺电"的特征。即高峰期受供热影响，电厂发电功率不足，难以满足用电负荷高峰。采用热电协同供热系统可增加热电机组供暖季高峰期的发电能力，缓解高峰期的供电压力。

　　上述各调峰方式在调峰过程中均存在能量转换损失、换热损失及蓄存设备的能量损失，系统能耗相应增加。调峰过程增加的系统能耗按以下方法计算。电力调峰按高峰期、平段期和低谷期各 8h 计算。在 24h 的调峰周期内，系统低谷期每消纳 1kWh 低谷电并在高峰期释放的过程，会损失一定的电量。损失的电量按电网的平均供电煤耗 310gce/kWh 折算为增加的煤耗。同时，系统供热量会增加，增加的供热量按北方地区平均供热煤耗 20kgce/GJ 折算为供热煤耗的变化（依据第 3.3 节和第 7.2 节所述的 2050 年北方地区供热发展路线，200 亿 m² 供热面积的需热量共 50 亿 GJ，满足这些供热负荷的能耗为 1 亿 tce）。则发电煤耗的增加值与供热煤耗减少值之差即为该调峰方式每消纳 1kWh 低谷电所需要付出的调峰煤耗。

前述各方式的调峰煤耗结果如表 4-8 所示。

不同调峰方式的调峰煤耗较

表 4-8

调峰方式	调峰煤耗 （gce/kWh）	调峰方式	调峰煤耗 （gce/kWh）
并联蓄热罐	198	热电协同（蓄能效率为 80％时）	48
旁通主蒸汽	176	抽水蓄能（蓄能效率为 60％时）	124
热电协同（蓄能效率为 60％时）	95	抽水蓄能（蓄能效率为 80％时）	62

注：蓄能效率为高峰期可释放的电量与低谷期消纳储存的电量之比。

旁通主蒸汽方式相比于并联蓄热罐方式利用了效率较高的电厂锅炉，因而调峰煤耗略低。但两种方式均远低于热电协同方式和抽水蓄能方式。由于热电协同系统损失的电量转化为了热量进入供热系统，增加了供热量。因此，热电协同系统的蓄放效率与蓄电调峰系统蓄放效率相等时，热电协同系统的调峰煤耗低于蓄电调峰系统。上述集中调峰方式中，热电协同方式的调峰能耗最低。

本章参考文献

[1] 江亿，付林. 对热电联产能耗分摊方式的一点建议[J]. 中国能源，2016，38（03）：5-8
     ＋32.

第5章 低品位工业余热

5.1 工业余热供暖技术

工业余热品位不一，高温的如烟气、蒸汽等，一般有 100～200℃，可以与热网水直接换热，也可以用于做功提取低温余热。中温的如钢铁厂的渣水余热、铜厂的浓酸冷却余热等，一般有 70～90℃，可以通过换热将热量传递给热网水。低温的如冷却循环水，一般不到 40℃，需要提升品位后才可用于供暖。

工业余热回收利用的技术途径可分为换热技术（包括接触式和非接触式换热）、电热泵技术和吸收式热泵技术等。

首先，换热技术是通过接触（如表面加热）或非接触式（如喷淋、闪蒸）的方式将热量从工业余热介质中传递至热网水中的技术。这种技术最常见，相应设备的初投资较低，安装维护都相对容易，不需要额外的辅助设施（如蒸汽管和专门的配电设施等）。接触式换热包括水-水换热（渣水换热器）、酸-水换热（浓酸冷却器）、烟气-水换热（烟气锅炉）等。接触式换热的弊端主要在于取热设备腐蚀的问题。非接触式换热如烟气-水喷淋塔，雾化的水滴与烟气逆流换热，将烟气中的热量传到水中。如果热烟气含有水蒸气，用低温水喷淋回收热烟气中的水蒸气潜热，可实现烟气余热的全热回收。这种方式只需要做好喷淋塔的防腐（采用合适的材质，解决结构问题即可，不需要同时兼顾材料的防腐和换热性能），因此从根本上解决了烟气换热器的腐蚀问题。此外，烟气中的粉尘、可溶于水的酸性气体都进入喷淋水中，相当于对烟气做了深度的污染物减排处理。再如通过闪蒸方式回收渣水余热的技术（见图 5-1），高温渣水在负压环境中汽化，水蒸气携带潜热，经增压后将热量释放给热网水。这种方式原理上可根本解决渣水换热堵塞、结垢、腐蚀的问题。

其次，电热泵技术专门回收低温余热，若厂区内没有可用的中低压蒸汽，不能

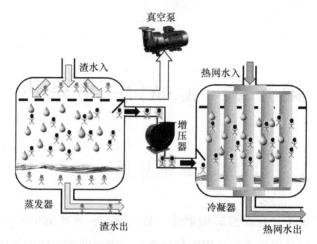

图 5-1 非接触式渣水换热技术

用吸收式热泵提取低温余热，就需要用电热泵。对于热网供回水温差较大的情形，需要多级电热泵串联，从而提高机组整体的能效，降低单位供热量的热泵电耗。

若厂区内有可用的中低压蒸汽，则优先考虑使用第一类吸收式热泵提取低温余热。吸收式热泵可以获得电热泵无法达到的高供水温度，或者与电热泵供水温度相同时，系统能效更高（原因是中低压蒸汽发电效率低，具体分析见第 5.2 节）。最后，对于余热热源处供回水温差较小的情形，如果热用户距离工厂较远，必须拉大供回水温差，否则输配电耗过大，运行不经济。在热源处使用第二类吸收式热泵，在末端（热力站或楼栋口）使用第一类吸收式热泵，可以实现拉大热源侧供回水温差的目的。如图 5-2 所示，热源温度为 75℃/70℃，热用户侧的二级网水温为 50℃/40℃，小温差只适用于很小的供热半径（不超过 1km），利用两种吸收式热泵可将一级网供回水温差拉大到 60℃，从而适应城市规模的集中供热系统。这种变温系统大大提升了远距离输热的效率，其类似供电系统中的变压系统，电源处抬

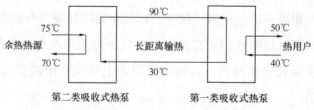

图 5-2 适用于长距离输热的变温系统

高电压，末端用户处再拉低电压，提升输电效率。

5.2 工业余热供暖的评价方法

工厂参与"余热暖民"是一种实现生产和生活系统循环链接的行为，可以看作是工业产品与供暖热量联合生产的过程，可类比电厂热电联产，如"钢热联产"、"铜热联产"等，是一种高效的工业生产方式，也是一种清洁供暖方式。

不同于热电联产热量和电量相互耦合的特性，工业余热供暖利用的是工厂生产过程"尾部"排放的废热，对工业产品生产没有任何影响，因此有余热供暖和没有余热供暖时，工业生产本身的能耗不变，也就是说不能类比热电联产将总能耗拆分至工业生产和余热生产两个环节，余热供暖并不消耗工业生产用能。但余热供暖的确又需要消耗一部分能源，一部分是厂区内部用于提升低温余热品位的能源，例如电、蒸汽等；一部分是输配过程消耗的电能。整个系统的能效可以用系统 COP 衡量和评价，即余热供热量比提升余热品位和输配的能量之和。

对于通过直接换热方式回收工业余热供暖的情形，热源与输配系统只消耗用于输配过程的电能，系统 COP 等于余热供热量比输配水泵耗电量。工业余热供暖的供水温度不高，供回水温差相比于热电联产或锅炉集中供热系统小很多，因此输配水泵电耗更高，系统 COP 约为 30～50。例如在一个典型的钢铁余热供暖工程中，从工厂到城市热网接口的距离约 10km，供回水温差 23℃，整个供暖季系统 COP 为 43，单纯从能效角度看远远超过热电联产和各类电热泵的系统。这类系统的污染物排放量为水泵耗电量对应的电厂发电的污染物排放量，属于间接排放。

对于利用蒸汽驱动吸收式热泵回收低温余热的情形，由于停用了工厂内的中低压余热发电机组，减少了工厂的自发电量，这部分电量需要从电网买入，因此热源效率可以用供热量比减少的中低压发电量来表示。例如钢铁厂转炉汽化冷却烟道有 0.8MPa 左右的饱和蒸汽，加热炉汽化冷却器有 0.2MPa 左右的饱和蒸汽，发电效率都不足为 25%。将这部分中低压蒸汽用于驱动吸收式热泵时，热泵供热 COP 假设为 1.8，即每供应 1.8GJ 热量消耗 1GJ 蒸汽，假定蒸汽发电效率为 25%，则相当于少发 0.25GJ 电（折合近 70kWh），需要从外网购得，热源处效率（供热量比少发电量）约 7.2。再综合考虑输配效率（假设为 40），则热源与输配系统整体的

COP 为 6.1，与热电联产的热源加输配系统相当，高于各类电热泵的系统。这类系统的污染物排放量为取消蒸汽发电后补购外电量和水泵耗电量之和对应的电厂发电的污染物排放量，也属于间接排放。

对于用电热泵回收工业余热的情形，热源效率用供热量比电热泵耗电量定义，也就是电热泵 COP 的概念。例如一个典型的甲醇厂余热供暖工程，供水温度为 60℃，回水温度为 40℃，循环水温度为 30℃/20℃，设两级热泵串联方式，电热泵的平均 COP 约为 6.3，再算上输配电耗，则热源与输配系统 COP 约为 5.4，与热电联产的系统相当。这类系统的污染物排放量为电热泵耗电量和水泵耗电量之和对应的电厂发电的污染物排放量，也属于间接排放。

5.3　我国北方冬季低品位工业余热资源规模

如第 2.4.2 节所述，我国北方低品位工业余热资源十分丰富，但其中只有占全年排放总量不到一半的、在冬季排出的余热具有利用价值。这是因为夏季环境温度高，低品位工业余热的排放温度与环境温度接近，因此利用价值低；而冬季环境温度较低，余热排放温度与环境温度相差较大，因此利用价值高。图 5-3 计算了 1kW 余热在冬夏都以 50℃ 的温度水平排放时所含的㶲：夏季外温为 30℃ 时，余热含有的㶲为 61.9W，而冬季外温为 −10℃ 时含有的㶲为 185.8W，约为夏季的 3 倍，表明低品位工业余热在冬夏利用价值差别大。因此冬季利用工业余热作为集中供暖的热源可以充分发挥其价值，而在夏季由于余热利用价值不大，可以在低品位下进行排放。

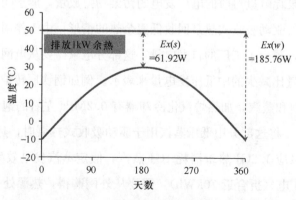

图 5-3　低品位工业余热冬夏价值差异（㶲分析角度）

调研表明，五大类高耗能工业部门的低品位余热约占其能耗的 40%，即以 2015 年为例，每年排放的低品位余热量约 7.6 亿 tce（折合 222.5 亿 GJ）。

从工业产品产量看，炼焦、粗钢主要在北方生产；水泥主要在南方生产；石油化工、无机化工、有色金属则根据不同产品类型南北方均有生产。例如有色金属中，原铝主要在北方以电解铝方式生产，铜产量北方稍多于南方，锌产量南北均衡。再比如无机化工产品中，北方纯碱、烧碱产量大，而南方硫酸产量大。

综上，高耗能工业部门更多分布在北方集中供暖地区，这对利用高耗能工业部门的低品位工业余热进行集中供暖有利。假设北方地区高耗能工业部门的能耗占全国的 50%，北方地区平均供暖时长 120d，工厂每年生产时间 330d 且冬夏日产量相同。则以 2015 年为例，冬季供暖期内北方集中供暖地区的低品位工业余热量约有 40 亿 GJ，若仅回收其中的 20%，也有 8 亿 GJ，北方地区建筑基础热需求按照 0.2GJ/m² 估计，相当于可为至少 40 亿 m² 建筑提供满足基础负荷的热量，占未来北方供暖地区 200 亿 m² 建筑的 1/5。

5.4 五大类高耗能工业部门单位产品余热量

5.4.1 黑色金属——钢铁

目前世界主流的产钢工艺包括转炉炼钢和电炉炼钢，平炉炼钢已逐步被淘汰。我国受废钢和电力资源不足、钢种质量要求的影响，电炉一直不作为主要的冶炼工艺。根据世界钢铁协会的统计数据，近 10 年来我国电炉钢产钢量占总产钢量的比例始终在 10% 上下浮动。此外，不同于转炉炼钢，电炉炼钢常被用于废钢的再循环生产过程，或者铁水氧化炼钢的过程。因此电炉钢的生产过程不涉及炼焦、烧结、高炉炼铁等高耗能工序，余热量无法与转炉炼钢工艺相比（具体分析见第5.5 节）。

图 5-4 所示为典型的转炉炼钢工艺流程。

图 5-4 中虚线框指示的是焦化工序，煤在炼焦炉中转化为焦炭。很多钢铁厂并不生产焦炭，而是从焦化厂外购。除焦化外，钢铁厂主产品的生产工艺主要包括五

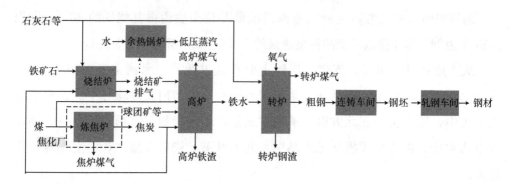

图 5-4　典型转炉炼钢工艺流程

道工序：烧结、炼铁、炼钢、连铸和轧钢，此外还有煤气发电环节。除连铸工序的冷却水分散难以利用外，几乎每一个工序都有较为集中可用的低品位工业余热，且余热热量巨大。例如炼焦工序有焦炭成品余热、干熄焦发电乏汽余热、初冷器余热等；烧结工序有主排烟余热、烧结矿成品余热等；炼铁工序有铁渣余热、炉壁循环水余热等；炼钢工序有钢渣余热、转炉煤气净化余热等；轧钢工序有钢坯余热、加热炉烟气余热等；煤气发电过程还有大量的烟气和发电乏汽余热。

各工序单位产品待回收的低品位余热量如表 5-1 所示。按照 1.132t 烧结矿产出 1t 铁[1]，1t 铁产出 1t 粗钢，1t 粗钢产出 0.9t 钢材，并且不考虑焦炭余热（因焦炭大多外购，且通常焦炭产量单独统计），折算到单位粗钢产量的低品位余热量为 6256MJ/t 粗钢。

转炉炼钢工艺单位产品的低品位余热量　　　　　　　　　　　　　　　　表 5-1

	分类	余热量 （MJ/t 焦炭）	比例	冷却初温 （℃）	冷却终温 （℃）	
炼焦	焦炭成品余热	199.05	8.63%	170	20	总：2306.75 MJ/t 焦炭
	干熄焦发电乏汽余热	1045.32	45.32%	45	45	
	初冷器冷却余热	800.5	34.70%	80	25	
	焦炉废烟气余热	261.88	11.35%	200	20	
	分类	余热量 （MJ/t 烧结矿）	比例	冷却初温 （℃）	冷却终温 （℃）	
烧结	主排烟余热	105.7	24.00%	150	20	总：440.38 MJ/t 烧结矿
	乏汽余热	230.68	52.38%	45	45	
	烧结矿成品余热	104	23.62%	150	20	

续表

	分类	余热量 （MJ/t 铁）	比例	冷却初温 （℃）	冷却终温 （℃）	
高炉 炼铁	热风炉排烟余热	253.32	15.26％	250	20	总：1659.67 MJ/t 铁
	铁渣余热	556.42	33.53％	1400	20	
	炉壁循环水余热	849.93	51.21％	42	35	
	分类	余热量 （MJ/t 粗钢）	比例	冷却初温 （℃）	冷却终温 （℃）	
转炉 炼钢	钢渣余热	199.08	31.95％	1600	20	总：623.10 MJ/t 钢
	水冷氧枪余热	42.40	6.81％	50	35	
	转炉煤气净化余热	215.93	34.66％	800	200	
	发电乏汽余热	165.65	26.59％	45	45	
	分类	余热量 （MJ/t 钢材）	比例	冷却初温 （℃）	冷却终温 （℃）	
轧钢	钢坯余热	542.10	77.31％	800	200	总：701.19 MJ/t 钢材
	加热炉底管汽化蒸汽发 电乏汽余热	73.27	10.45％	45	45	
	加热炉烟气余热	85.82	12.24％	180	20	
	分类	余热量 （MJ/t 铁）	比例	冷却初温 （℃）	冷却终温 （℃）	
煤气 发电	高炉煤气烟气	225.27	12.69％	150	20	总：1775.55 MJ/t 铁
	高炉煤气发电乏汽	1550.28	87.31％	45	45	
		余热量 （MJ/t 钢）	比例	冷却初温 （℃）	冷却终温 （℃）	
	转炉煤气烟气	47.28	7.74％	150	20	总：611.21 MJ/t 钢
	转炉煤气发电乏汽	563.93	92.26％	45	45	

5.4.2 非金属制造——水泥

水泥制造是非金属冶炼行业的代表，是以水泥生料、煤为主要原料，生产水泥熟料的工业部门。我国是世界第一大水泥生产国，水泥年产量超过世界总产量的50％。按照水泥生料制备的干湿不同，水泥生产工艺可分为湿法、半干/湿法和干法生产。新型干法水泥工艺热效率高、回转窑生产能力大、工艺先进，是大型水泥厂的主流工艺。

采用新型干法水泥工艺的水泥厂的典型工艺流程如图 5-5 所示。

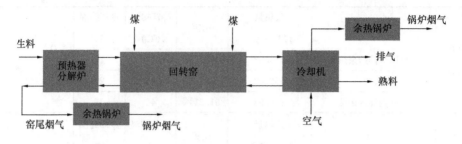

图 5-5 典型干法水泥厂的工艺流程

水泥行业的余热资源主要有三类：窑头、窑尾的烟气，余热发电乏汽以及回转窑壁面，不同环节的余热量（以单位水泥熟料的余热量表示）如表 5-2 所示。不少企业已经利用余热发电之外的烟气为原料磨、煤磨甚至矿磨提供热量，最终的排烟温度基本在 110℃以下，再利用价值已经很低，此时具有回收潜力的热量只有余热发电的乏汽和回转窑壁面的辐射热两类，单位质量水泥熟料的低品位余热量约为706MJ/t 熟料。

干法水泥生产工艺单位产品的低品位余热量　　　　　　　　表 5-2

大环节	小环节	余热源	烟气不同处理方式下单位产品余热量[①]（MJ/吨熟料）		
			烟气直排	窑头、窑尾烟气余热发电	窑尾烟气原料磨
窑尾	预热器烟气	含尘烟气	831.81 [335℃][②]	460.17 [203℃]	197.24 [100℃]
窑头	中温排气	含尘空气	443.96 [390℃]	101.99 [105℃]	—
	低温排气	含尘空气	67.24 [150℃]		
回转窑	外壁面辐射	铁壁面	135.50 [300℃]		
发电机	出口乏汽	饱和蒸汽	—	570.89 [45℃]	
合计			1478.51	1281.79	1072.86

①窑头窑尾烟气的不同处理方式对应的烟气排放温度不同，烟气余热量也不同，烟气直排是指烟气从窑头或窑尾直接排放至大气中，不经任何余热利用措施，排烟温度最高；烟气余热发电是指窑头、窑尾烟气用于加热余热锅炉，排烟温度较低；窑尾烟气原料磨是指窑尾烟气在余热发电后再为原料磨、煤磨、矿磨等提供热量，排烟温度最低。

②方括号内的温度表示余热排放温度。

5.4.3 有色金属——铜铝锌铅等

世界有色金属的资源量，澳大利亚最多、中国居第二位。中国的铜矿占世界的4%，铅矿占16%，锌矿占17%。

有色金属产业主要集中在铜、铝、铅、锌四种产品，铜、铝、铅、锌的有色金属冶炼产量，占全国十种主要有色金属产量的95%以上。其中铝产量最高，2000年铝的生产量是280万t，约占全国有色金属产量的35%，2014年铝产量是2800万t，约占全国有色金属产量的60%。

世界上所有的铝都是通过电解法获得的，典型的工艺流程是由氧化铝作为电解原料、熔融冰晶石作为溶剂、在电解槽中电解的冰晶石—氧化铝熔盐电解法。电解过程中，阴极汇集液态铝，阴极生成气态物质。电解的铝液通过净化澄清，浇注或加工成型材。典型工艺流程如图5-6所示[2]。电能利用效率在36%～48%，有近50%的能量消耗在电解槽的散热上，散热量的55%通过烟气流失，37%通过侧部散失，8%底部散热。

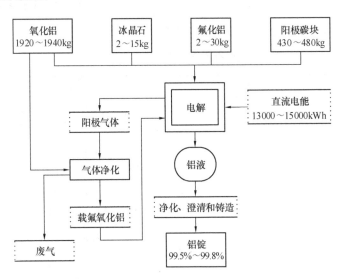

图5-6 典型电解铝生产流程

采用火法炼铜工艺的铜厂的典型工艺流程如图5-7所示。

有色金属余热资源主要包括烟气余热、制酸产热和冶炼炉体散热。其中铝、镁等以电解、电熔方式生产，余热类型主要是烟气余热；铜、铅、锌等既有烟气余

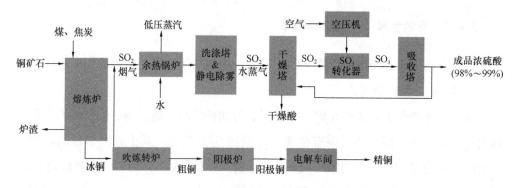

图 5-7   典型火法炼铜工艺流程

热，又有制酸余热和冶炼炉体散热。文献［3］指出精炼铜单位铜产量余热为 31GJ/t 铜，包括烟气余热、制酸产热、冶炼炉体散热、炉渣余热和余热发电乏汽余热等。文献［4］得到电解铝单位铝产量余热为 6GJ/t 铝。文献［5］分析得到铅、锌单位产品烟气余热分别为 4GJ/t 铅和 3GJ/t 锌。文献［6］计算得出镁单位余热量为 4GJ/t 镁。由此推算有色金属单位产品的烟气余热量基本在 3～6GJ/t。主要有色金属的单位产品余热量如表 5-3 所示，表中余热量数值不表示全部余热，部分金属产品只考虑了最主要的余热，参见表中备注部分。

主要有色金属单位产品余热量   表 5-3

产品	单位余热量（GJ/t）	参考文献	备注
铜	31	［3］	包括烟气余热、制酸产热、冶炼炉体散热、炉渣余热和余热发电乏汽余热等，几乎是火法炼铜全部余热
铝	6	［4］	仅为烟气余热，是电解铝余热的一半以上，其余为电解槽侧部和底部散热
铅	4	［5］	仅为烟气余热。未考虑制酸余热、冶炼炉体余热等。制酸余热参照炼铜，预计 10GJ/t 铅
锌	3	［5］	仅为烟气余热。未考虑制酸余热、冶炼炉体余热等。制酸余热参照炼铜，预计 10GJ/t 锌
镁	4	［6］	仅为烟气余热，参照电解铝，预计烟气余热占电熔镁全部余热的一半以上

5.4.4   无机化工

无机化工行业生产方式多样、产品类别多，因此无机化工厂（例如硫酸厂、烧碱厂、合成氨厂等）单位质量产品的余热量的准确估算必须根据不同类别工厂进行针对性的现场调研测试。

根据文献［7，8］的相关数据，采用隔膜及离子膜生产工艺的氯碱工业（烧碱厂），合成工序及蒸发工序存在大量低品位工业余热，均以冷却循环水方式散失，其中合成工序将氯化氢气体从 600℃冷却至 45℃，余热量为 671MJ/t 烧碱；蒸发工序对浓缩电解液二次蒸汽进行降温，余热量为 1860MJ/t 烧碱，两个工序的单位产量烧碱低品位余热量总计约 2.5GJ/t 烧碱。

根据文献［9］，纯碱厂的炉气余热量约 1GJ/t 纯碱。

生产硫酸的原料主要有硫磺、硫铁矿、硫酸盐和含硫工业废物等。硫铁矿是硫酸生产的主要原料，硫铁矿即二硫化亚铁（FeS_2），与氧气燃烧产生 Fe_2O_3 和烟气（SO_2），烟气用于制取硫酸。通过查找对应物质的标准摩尔生成焓，可以计算得到硫铁矿燃烧反应为放热反应，每生成 1mol SO_2 放热 413.48kJ；制硫酸也为放热反应，每生成 1mol H_2SO_4 放热 274.38kJ，两个反应相加后，可以得到生产单位质量 H_2SO_4 的化学反应热为 7.0GJ/t。与冶炼铜类似，硫铁矿燃烧过程需要投入燃料，因此实际余热量必然大于制取硫酸的反应热，具体数值有待未来调研取得。

5.4.5 石油化工

石油化工是以原油为主要原料，生产燃料、润滑剂、石油沥青和化工原料等的工业部门，其中炼油厂是石油化工行业的基础部门。传统的石油炼制工艺装置包括原油分离、重质油轻质化、油品改质、油品精制、油品调和、气体加工、制氢、化工产品生产装置等，具体的工艺流程包括常减压蒸馏、催化裂化、催化加氢、延迟焦化、催化重整等[10]。

石油化工行业的主要余热资源包括油品余热及排气余热两类[11]。一方面，石油炼制过程通过精馏塔分离各类油品，精馏塔底部再沸器的热源通常为不同压力的蒸汽。蒸汽热量大部分转移至油品内，油品的冷却过程常由冷却塔水冷及冷却风机风冷实现，其中对于水冷部分而言，国内先进水平需耗新鲜水约 0.4t/t 原油。另一方面，石油炼制过程需要常压炉、减压炉、催化裂化炉等多类加热炉对油品进行加热，加热炉排气温度一般约为 200℃。目前石化行业多采用空气预热器、余热锅炉等装置回收加热炉的排气余热[12]，最好的案例已经可以回收 150℃以上的余热[13]，因此可不考虑加热炉烟气余热。

根据冷却塔冷却用新鲜水量（0.4t 鲜水/t 原油）及水的汽化潜热值（2500kJ/kg），可以估算油品冷却循环水余热为 1000MJ/t 原油，空冷余热与水冷余热的热量大致相当[11]，余热品位一般在 80℃以上，油品空冷余热为 1000MJ/t 原油，故原油炼制过程的余热约为 2000MJ/t 原油。

原油经过裂解（裂化）、重整和分离，提供基础原料，如乙烯、丙烯、丁烯、丁二烯、苯、甲苯、二甲苯、萘等。从这些基础原料可以制得各种基本有机原料，如甲醇、甲醛、乙醇、乙醛、醋酸、异丙醇、丙酮、苯酚等，各类石化产品的单位质量产品余热量的估算必须根据不同类别工厂进行针对性的现场调研测试。

5.5 低品位工业余热量变化趋势

低品位工业余热量主要来自高耗能工业部门。大部分高耗能工业部门历经几十年乃至上百年发展，工艺成熟稳定，单位产品低品位余热量基本不再变化。因此，低品位工业余热量的变化趋势主要取决于高耗能工业产品产量的变化。

5.5.1 高耗能工业部门发展趋势

如表 5-4 所示，2006～2015 年的 10 年间，工业能耗飞速发展，总计增长约 67%，但从 2013 年开始趋于稳定，并开始逐渐下降，表明工业能耗达到顶峰，已经出现拐点。随着工业产能的控制和压减，以及生产效率的提高，能耗将继续降低。高耗能工业能耗增长更迅速，十年间总计增长约 76%，同样从 2013 年开始趋于稳定，表明高耗能工业能耗也接近顶点，未来可能降低。高耗能工业占工业能耗的比例缓慢提高，从 2006 年的 62% 提高到 2015 年 65.5%，表明虽然工业能耗占比下降，但高耗能工业能耗占比提高，余热总量增加，密集程度提高，可利用程度提高。

工业能耗与高耗能工业部门能耗变化趋势（2006～2015 年） 表 5-4

年份	能源消费总量（万 tce）	工业能耗（万 tce）	工业能耗占总能耗的比例（%）	高耗能工业能耗（万 tce）	高耗能工业占工业能耗的比例（%）
2006	246270.15	175136.64	71.1	108533.19	62.0

续表

年份	能源消费总量 （万 tce）	工业能耗 （万 tce）	工业能耗占总能 耗的比例 （%）	高耗能工业能耗 （万 tce）	高耗能工业占 工业能耗的比例 （%）
2007	265582.91	190167.29	71.6	119237.36	62.7
2008	291448.29	209302.15	71.8	131319.57	62.7
2009	306647.15	219197.16	71.5	138962.38	63.4
2010	324939.15	231101.82	71.1	144330.00	62.5
2011	348001.66	246440.96	70.8	154672.82	62.8
2012	361732.01	252462.78	69.8	159009.01	63.0
2013	416913.02	291130.63	69.8	185351.84	63.7
2014	425806.07	295686.44	69.4	191190.25	64.7
2015	429905.10	292275.96	68.0	191344.88	65.5

如图 5-8 所示，近年来非金属（以水泥建材为代表）、黑色金属冶炼（以钢铁为代表）的能耗占所有高耗能工业部门能耗的比例明显减小，化工和有色金属能耗占比增大，表明水泥、钢铁等行业发展可能已经出现拐点，有色金属和化工行业将在未来重点发展。

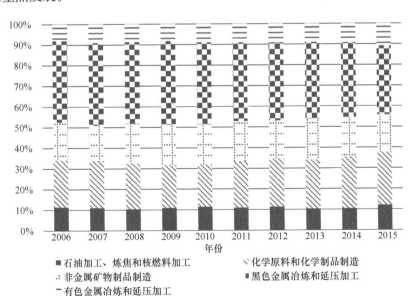

图 5-8　各类高耗能工业部门能耗占比变化（2006～2015 年）

从主要高耗能工业产品的产量变化趋势看，如图 5-9 所示。水泥、钢铁［见图 5-9（a）］产量已经出现明显平台期，并有下降趋势。硫酸、烧碱、纯碱等无机化

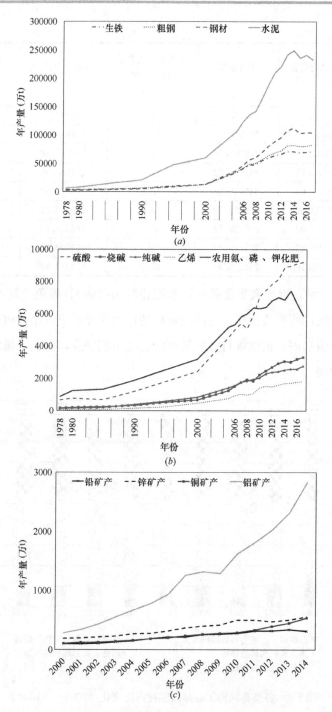

图 5-9 主要高耗能工业部工业产品产量变化趋势

(*a*) 水泥、钢铁；(*b*) 酸、碱、乙烯、化肥；(*c*) 有色金属（原生）

工原料 [见图 5-9 (b)] 产量均显著增长，农用化肥产量开始下降，乙烯作为重要的石油化工产品，产量快速增长。主要有色金属产量 [见图 5-9 (c)] 除铅以外，均呈现上升态势，特别是原生铝产量增长迅猛。

5.5.2 钢铁低品位余热潜力预测

钢铁行业属于高耗能工业部门，产能"北高南低，东多西少"，主要集中在华北和东北地区，且钢铁生产过程的低品位余热密度大，因此在北方地区"余热暖民"和清洁供热中备受关注。未来钢铁产量的多少以及钢铁工艺的选择直接关系到钢铁厂余热供热的潜力。

近年来受到环境政策、产业政策的影响，钢铁产量已经进入平台期，并呈现下降趋势，因此未来钢铁工业的低品位余热将有所减少。

目前主流的产钢工艺包括转炉炼钢和电炉炼钢，平炉炼钢已逐步被淘汰。我国受废钢和电力资源不足、钢种质量要求的影响，电炉一直不作为主要的冶炼工艺。目前我国主流电炉容量为 40～70t，最大 160t；世界主流电炉容量为 80～120t，最大 400t。未来随着电网可再生电力比例的提高和废钢资源的增加，电炉比例预计将有所增加。

不同于转炉炼钢，电炉炼钢常被用于废钢的再循环生产过程，或者铁水氧化炼钢的过程。因此电炉钢的生产过程不涉及炼焦、烧结、高炉炼铁等高耗能工序，也就没有这些环节的余热产生，也没有高炉煤气发电过程的巨大余热量。电炉的余热主要为烟气余热和炉壁、炉盖的冷却循环水余热。其中冶炼过程产生的高温含尘烟气带走的热量大约为电炉输入总能量的 11%[14]，有的甚至高达 20%[15]。但由于电炉体量小，烟气余热回收成本高、难度大，可利用的余热主要是炉壁和炉盖的冷却循环水余热，余热量无法与转炉炼钢工艺相比。相应的钢铁工业的低品位余热将减少。

综上所述，由于粗钢产量降低以及电炉比例提高，未来我国钢铁工业的低品位工业余热量势必减少。对钢铁低品位余热潜力预测，可以通过预测未来粗钢产量，并扣除电炉钢产量（忽略电炉钢的余热），得到转炉钢产量，再乘以单位粗钢产量的低品位余热量（见第 5.4.1 节）得到。

中国工程院"黑色金属矿产资源强国战略研究"课题组采用 GDP 钢材消费强

度系数法等 4 种方法，预测了 2020 年和 2030 年中国的粗钢产量和钢材消费量[16]。根据测算，2020 年粗钢产量将降至 6.3 亿 t，2030 年粗钢产量将降至 5.2 亿 t，低于工业和信息化部《钢铁工业调整升级规划（2016～2020 年)》的预测"2020 年粗钢产量下降至 7.5 亿～8 亿 t"，保守估算时可取中国工程院的预测值。

有学者分析指出[17]，我国 2020 年电炉钢比例达到 10%～15%（现状不足10%），2025 年达到 20%～25%，2030 年达到 40%～45%。为了保守估算粗钢余热量，取电炉钢比例预测值的上限值，即 2020 年 15%，2030 年 45%。

综上，可保守预测转炉钢产量，如表 5-5 所示。

我国转炉钢产量（下限）预测　　　　　　　　　　　　表 5-5

	2020 年	2030 年
粗钢产量（亿 t）	6.3	5.2
转炉钢比例（%）	85	55
转炉钢产量（亿 t）	5.36	2.34

根据第 5.4.1 节的分析，单位粗钢产量的低品位余热量为 6256MJ/t 粗钢。则保守估计 2020 年我国钢铁行业低品位余热潜力至少 33.5 亿 GJ，2030 年至少 14.6亿 GJ。钢铁工业绝大部分分布在我国北方地区（主要是东北和华北地区），假设上述余热量中至少 80% 分布于北方，平均供暖期 150d，钢铁企业每年生产 330d，则2020 年北方可用于冬季供暖的钢铁余热有 12.2 亿 GJ，2030 年有 5.3 亿 GJ。

按照东北和华北地区供暖季平均基础热负荷为 0.25GJ/m² 计算，仅利用钢铁工业余热就可以为 20 亿～50 亿 m² 建筑提供基础负荷；即便只回收钢铁工业余热量的 30%，也足以为 6 亿～15 亿 m² 建筑提供基础负荷。

需要指出的是，根据工业和信息化部《钢铁工业调整升级规划（2016～2020年)》，在严控并削减钢铁工业产能的同时，将着力于钢铁行业的布局调整和资源规模化整合。也就是说，尽管钢铁行业余热总量会随着产能的压减而减少，但产能的规模化使得余热资源规模化，余热回收率将增加，余热热源也更稳定，对余热供暖起到保障作用。此外，钢铁企业将逐步搬迁远离城市中心，将对长距离输热技术提出更高的要求。

本章参考文献

[1] 贾艳，李文兴. 高炉炼铁基础知识(第 2 版)[M]. 北京：冶金工业出版社，2010.

[2]　梁高卫. 基于热电转换的铝电解槽侧壁余热发电研究[D]. 长沙：中南大学，2013.

[3]　方豪. 低品位工业余热应用于城镇集中供暖关键问题研究[D]. 北京：清华大学，2015.

[4]　马安君，李宝生，马海波，李玉峰. 铝电解低温余热利用分析[J]. 轻金属，2013（05）：58-61.

[5]　熊小鹏，曹霞，王卡卡. 浅谈铅锌冶炼烟气制酸工程设计实践[J]. 硫酸工业，2015（06）：8-10.

[6]　仝永娟，李鹏，王连勇，李瑾. 电熔镁砂生产余热分段分级回收与梯级综合利用研究[J]. 轻金属，2017（02）：42-46.

[7]　刘建国，王建华，马军民，等. 化工厂生产系统余热资源调研[J]. 中国氯碱，2012（9）：36-41.

[8]　陆忠兴，周元培. 氯碱化工生产工艺[M]. 北京：化学工业出版社，1995.

[9]　李俊杰，曾松峰，张正国，高学农，陆应生. 纯碱生产炉气余热回收利用节能分析[J]. 广东化工，2014，41（02）：96.

[10]　林世雄. 石油炼制工程[M]. 北京：石油工业出版社，2007.

[11]　边海军. 低温工业余热回收工艺研究及示范[R]. 北京：清华大学，2013.

[12]　解红军，余绩庆，刘富余. 原油加热炉余热回收技术综述[J]. 石油规划设计，2011，22（6）：36-39.

[13]　嵇境鹏. 常减压装置加热炉节能改造[J]. 石油化工应用，2009，28（5）：96-98.

[14]　A. Linninger, M. Hofer, A. Patuzzi. DynEAF - a dynamic modeling tool for integrated electric steelmaking [J]. Iron and Steel Engineer, 1995, 72(3): 43-52.

[15]　Yuan Z. Post combustion for electric arc furnace [J]. Steelmaking, 1995, 72(6): 30-32.

[16]　中国工程院黑色金属矿产资源强国战略研究项目组. 中国工程院咨询研究报告. 黑色金属矿产资源强国战略研究报告[R]. 北京：中国工程院，2016.

[17]　卜庆才，吕江波，李品芳，袁红莉，廖建彬，葛景华. 2020～2030 年中国废钢资源量预测[J]. 中国冶金，2016，26（10）：45-49.

第6章 北方冬季供热对大气环境的影响

6.1 供热对大气污染的影响

依据中国空气质量在线监测分析平台（真气网 https://www.aqistudy.cn）整理得到"2+26"城市从2013年12月至2018年11月的月均PM2.5及污染物浓度数据，如图6-1～图6-4所示。分析发现：在时间尺度上，PM2.5存在"U形"分布，即供暖季月均浓度明显高于非供暖季。同时，在供暖季时，这28个城市的 NO_2、SO_2 和 CO 的污染物浓度也有明显上升。

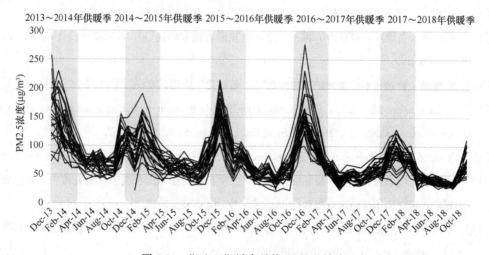

图6-1 "2+26"城市月均PM2.5浓度

NO_2、SO_2 和 CO 主要是由化石燃料燃烧产生的，而化石燃料一般用于发电、工业、交通、冬季供暖等。一般可以认为，火电、工业和交通的用能在不同月份是相近的（火电用能在夏季、冬季会略有上升）。由此，可以认为北方冬季供暖燃料燃烧增加了 NO_2、SO_2 和 CO 排放，恶化了大气空气质量。

对比不同年份的 PM2.5、NO_2、SO_2 和 CO 浓度，可以发现在2017～2018年

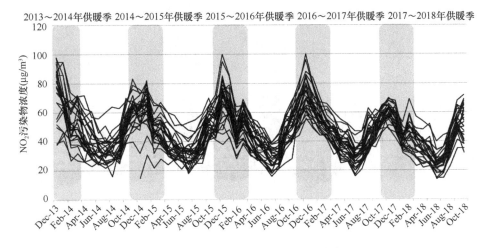

图 6-2 "2+26" 城市月均 NO_2 浓度

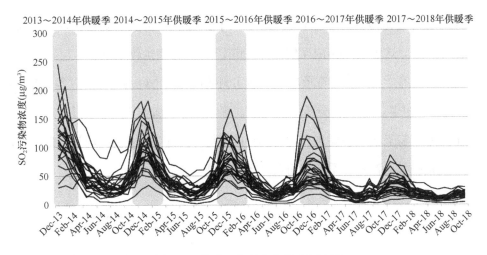

图 6-3 "2+26" 城市月均 SO_2 浓度

供暖季，各类污染物浓度均有显著下降。其中北京在 2017～2018 年供暖季 PM2.5 平均浓度仅为 $58\mu g/m^3$，与非供暖季平均浓度相差不大（2017 年非供暖季 PM2.5 平均浓度为 $46\mu g/m^3$，2018 年非供暖季 PM2.5 平均浓度为 $41\mu g/m^3$）。这表明环保部在 2017 年 3 月发布的《京津冀及周边地区 2017 年大气污染防治工作方案》对大气污染治理产生了积极影响。

将上述城市的 PM2.5 与各污染物浓度进行相关性分析，发现不同城市在供暖季的 PM2.5 浓度与 NO_2 浓度呈现强相关性（皮尔森相关系数为 0.53，且在 sig＜

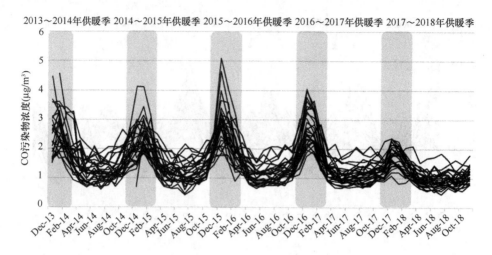

图 6-4 "2+26" 城市月均 CO 浓度

0.01 显著水平上通过检验），而与 SO_2、CO 相关性较弱甚至没有相关性（显著水平 sig>0.05）。这表明 NO_2 浓度较高的城市 PM2.5 污染也较严重。

目前，已有学者通过雾霾形成机理和实测数据证实 NO_x 是导致 PM2.5 浓度增加的主要原因[1]，与相关性分析结论一致。事实上，NO_x 与 VOC 是引发重度雾霾天气的元凶，鉴于 NO_x 主要来自化石燃料的燃烧，而 VOC 排放源较为分散；所以控制 NO_x 的排放是治理冬季雾霾切实可行的措施。

6.2 不同热源方式的污染物排放强度

讨论供热对大气污染影响时，最终落脚点应为单位供暖建筑面积对应的污染物排放，它与单位供暖建筑面积需热量和热源输出单位热量所排放的污染物这两个因素有关。其中单位供暖建筑面积需热量与当地气候条件和建筑保温性能相关，通过改善建筑围护结构性能、降低热负荷需求可以从源头减缓供热对大气环境造成的影响。另一方面，提高热源效率、减少燃料燃烧产生的污染物排放也是改善大气环境的重要手段。

下面针对采用不同燃料的供暖热源，分别讨论其单位供热量的污染物排放强度。

6.2.1 污染物的直接排放与间接排放

针对供热导致的污染物排放，本节将其分为直接排放和间接排放两类。其中直接排放即为热源的在地实际排放，间接排放为采用远地（长途输送）热源或热源用电进而在发电厂产生的排放。对于燃煤、燃气锅炉，它们全部属于当地直接排放；对于电驱动的供暖热源，它们全部属于间接排放。

然而对于热电联产，发电和产热都消耗燃料，也都产生污染物。而目前，热电厂之所以建在城市附近的目的就是供热，因此在城市的热电厂发电排放的污染也应计入供热排放中。对于当地的热电联产，由于全部燃料燃烧产生的污染物都在当地排放，所以都属于当地直接排放，由此导致单位供热量排放强度大；对于电厂坐落地与供热城市很远，热量经长途输送到城市，且两地污染物不相关的情况，其全部燃料在异地燃烧，因而其产生的污染物都属于间接排放。

把热电联产发电的排放都算入供热直接排放；同时由于发电，减少了外地电厂的排放，所以要增加一个负的发电间接排放。

6.2.2 燃煤热电厂排放

针对燃煤火电厂的污染物排放，现行国家标准《火电厂大气污染物排放标准》GB 13223—2011 中规定（在基准氧含量 6% 条件下）一般地区新建燃煤火电锅炉 NO_x、SO_2、烟尘排放浓度限值为 $100mg/m^3$ 烟气、$100mg/m^3$ 烟气和 $30mg/m^3$ 烟气；在运行锅炉的 NO_x、SO_2、烟尘排放浓度限值为 $100mg/m^3$ 烟气、$200mg/m^3$ 烟气和 $30mg/m^3$ 烟气；重点地区煤电锅炉 NO_x、SO_2、烟尘排放浓度限值为 $100mg/m^3$ 烟气、$50mg/m^3$ 烟气和 $20mg/m^3$ 烟气。其中重点地区是指在国土开发密度较高，环境承载能力开始减弱，或大气环境容量较小、生态环境脆弱，容易发生严重大气环境污染问题而需要严格控制大气污染物排放的地区。

此外，国家发展改革委、国家能源局等十部委在《北方地区冬季清洁取暖规划（2017～2021 年）》（以下简称《清洁取暖规划》）中对燃煤超低排放机组做出明确要求：在基准氧含量 6% 条件下，氮氧化物、二氧化硫、烟尘排放浓度分别不高于 $50mg/m^3$ 烟气、$35mg/m^3$ 烟气、$10mg/m^3$ 烟气。

图 6-5～图 6-7 分别表示了我国北方部分大型燃煤电厂（发电装机普遍在

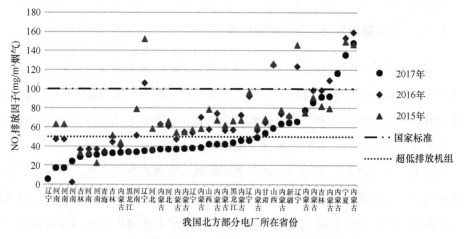

图 6-5　实际部分大型燃煤热电厂 NOₓ烟气排放因子

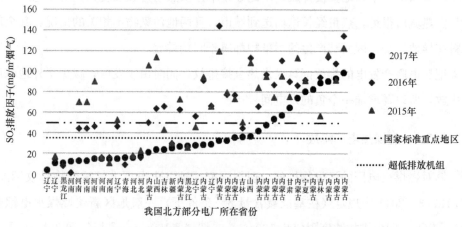

图 6-6　实际部分大型燃煤热电厂 SO₂ 烟气排放因子

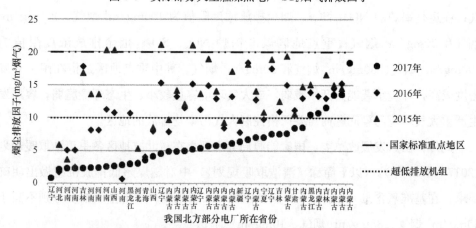

图 6-7　实际部分大型燃煤热电厂烟尘烟气排放因子

300MW 以上）在 2015～2017 年 NO$_x$、SO$_2$ 和烟尘的全年平均排放因子。可以看出，大型燃煤电厂单位烟气污染物排放因子整体呈现逐年下降的趋势，其中 SO$_2$ 和烟尘排放下降明显。

将调研电厂实际运行的烟气排放因子数据与国家标准及相关规划对比发现：在 2017 年，除宁夏、内蒙古部分调研电厂 NO$_x$ 排放未达到国家标准外，其余燃煤火电厂均满足一般地区火电燃煤锅炉（在用）标准。且多数省份调研电厂的 SO$_2$ 排放、全部调研电厂的烟尘排放都满足国家标准重点地区要求。同时，有部分调研电厂达到超低排放机组要求。

图 6-8～图 6-10，针对所调研的大型燃煤热电厂，计算它们在 2017 年的单位供热污染物直接排放和间接发电排放量。其中燃煤产生的烟气量按 10.4m^3/kgce[2] 计算（基准含氧量 6％，过量空气系数 1.40）。直接排放因子为热电厂供暖季实际污染物排放总量除以实际供热量，间接发电排放因子为由于发电产生的污染物排放总量除以实际供热量，且为负值。

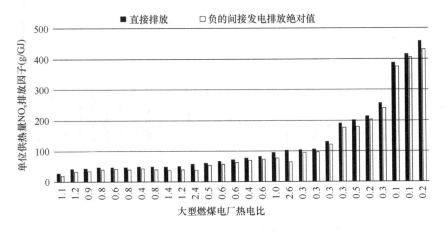

图 6-8 调研热电厂单位供热 NO$_x$ 排放因子（2017 年）

负的间接发电排放因子绝对值越高，表明热电厂供出一份热量的同时发出了更多的电量，从而产生了更多的污染物。以 NO$_x$ 排放因子为例，间接发电排放因子绝对值小的热电厂其热电比普遍在 0.8～1.2，排放因子绝对值高的热电厂其热电比普遍在 0.2 左右。

直接排放因子越高，一方面是由于热电厂热电比较低，导致供出单位热量需要消耗更多燃料，从而排放更多污染物；另一方面是由于热电厂本身单位烟气中污染

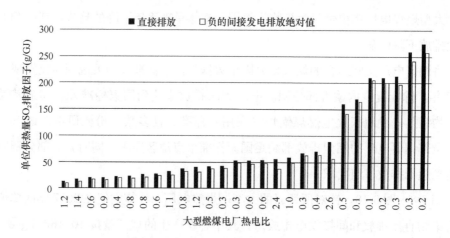

图 6-9   调研热电厂单位供热 SO_2 排放因子（2017 年）

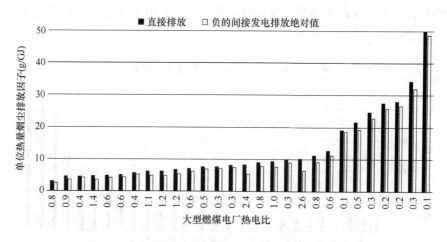

图 6-10   调研热电厂单位供热烟尘排放因子（2017 年）

物浓度较高，即未做好尾气处理工作。

表 6-1 为根据相关标准及规划折算出的燃煤热电联产单位供热量的污染物排放因子。假设燃煤热电厂供热效率为 55%（乏汽余热充分回收），那么热源供出 1GJ 热量需要燃烧 62kgce 燃料，结合标准中的排放限值即可求得单位供热量的污染物直接排放因子。热电比按 1.6，发电煤耗按 260gce/kWh（㶲分摊法计算），求得供出单位热量同时产生的发电间接排放因子。

值得说明的是，热电联产单位供热直接污染物排放量与热电比紧密相关。热电比越低，即供出一份热量的同时需要发出更多的电量，那么也就需要消耗更多的燃料，因而其单位供热直接污染物排放强度要更高。目前，我国实际的燃煤热电联产电厂热电比一般在 0.5～2.0 之间。

燃煤热电联产单位供热量污染物排放因子 表 6-1

热源类型	发电间接排放(g/GJ)			直接排放(g/GJ)		
	NO_x	SO_2	烟尘	NO_x	SO_2	烟尘
一般地区火力发电燃煤锅炉（新建）[3]	−48	−48	−14	64	64	19
一般地区火力发电燃煤锅炉（在用）[3]	−48	−96	−14	64	129	19
重点地区火力发电燃煤锅炉[3]	−48	−24	−10	64	32	13
燃煤超低排放机组[4]	−24	−17	−4.8	32	23	6.4
调研大型煤电厂（2017 年）	−82	−57	−8.9	93	65	10.3

注：表中调研大型煤电厂为按供热量加权平均求得的实际污染物排放因子。其排放因子高并非污染物控制不佳，而是由于没有充分挖掘供热潜力，热电比偏低。

由表 6-1 可以发现，对于所调研的大型燃煤热电厂，虽然其烟气污染物排放因子多数能达到国家标准中重点地区的排放标准，甚至部分能够达到燃煤超低排放机组标准，但是其实际单位热量的 NO_x 直接排放量却高于国家标准中重点地区折算的单位热量直接排放量。这主要是因为所调研电厂目前供热能力未充分发挥，因而发电间接排放强度高，从而导致直接排放强度高。

以上分析表明，不同热电比的热电联产电厂，相同供热量的污染物排放量差别很大，其主要差别源自供热潜力的挖掘程度。对于一些具有很大供热能力，而实际供热量很小的热电联产电厂，是以供热名义发电，对当地供热贡献不大，却形成了很多的污染物直接排放。因此必须充分挖掘热电联产供热潜力，只有充分利用好热电联产的供热潜力，进行节能挖潜，单位供热量的直接污染物排放才能有所降低。对热电比过小的电厂应从大气污染治理角度出发，坚决整治。

6.2.3 燃煤锅炉房排放

现行国家标准《锅炉大气污染物排放标准》GB 13271—2014 规定一般地区（在用、新建）和重点地区的燃煤锅炉的 NO_x、SO_2 和颗粒物排放限值分别为

$400mg/m^3$ 烟气、$400mg/m^3$ 烟气、$80mg/m^3$ 烟气、$300mg/m^3$ 烟气、$300mg/m^3$ 烟气、$50mg/m^3$ 烟气和 $200mg/m^3$ 烟气、$200mg/m^3$ 烟气、$30mg/m^3$ 烟气（基准含氧量6%）。其中执行大气污染物重点地区的地域范围、时间，由国务院环境保护主管部门或省级人民政府规定。

对燃煤锅炉的实测结果发现：对于20t/h以下的小型燃煤锅炉，由于较难上脱硫装置，其排放浓度普遍较高，单位排烟量的 SO_2 排放可以是80t/h锅炉的2~3倍，颗粒物排放可以是后者的8~10倍；此外，小型锅炉效率较低，单位供热量排放的烟气量很大，其整体污染物排放要高于大型燃煤锅炉。近两年随着"蓝天保卫战"的打响，多地开展了清洁热源替代小型燃煤锅炉的行动，燃煤锅炉的整体排放情况得到改善。

以下将燃煤锅炉房的烟气污染物排放因子折算到单位供热量排放因子上（见表6-2），燃煤锅炉房的排放均属于当地直接排放。其中燃煤锅炉供热效率按85%计算，即热源供出1GJ热量需要消耗40kgce燃料。

燃煤锅炉房单位供热量污染物排放因子 表 6-2

热源类型	NO_x （g/GJ）	SO_2 （g/GJ）	烟尘 （g/GJ）
一般地区燃煤锅炉（在用）[5]	167	167	33
一般地区燃煤锅炉（新建)[5]	125	125	21
重点地区燃煤锅炉[5]	83	83	13

注：表中数据是依据《锅炉大气污染物排放标准》GB 13271—2014排放限值折算的，该标准要求：新建
锅炉自2014年7月1日起、10t/h以上在用蒸汽锅炉和7MW以上在用热水锅炉自2015年10月1
日起、10t/h以下在用蒸汽锅炉和7MW以下在用热水锅炉自2016年7月1日起执行。表中不考虑
排放不达标锅炉。

6.2.4　燃气热电厂排放

近年来，天然气在我国电源结构和城市集中热源结构中呈现上涨趋势。现行国家标准《火电厂大气污染物排放标准》中，天然气锅炉的 NO_x、SO_2 和烟尘排放限值基准分别为 $100mg/m^3$ 烟气、$35mg/m^3$ 烟气、$5mg/m^3$ 烟气（基准含氧量为3%），燃气轮机的排放限值分别为 $50mg/m^3$ 烟气、$35mg/m^3$ 烟气、$5mg/m^3$ 烟气（基准含氧量为15%）。折算到单位天然气产生的污染物排放因

子上，燃气电厂的天然气锅炉的 NO_x、SO_2 和烟尘的排放因子约为 $1.27g/Nm^3$ 天然气、$0.44g/Nm^3$ 天然气、$0.06g/Nm^3$ 天然气，燃气轮机的污染物排放因子为 $1.78g/Nm^3$ 天然气、$1.24g/Nm^3$ 天然气、$0.18g/Nm^3$ 天然气。因此电厂内，燃气轮机单位燃气的污染物排放因子高于燃气锅炉，尤其是 NO_x 的排放，这是因为燃气轮机的燃烧温度高于燃气锅炉，所以会生成更多的热力型氮氧化物。此外，北京对内燃机的 NO_x 和烟尘排放限值分别为 $75mg/m^3$ 烟气、$5mg/m^3$ 烟气（基准含氧量为 5%）[7]。

对我国部分大型燃气轮机 2017 年的实际排放调研发现，烟气中 NO_x、SO_2 和烟尘的排放因子分别为 $14mg/m^3$ 烟气、$0.58mg/m^3$ 烟气、$0.87mg/m^3$ 烟气；均远小于国标标准，其中 SO_2 排放因子能低至国家标准的 $1/10$。

以下将燃气热电联产烟气排放因子折算到单位供热量污染物排放因子。其中，天然气燃气轮机产生的烟气量估算为 $35.5m^3/Nm^3$[6]（基准含氧量 15%[3]，过量空气系数 3.54）；内燃机热电联产产生的烟气量估算为 $14.1m^3/Nm^3$[6]（基准含氧量 5%[7]，过量空气系数 1.31）。

假设燃气轮机、燃气蒸汽联合循环、燃气蒸汽联合循环（回收部分烟气余热）、内燃机热电联产的供热效率分别为 40%、23%、35% 和 40%，那么相应地，上述几种热源类型供出 1GJ 热量需要消耗 $71Nm^3$、$124Nm^3$、$82Nm^3$、$71Nm^3$ 天然气（天然气热值取 $35MJ/Nm^3$），结合相关标准中的排放限值即可求得单位供热量的污染物直接排放因子。热电比分别按 1.1、0.5、0.7、1.0，发电气耗分别按 $0.23Nm^3/kWh$、$0.19Nm^3/kWh$、$0.18Nm^3/kWh$、$0.21Nm^3/kWh$（㶲分摊法计算），求得供出单位热量同时产生的间接发电排放因子。

由表 6-3 可以看出：虽然燃气蒸汽联合循环发电效率高于燃气轮机机组，但相应地供出一份热量需要发出更多的电力，从而其发电间接排放的绝对值增加。而回收部分烟气余热后的燃气蒸汽联合循环在不增加发电量的情况下多供出了热量，因而其单位热量排放因子会比燃气蒸汽联合循环小。在内燃机热电联产排放上，暂时没有国家标准，表 6-3 参考的是北京市地方标准《固定式内燃机大气污染物排放标准》DB 11/1056—2013，其中未对 SO_2 提出排放限值，由于北京对大气污染治理严格，因而其排放因子相对较低。由表 6-3 可知，燃煤热电联产改为燃气热电联产后，仍然存在大量污染物排放；所以这种"煤改气"并非减少污染物排放的有效措施。

燃气热电联产单位供热量污染物排放因子   表 6-3

热源类型	发电间接排放（g/GJ）			直接排放（g/GJ）		
	NO_x	SO_2	烟尘	NO_x	SO_2	烟尘
燃气轮机机组[3]	−101	−71	−10	127	89	13
燃气蒸汽联合循环[3]	−200	−140	−20	221	154	22
燃气蒸汽联合循环（回收部分烟气余热）[3]	−126	−88	−13	145	101	14
内燃机热电联产[7]	−62	—	−4.1	76	—	5.0

注：以上数据均依照相关标准排放限值进行折算；事实上，由于天然气中几乎不含硫和尘，其 SO_2 和烟尘实际排放一般可以明显低于标准排放限值。在与燃煤热源比较时，不建议采用上表数据；实际上，燃气热源排放中只有 NO_x 与脱硝后的燃煤热源排放相当，SO_2 和烟尘明显减小。此外，内燃机热电联产北京排放标准中未对 SO_2 规定排放限值。

6.2.5　燃气锅炉房排放

现行国家标准《锅炉大气污染物排放标准》GB 13271—2014 中规定：在基准含氧量为 3.5% 下，一般地区（在用）和（新建）的 NO_x、SO_2 和颗粒物排放限值分别为 400mg/m³ 烟气、100mg/m³ 烟气、30mg/m³ 烟气和 200mg/m³ 烟气、50mg/m³ 烟气、20mg/m² 烟气；重点地区燃气锅炉的 NO_x、SO_2 和颗粒物排放限值分别为 150mg/m³ 烟气、50mg/m³ 烟气、20mg/m³ 烟气。

国家标准对燃气锅炉的排放限值相对宽泛，近年来随着整体大气治理要求的不断提高，各地相继出台的污染物排放控制标准也在不断升级。以北京[8]为例：地方排放标准为新建燃气锅炉 NO_x、SO_2、颗粒物执行 30mg/m³ 烟气、10mg/m³ 烟气、5mg/m³ 烟气的排放限值；在用燃气锅炉执行 80mg/m³ 烟气、10mg/m³ 烟气、5mg/m³ 烟气的排放限值；该标准总体上已严于欧洲锅炉排放标准，接近最严格的美国南加州锅炉排放标准。天津[9]燃气锅炉（在用）和（新建）NO_x、SO_2、颗粒物执行 150mg/m³ 烟气、20mg/m³ 烟气、10mg/m³ 烟气和 80mg/m³ 烟气、20mg/m³ 烟气、10mg/m³ 烟气的排放限值。

图 6-11 和图 6-12 所示为北京部分燃气锅炉的 NO_x、SO_2 折算到单位供热量的实际排放因子。可以发现，尽管北京执行比国家标准重点地区更为严苛的排放标准，但所调研的所有燃气锅炉均满足 NO_x（在用锅炉）和 SO_2 标准。

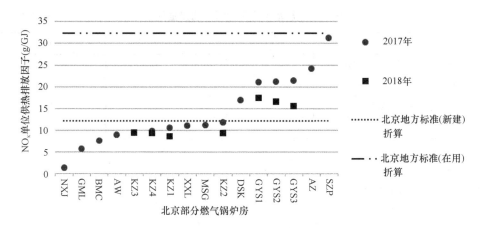

图 6-11 北京部分燃气锅炉单位供热 NO_x 排放因子

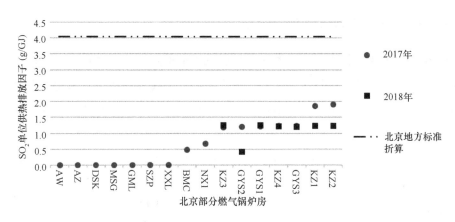

图 6-12 北京部分燃气锅炉单位供热 SO_2 排放因子

表 6-4 所示为燃气锅炉房单位供热量的污染物排放因子。其中，燃气锅炉房产生的烟气量估算为 $13.0m^3/m^3$[6]（基准含氧量 3.5%，过量空气系数 1.20）。供热效率按 90% 计算，即供出 1GJ 热量需要消耗 31Nm³ 天然气。

可以发现，不同地方执行的排放标准具有明显差别，国家标准一般地区（在用）与北京（新建）燃气锅炉在 NO_x 排放上可有十余倍之差。为了实现低排放标准，燃气锅炉房需要采用多种技术措施，目前主要的低氮技术方案有：更换能满足要求排放的低氮燃烧器、采用低氮燃烧器结合烟气再循环、采用选择性催化还原法（SCR）工艺进行脱硝、采用空气和天然气均匀混合后燃烧的全预混燃烧器和采用贵金属催化技术等。

燃气锅炉房单位供热量污染物排放因子 　　表 6-4

	NO_x(g/GJ)	SO_2(g/GJ)	颗粒物(g/GJ)
一般地区燃气锅炉（在用）[5]	162	40	12
一般地区燃气锅炉（新建）[5]	81	20	8
重点地区燃气锅炉[5]	61	20	8
燃气锅炉（北京在用）[8]	32	4.0	2.0
燃气锅炉（北京新建）[8]	12	4.0	2.0
燃气锅炉（天津在用）[9]	61	8.1	4.0
燃气锅炉（天津新建）[9]	32	8.1	4.0
燃气锅炉（北京调研 2017 年）	14	0.7	＜0.4

注：除燃气锅炉（北京调研 2017 年）排放因子外，其余数据均依照相关标准排放限值进行折算。

6.2.6 生物质及散煤热源排放

近年来，生物质作为可再生资源日益受到人们的重视。尤其是在农村地区，利用木质颗粒或作物秸秆进行压块后替代散煤土暖气供暖逐渐成为我国北方农村地区清洁取暖的主要方式。表 6-5 是大型生物质锅炉和户用生物质供暖炉以及散煤土暖气的实测排放因子。

生物质及散煤热源污染物排放因子 　　表 6-5

设备	燃料类型	单位燃料排放因子（g/kg 燃料）			供热效率（GJ/t 燃料）	单位热量排放因子（g/GJ）		
		NO_x	SO_2	PM2.5		NO_x	SO_2	PM2.5
大型生物质锅炉	木质颗粒	0.89	0.04	0.16	15.0	59.5	2.7	10.7
	玉米秸秆颗粒	1.05	0.04	0.06	11.4	92.2	3.5	5.3
	秸秆颗粒	0.39	0.03	0.25	12.1	32.2	2.5	20.7
	花生壳大颗粒	0.34	0.27	0.06	12.5	27.3	21.7	4.8
户用生物质采暖炉	木质颗粒	2.29	0.05	0.28	14.3	160.7	3.5	19.7
	稻壳颗粒	4.45	0.07	0.2	11.8	376.5	5.9	16.9
	秸秆颗粒	3.75	0.27	0.71	11.1	337.2	24.3	63.9
	秸秆压块	4.39	0.61	0.3	10.7	409.5	56.9	28.0
散煤土暖气	散煤	2.05	1.78	3.73	8.4	244.9	212.7	445.6

注：表中 PM2.5 为燃料燃烧排放的一次细颗粒物，不包含污染物在大气中反应生成的二次污染物。以上排放因子均为我国北方农村的实测结果，其中 NO_x 和 SO_2 排放因子与燃料成分和供暖炉的燃烧情况有关。上表中秸秆压块单位热量排放因子高于秸秆颗粒，主要是因为二者实测地点不同，燃烧成分和采暖炉燃烧情况有较大差异。

6.2.7 不同热源方式的污染物排放比较

对不同热源方式的单位供热量污染物排放分为发/用电间接排放和当地直接排放进行汇总，如表 6-6 和表 6-7 所示。

不同热源方式的单位供热量污染物排放因子（一）   表 6-6

热源类型	发/用电间接排放（g/GJ）			直接排放（g/GJ）			备注
	NO_X	SO_2	烟尘/颗粒物	NO_X	SO_2	烟尘/颗粒物	
燃煤热电联产机组	−48	−24	−10	64	32	13	火电排放国家标准（重点地区）
	−82	−57	−8.9	93	65	10.3	调研数据（2017 年平均）
燃煤机组超低排放	−24	−17	−4.8	32	23	6.4	清洁取暖规划（用能强度按燃煤热电联产计算）
燃煤锅炉	—			83	83	13	锅炉排放国家标准（重点地区）
燃气轮机	−101	−71	−10	127	89	13	火电排放国家标准
燃气蒸汽联合循环	−200	−140	−20	221	154	22	火电排放国家标准
联合循环（回收部分烟气余热）	−126	−88	−13	145	101	14	火电排放国家标准
内燃机热电联产	−62	—	−4.1	76	—	5.0	北京排放地方标准
燃气锅炉	—	—	—	61	20	8.1	锅炉排放国家标准（重点地区）
	—	—	—	32	4.0	2.0	锅炉排放地方标准（北京在用）
	—	—	—	14	0.7	<0.4	调研数据（2017 年北京平均）
电动地源热泵（COP 取 4）	22	11	4.5	—	—	—	按 310gce/kWh 折算到大型煤电
电动空气源热泵（COP 取 3）	30	15	6.0	—	—	—	

注：内燃机热电联产北京排放标准中未对 SO_2 规定排放限值。

不同热源方式的单位供热量污染物排放因子（二）　　　　　表 6-7

热源类型	发电间接排放（g/GJ）			直接排放（g/GJ）			备注
	NOx	SO2	细颗粒物	NOx	SO2	细颗粒物	
大型生物质锅炉	—	—	—	60	3	11	木质颗粒（实测）
	—	—	—	92	4	5	玉米秸秆颗粒（实测）
	—	—	—	32	2	21	秸秆颗粒（实测）
	—	—	—	27	22	5	花生壳大颗粒（实测）
户用生物质供暖炉	—	—	—	161	4	20	木质颗粒（实测）
	—	—	—	376	6	17	稻壳颗粒（实测）
	—	—	—	337	24	64	秸秆颗粒（实测）
	—	—	—	410	57	28	秸秆压块（实测）
散煤土暖气	—	—	—	245	213	446	实测数据

注：表中细颗粒物比烟尘/颗粒物范围要小，PM10 等颗粒物并未统计在内。

对于当地的热电联产，污染物均属于当地直接排放，但存在一个负的发电间接排放；对于远地（长途输送）热电联产，全部燃料在异地燃烧，其产生的污染物都属于间接排放。对于燃煤、燃气、生物质锅炉和散煤土暖气，全部属于当地直接排放；对于电驱动的供暖热源，全部属于间接排放。

从以上两表中可以看出：

（1）热电联产的单位供热直接排放强度高，这是因为其在供出热量的同时还需要燃烧更多的燃料用于发电，因而其产生的当地直接排放要高。并且热电联产的热电比越低，单位热量对应的当地直接污染物排放量越高。但是对比大型燃煤热电联产和燃煤锅炉，依据国家标准重点地区排放限制折算出的 NOx 和烟尘/颗粒物的直接排放强度相差不大，这是因为《火电厂大气污染物排放标准》中对电厂锅炉的排放要求比《锅炉大气污染物排放标准》中对普通锅炉的排放要求更严格；这表明了输出相同热量，燃煤热电联产和燃煤锅炉的在地污染物直接排放量相差不大，但热电联产同时还输出了电力，对节能和减少大区域污染物排放做出贡献。

（2）依据《火电厂大气污染物排放标准》折算的燃气轮机热电联产的单位供热 NOx 直接排放强度约为燃煤热电联产（重点地区）的两倍；对燃气蒸汽联合循环而言，单位供热 NOx 直接排放强度更大。这是因为燃气热电联产的热电比太低：一般而言，对于燃气蒸汽联合循环热电联产机组，无余热回收型的最大热电比约

0.5~0.7，有余热回收约0.8~1；对于燃煤热电联产机组，无余热回收型的最大热电比约为1.5~1.7，有余热回收型的最大约为1.8~2.3。为了满足供热需求，供出相同的热量，燃气热电联产需要发出更多的电量，即要消耗更多的燃料，排放更多的污染物，同时加剧了我国电力过剩的情况。此外，由于燃气热电厂也在"以热定电"模式下运行，丧失了对电力的调峰功能，并消耗了大量宝贵的天然气资源。因而天然气热电联产不适宜大规模推行。

（3）天然气锅炉相比燃煤锅炉，单位供热污染物排放水平低，通过《锅炉大气污染物排放标准》（重点地区）折算的 SO_2 排放因子中，前者约为后者的1/4；但在与雾霾更为相关的 NO_x 排放上，二者处于同一量级。此外，在环保要求更为严苛的北京，燃气锅炉的实际污染物排放可以做到很低。

（4）地源热泵、空气源热泵由于从自然环境中取热，供暖用能强度较低，污染物排放（按照 COP 折电后）也较低。

（5）散煤土暖气的单位供热直接污染物排放量要远高于燃煤热电厂和燃煤锅炉，其 NO_x 直接排放因子约为燃煤锅炉（国家标准重点地区）的3倍，一次细颗粒物更是后者的数十倍。这一方面是散煤土暖气的供热效率低，意味着满足相同供热需求需要消耗更多的燃料；另一方面是散烧煤的尾气难以处理，因而其导致的污染物水平明显偏高。

（6）大型生物质锅炉和户用生物质供暖炉可以显著降低 SO_2 和细颗粒物的单位供热排放量；但由于生物质中含有一定量的氮元素，因而户用生物质供暖炉的 NO_x 排放仍处于较高的水平。

6.3　"2+26" 城市群的相关性分析

6.3.1　京津冀大气污染传输通道的提出

目前，不少学者的研究表明雾霾的产生不仅和当地污染物排放有关，还会受到周围城市的影响。大气污染呈现明显的区域性特征，在经济发达、人口集中的城市群，大气污染不再局限于单个城市内，城市间大气污染变化过程呈现明显的同步性，区域性污染特征十分显著[10]。

因此，在治理大气污染问题上，区域城市间应协同合力，做到联防联控。环保部在 2016 年 6 月 20 日发布的《京津冀大气污染防治强化措施（2016-2017）》（以下简称《强化措施》）中规定了 20 个传输通道城市（以下简称"2+18"城市）：北京，天津，河北省石家庄、唐山、保定、廊坊、沧州、衡水、邯郸、邢台，山东省济南、淄博、聊城、德州、滨州，河南省郑州、新乡、鹤壁、安阳、焦作。这是传输通道首次出现在大众视野，但其实区域联防联控在北京环保工作中早就被提出。在"2+18"城市提出之前，2015 年就提出了"2+4"城市，这指的是京津冀核心区 6 市：北京+廊坊和保定、天津+唐山和沧州[11]。

2017 年 3 月 23 日，环保部发布的《京津冀及周边地区 2017 年大气污染防治工作方案》（以下简称《工作方案》）确定实施范围为京津冀大气污染传输通道城市，其包括北京市，天津市，河北省石家庄、唐山、保定、廊坊、沧州、衡水、邯郸、邢台，山东省济南、淄博、聊城、德州、滨州、济宁、菏泽，河南省郑州、新乡、鹤壁、安阳、焦作、濮阳、开封市，山西省太原、阳泉、长治、晋城市，共计 28 个城市（以下简称"2+26"城市）。其中所提到的传输通道城市比此前还多了 8 个，分别是河南省濮阳市、开封市，山东省济宁市、菏泽市，山西省太原、阳泉、长治、晋城。

环境保护部环境规划院大气部环境模拟与评估研究室主任薛文博指出："传输通道主要是根据气象条件和近年来的污染情况研究归纳而得。很多传输通道城市沿铁路呈现线性布局，这些城市都是经济、人口密度较大的地区，也是重工业比较集中城市。比如，河北省的几个城市，其产业支柱多是钢铁、火电、焦化等高耗能、高污染等企业。如今新增的 8 个传输通道城市的支柱产业也多以高耗能、高污染等企业为主。"[12]

对于京津冀大气污染区域，一般认为存在 3 条污染传输通道：第一条是西南走向的通道毗邻太行山脉/京广线，主要分布的城市有河北省的保定、石家庄、邢台、邯郸及河南省安阳等地；第二条是东南部通道毗邻京沪线，其中主要分布在天津，河北省的廊坊、沧州和山东德州等城市；第三条是东部通道，主要为唐山等地。此外，还有一条优质空气通道是西北风传输通道，京津冀地区每逢雾霾天所期盼的"等风来"中的风就来自该传输通道。

6.3.2 传输通道城市 PM2.5 相关性分析

以下对《工作方案》中确定的 28 个城市的大气污染相关性进行分析：依据中

国空气质量在线监测分析平台（真气网 https：//www.aqistudy.cn）整理得到 28 个城市从 2013 年 12 月至 2018 年 11 月的月均 PM2.5 数据，进一步计算出 "2+26" 城市之间的皮尔逊相关系数。

表 6-8 显示了 2013～2018 年 "2+26" 城市月均 PM2.5 污染的相关系数，均在 $p < 0.01$ 显著水平上通过相关性检验。

数据显示，传输通道城市的 PM2.5 在时间尺度上存在相关关系：多数城市间的相关系数在 0.8 以上，呈现高度正相关关系；其余城市间的相关关系也均在 0.5 以上，中度正相关。

此外，地理位置相近的城市之间的相关性要明显高些。以北京为例，它与毗邻的廊坊（相关系数 0.913）、唐山（相关系数 0.872）和天津（相关系数 0.867）高度正相关，但与地理位置相距较远的晋城（相关系数 0.531）、济宁（相关系数 0.589）和长治（相关系数 0.620）相关程度较弱。而廊坊、唐山、天津正是最初大气污染联防联治的 "2+4" 城市，晋城、济宁、长治则是《工作方案》中 "2+26" 城市相比《强化措施》中 "2+18" 城市新增的城市。这也表明我国的大气污染联防联控治理范围在不断扩大，治理力度在不断加强。

可以看出，"2+26" 城市在 PM2.5 污染上整体相关性较强，但在内部不同城市之间的相关性也存在差别。为更好地描述这一问题，对这 28 个城市进行聚类分析。

按大气污染相关性强弱，可将 28 个城市细分到 6 个小城市群：A（北京、廊坊、天津、唐山、沧州），B（石家庄、保定、邢台、邯郸、安阳），C（衡水、德州、聊城、濮阳、菏泽），D（滨州、淄博、济南、济宁），E（开封、鹤壁、郑州、新乡、焦作），F（太原、阳泉、长治、晋城）。为保证城市群在地理上的连续性，将部分周边城市并入小城市群进行分析：其中晋中并入 F 城市群，泰安、莱芜并入 D 城市群。

这些高相关性小城市群与前文提到的三条京津冀大气污染传输通道具有较高的重合性。且京广线沿线城市群（保定、石家庄、邢台、邯郸、安阳）和京九线沿线城市群（衡水、德州、聊城、菏泽）内部大气污染相关性较高。此外还发现，北京、廊坊、天津、唐山城市之间高度相关，可以表明三条传输通道中，东南部通道及东部通道对北京的影响较大。

2013～2018年"2+26"城市月均PM2.5污染皮尔逊相关系数　　表6-8

	北京	天津	石家庄	唐山	保定	廊坊	沧州	衡水	邯郸	邢台	济南	淄博	聊城	德州
北京	1.000													
天津	0.867	1.000												
石家庄	0.774	0.901	1.000											
唐山	0.872	0.952	0.872	1.000										
保定	0.781	0.924	0.891	0.888	1.000									
廊坊	0.913	0.923	0.839	0.926	0.901	1.000								
沧州	0.790	0.944	0.936	0.909	0.928	0.896	1.000							
衡水	0.807	0.893	0.836	0.858	0.941	0.913	0.921	1.000						
邯郸	0.687	0.869	0.904	0.829	0.885	0.827	0.921	0.887	1.000					
邢台	0.793	0.897	0.918	0.877	0.956	0.891	0.941	0.950	0.934	1.000				
济南	0.776	0.819	0.760	0.831	0.870	0.876	0.842	0.942	0.822	0.887	1.000			
淄博	0.772	0.874	0.806	0.882	0.924	0.888	0.886	0.946	0.859	0.918	0.968	1.000		
聊城	0.758	0.844	0.764	0.837	0.897	0.868	0.856	0.951	0.832	0.894	0.978	0.973	1.000	
德州	0.812	0.881	0.781	0.869	0.926	0.922	0.878	0.975	0.834	0.914	0.961	0.967	0.974	1.000
滨州	0.821	0.910	0.830	0.904	0.914	0.885	0.905	0.925	0.847	0.907	0.923	0.955	0.943	0.936
济宁	0.589	0.704	0.686	0.716	0.802	0.768	0.771	0.865	0.777	0.808	0.929	0.908	0.947	0.892
菏泽	0.669	0.805	0.764	0.807	0.879	0.819	0.838	0.912	0.846	0.881	0.943	0.947	0.971	0.925
郑州	0.672	0.795	0.790	0.817	0.878	0.807	0.814	0.872	0.829	0.881	0.895	0.906	0.904	0.876
新乡	0.724	0.759	0.751	0.777	0.829	0.800	0.788	0.888	0.776	0.850	0.907	0.891	0.910	0.893
鹤壁	0.775	0.867	0.894	0.843	0.867	0.851	0.913	0.915	0.889	0.915	0.883	0.878	0.888	0.881
安阳	0.740	0.878	0.911	0.850	0.920	0.845	0.923	0.911	0.927	0.946	0.859	0.888	0.882	0.872
焦作	0.688	0.795	0.812	0.820	0.834	0.763	0.820	0.833	0.825	0.858	0.822	0.829	0.821	0.797
濮阳	0.685	0.812	0.834	0.823	0.872	0.826	0.880	0.888	0.873	0.898	0.903	0.912	0.915	0.880
开封	0.645	0.781	0.812	0.767	0.846	0.772	0.850	0.872	0.843	0.877	0.875	0.872	0.892	0.847
太原	0.737	0.879	0.928	0.829	0.815	0.781	0.907	0.776	0.862	0.842	0.667	0.742	0.698	0.704
阳泉	0.653	0.742	0.790	0.666	0.705	0.680	0.817	0.713	0.718	0.766	0.599	0.614	0.605	0.621
长治	0.620	0.774	0.776	0.727	0.796	0.734	0.827	0.877	0.830	0.844	0.834	0.823	0.866	0.843
晋城	0.531	0.614	0.648	0.568	0.553	0.554	0.671	0.643	0.685	0.662	0.622	0.579	0.641	0.591

续表

	滨州	济宁	菏泽	郑州	新乡	鹤壁	安阳	焦作	濮阳	开封	太原	阳泉	长治	晋城
滨州	1.000													
济宁	0.840	1.000												
菏泽	0.902	0.963	1.000											
郑州	0.845	0.890	0.938	1.000										
新乡	0.844	0.890	0.906	0.938	1.000									
鹤壁	0.869	0.837	0.877	0.883	0.912	1.000								
安阳	0.882	0.824	0.897	0.920	0.885	0.946	1.000							
焦作	0.826	0.771	0.843	0.927	0.896	0.893	0.901	1.000						
濮阳	0.877	0.911	0.943	0.949	0.932	0.927	0.953	0.889	1.000					
开封	0.833	0.886	0.921	0.939	0.928	0.938	0.936	0.897	0.963	1.000				
太原	0.778	0.598	0.686	0.681	0.637	0.838	0.842	0.724	0.744	0.724	1.000			
阳泉	0.677	0.533	0.591	0.622	0.652	0.800	0.753	0.723	0.697	0.737	0.801	1.000		
长治	0.808	0.847	0.860	0.841	0.878	0.920	0.862	0.839	0.864	0.894	0.736	0.747	1.000	
晋城	0.620	0.610	0.661	0.666	0.710	0.805	0.738	0.735	0.739	0.791	0.654	0.736	0.838	1.000

注：以上数据均在 $p < 0.01$ 显著水平上通过相关性检验。

6.4　各区域冬季供热的直接排放量

按照前文的相关分析，把京津冀大气污染传输通道城市群分为6个小城市群，其中小城市群内部 PM2.5 污染相关关系较为紧密。假设污染影响仅发生在小城市群内部，不同小城市群之间相互影响小，可以忽略。对上述6个小城市群供热导致的直接排放进行相加，作为供热对这个区域的大气环境影响。

图6-13所示为2016年清洁供暖改造工程之前6个小城市群（行政区域）单位面积的各类污染物排放量，城市群内部柱形依次为 NO_x、SO_2、城镇烟尘和农村细颗粒物排放情况，其中 NO_x、SO_2 总排放量由城镇和农村累加表示。同时，认为污染物扩散能力与空间成正比，因此用每个区域单位面积排放强度来评价这一地区的污染物排放强度。

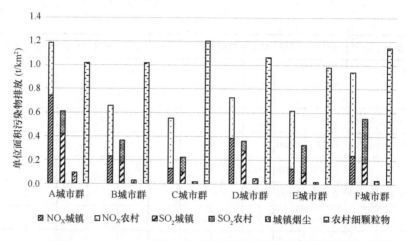

图 6-13 小城市群冬季采暖形成的单位面积直接污染物排放

可以看出，在 NO_x 排放上，A 城市群（北京、廊坊、天津、唐山、沧州）要远高于 B、C、D、E 城市群，略高于 F 城市群（太原、阳泉、长治、晋城、晋中）。其中，A 城市群主要是城镇排放的 NO_x 偏高，而 F 城市群则是农村供热排放偏高。在 SO_2 排放上，同样是 A 城市群略高于 F 城市群，明显高于其他城市群。在城镇烟尘排放上，A 城市群高于其他城市群，但总体排放强度不高。在农村细颗粒物排放上，6 个城市群的单位面积排放量均偏高。

以下分别对各城市群进行分析：

A 城市群（北京、廊坊、天津、唐山、沧州）：在该城市群中，由于北京、天津供热面积大，其热负荷需求也较高，因而其抬升了该城市群的单位土地面积污染物总排放量。因此，为改善该区域供热对大气环境的影响，应该一方面提高建筑围护结构性能降低热负荷需求，另一方面充分挖掘电厂和工业余热潜力用于供热，并在热源侧做好尾气处理工作，也就是执行更严格的排放标准。同时可以考虑从区域外（例如张家口地区）引热入京，替代域内热源，降低城内污染。此外，减少农村地区的细颗粒物和 NO_x 排放也是工作重点。

B 城市群（石家庄、保定、邢台、邯郸、安阳）：在该城市群中，农村供热产生的污染物已经高于城镇供热导致的直接污染物，应优先治理农村地区的细颗粒物和 NO_x 排放，利用生物质压块颗粒或热风型空气源热泵等清洁方式替代散煤土暖气取暖，周边有条件的可以考虑采用电厂或工业余热进行供暖。

C 城市群（衡水、德州、聊城、濮阳、菏泽）：该城市群与 B 城市群类似，应优先治理农村地区的细颗粒物和 NO_x 排放。

D 城市群（滨州、淄博、济南、济宁、泰安、莱芜）：该城市群农村细颗粒物和 NO_x 排放强度较高，应优先治理。

E 城市群（开封、鹤壁、郑州、新乡、焦作）：该城市群农村供热产生的 NO_x 和 SO_2 约为城镇供热产生的 3～4 倍，同时农村细颗粒物浓度也偏高，须优先重点治理农村供热污染物排放。

F 城市群（太原、阳泉、长治、晋城、晋中）：该城市群与 E 城市群类似，应优先重点治理农村供热污染物排放。

6.5　清洁供热相关对策

对大气污染分析发现，在冬天供暖季各类污染物均呈现上涨趋势，明显高于非供暖季。除了气候条件对此产生的影响外，我国北方冬天供暖导致的污染物排放也是恶化大气质量的关键因素。如何降低供热产生的各类污染物排放总量应该是清洁供暖最终要解决的问题。在对不同热源方式单位供热量产生的污染物排放强度和"2+26"城市群供热产生的污染物分析的基础上，有以下几点建议：

（1）改善建筑围护结构性能，从源侧降低热负荷需求；同时减少供热各环节的能源损失，"节约下的能源是最清洁的能源"。

（2）充分挖掘热电联产供热潜力，尽可能多地对电厂余热进行回收，提高供给侧热电比，减少供热导致的直接污染物排放。避免新建燃气热电联产对城市进行供热，因为其热电比较低，供应相同热量产生的直接污染物排放强度高。对于已有燃气热电厂，应改为电力调峰模式，同时挖掘烟气余热潜力供热，提高热电比。

（3）对于燃煤热电联产供热潜力不足的城市，可以考虑跨区域的长途输热。例如已完成的太原古交长距离输热工程，利用距离太原市约 40km 的古交兴能电厂向太原市供热，供热面积可达 8000 万 m^2，能有效降低太原市的污染。从污染物排放治理角度看，长途输热是非常有效的措施。

（4）由于大气具有流动性，污染物可以从一个城市扩散到另一个城市；因而对大气污染的治理，区域城市间应协同合力、做到联防联控。分析发现北京的雾霾污染与天津、廊坊、唐山等地具有较强的相关性，因而把相邻城市高污染方式导致的排放量降下来起到的改善作用要比治理北京一些低排放污染源更为有效。

（5）重点治理农村散煤燃烧导致的污染物排放，尤其是一次细颗粒物排放。对"2+26"城市群供热导致的污染物排放分析发现，农村供热产生的一次细颗粒物是目前很多城市的主要污染物。

（6）分析发现氮氧化物对雾霾与产生具有很强的相关性，因而控制氮氧化物的排放量是改善大气质量的可行措施。在农村供热领域，煤改生物质可以明显降低一次细颗粒物的排放，但户用生物质锅炉对氮氧化物的排放起到的改善作用较弱；如何减少户用生物质锅炉的氮氧化物排放值得进一步思考。

本章参考文献

[1]　江亿，唐孝炎，倪维斗，王静贻，胡姗. 北京 PM2.5 与冬季采暖热源的关系及治理措施[J]. 中国能源，2014，36(01)：7-13+28.

[2]　汪毅，黄静，朱杰，汪永祥. 用煤发热量推导烟气量公式在火电工程的应用[J]. 电力勘测设计，2017(02)：33-37+61.

[3]　中国环境科学研究院. 火电厂大气污染物排放标准 GB 13223—2011[S]. 北京：中国环境科学出版社，2011.

[4]　《北方地区冬季清洁取暖规划(2017—2021 年)》.

[5]　天津市环境保护科学研究院. 锅炉大气污染物排放标准. GB 13271—2014[S]. 北京：中国环境科学出版社，2014.

[6]　同济大学，重庆大学，哈尔滨工业大学 等. 燃气燃烧与应用[M]. 第 4 版. 北京：中国建筑工业出版社，2011.

[7]　北京市地方标准. 固定式内燃机大气污染物排放标准. DB 11/1056—2013.

[8]　北京市地方标准. 北京市锅炉大气污染物排放标准. DB 11—139—2015.

[9]　天津市地方标准. 天津市锅炉大气污染物排放标准. DB 12—151—2016.

[10]　柴发合. 区域联防联控是大气污染治理的必由之路. 光明日报，2014 年 9 月 25 日第 011 版.

[11]　南方周末. 雾霾袭京的通道：这里督查多、"待遇"高、任务重，2017 年 1 月 12 日. http://www.infzm.com/content/122275.

[12]　搜狐财经. 京津冀及周边治霾再发力：传输通道城市拟增至 28 个，2017 年 6 月 15 日. http://www.sohu.com/a/149193050_807219.

第7章 北方城镇供暖发展模式思辨

7.1 对北方城镇供暖现状和目标的思考

《中国建筑节能年度发展研究报告 2015》对于北方城镇供暖节能理念与发展模式思辨的论述中，讨论了供热与环境问题，在供热行业率先发起从环境问题出发，系统地讨论供热模式的创新。随之 2016 年末，中央财经小组专门研究清洁取暖问题，进而全国全面启动了清洁供暖。大气污染问题加速了北方城镇供热的变革。转眼 4 年过去了，城镇供热存在哪些问题、发生了哪些变化，需要总结，以下讨论未来城镇供热模式又会有什么新的发展趋势，清洁供热发展的目标又是什么。

7.1.1 对供热现状和问题的思考

传统的清洁供热思路在践行过程中出现了一系列突出问题，主要体现在：

（1）"煤改气"问题尤为突出，表现为供气难以保障、成本昂贵和效率低下等。2017～2018 年供暖季，全国范围内天然气短缺导致供热安全出现严重问题，同时出现供热成本高昂等经济问题，造成许多新上马的燃气热电厂无法运行，国家对燃气电厂项目暂时叫停。对于天然气供热而言，能源利用效率低下的燃气锅炉已经成为主要方式，但这种高能低用的供热方式应不应该全面推广，天然气究竟该如何供热？值得深思。

（2）小燃煤锅炉拆除又建大燃煤锅炉，或改成煤粉炉、水煤浆等新型锅炉，虽然排放有所降低，但本质没有脱胎换骨的改变，这是最终追求的目标吗？锅炉供热本身就是高能低用，浪费能源，为何有机会选择供热方式了，不进行彻底的改革，还要坚持这种能效低下的方式呢？在城市中新建燃煤热电厂甚至背压机似乎是值得鼓励的高效供热方式，但存在两个必须回答的问题：一是在实现超低排放后还该不该在城市大量烧煤；二是如何解决大量新上燃煤热电厂加剧了目前火电装机容量过剩的问题。燃煤供热到底该走向何方？

（3）作为主流供热方式的热电联产，也正面临着诸多问题，主要体现在：1）热电厂仍然普遍存在大量的供热潜力尚待挖掘，汽轮机排汽和锅炉烟气的余热占现有供热量的30％以上，没有得到合理利用；2）虽然很多热电厂在做乏汽余热利用，但没有充分考虑与热网的结合，只简单地对汽轮机做改造，回收余热付出的能耗代价高，没有达到应有效果；3）在当前电厂装机相对过剩、发电小时数减小以及各地压减燃煤的背景下，发展新建热电联产出现困境；4）"以热定电"运行模式改变的挑战。由于来自电力过剩和电力调峰的压力，北方地区热电厂普遍在供热期压负荷运行，并开始接受灵活性改造，加剧了一些地区热源紧张。而热电厂灵活性改造普遍采用主蒸汽旁通或电锅炉方式也造成能源极大浪费。在可再生能源发电迅猛发展，火力发电在建设和运行方式上处于让路地位的形势下，处于火力发电厂重要地位的热电联产该如何定位？

（4）"煤改电"的困境。电锅炉等方式的电直热供热最浪费能源，不宜大量推广。近年来以消纳风电为目的，蓄热方式的电锅炉应用较多，虽然可以消纳低谷电，但毕竟效率低下，不可持续，不应该全面推广。电热泵效率较高，多数情况下比锅炉供热更加节能，因而出现了大量电动热泵供热，比如地源热泵、水源热泵等，规模已达数亿平方米。然而受到低温热源资源条件和成本限制，虽然国家出台诸多支持政策，社会关注和重视程度极高，但电热泵目前规模仍然相对较小，受上述条件的限制，难以成为主流供热方式。如何突破低温热源的上述限制，是制约电动热泵方式高效供热的关键。

（5）国家十部委制定了清洁取暖规划实施方案，重点就大气污染严重的北方2+26城市制定了三年行动方案，并给予巨大的财政支持。然而，很多列入重点支持计划的城市的清洁取暖方案由于简单地采取"煤改气"、"煤改电"，出现气源短缺、成本高昂等问题而难以推广应用，清洁取暖实施中开始显露出被动和尴尬的局面。

这几年来，各地城镇供热不断涌现出新的供热方式，主要包括：

（1）大温差长输供热开始投入使用，大规模利用电厂乏汽余热的供热模式已全面启动。首个大温差长输供热工程——太古长输供热工程，于2016年开始供热，这标志着大规模利用电厂余热的清洁高效供热模式的实践开端。该项目将40km以外的古交电厂余热通过长输热网引入太原，解决 8000 万 m² 的供热需求，创造了单个工程从供热规模、输送距离、克服高差、输送温差、供热能耗等多项世界纪录。2018 年，银川市"东热西送"工程竣工投运，成为太原之后又一个投入使用的大温差长输供热项目，将解决银川 4000 万 m² 规模的供热。此外，石家庄大温差长输供热项目也已供热，完成阶段性运行，下一步将实现大温差。济南大温差长输供热工程已完成设计，也将很快开工建设。目前已实施大温差长途输热的供热规模超过 1 亿 m²，规划实施的供热规模超过 10 亿 m²。

（2）烟气余热供热开始推广应用。随着"煤改气"，天然气供热面积的增多，天然气烟气余热深度利用得到全面推广，尤其是北京、乌鲁木齐、兰州等城市燃气锅炉的烟气余热深度回收供热方式得到大量应用，北京更是全面启动燃气热电厂烟气余热回收计划，将在三年内实现天然气烟气余热供热 3000 万 m²。同时，2015年首个燃煤烟气余热深度回收及减排一体化工程在济南北郊热电厂得到应用，并在山东、天津、甘肃、黑龙江等地推广应用，拉开了燃煤锅炉利用烟气余热进行清洁供热的序幕，对未来其他工业余热全面应用起到引领作用。

（3）利用工业生产过程排出的低品位余热供热在各地也有较大的发展，例如，目前在唐山迁西、内蒙古赤峰都有成功的工业余热供暖示范工程，每个工程供暖建筑面积都超过 300 万 m²。国家发展改革委、财政部等有关部门也出台政策支持工业余热供暖工程，在一定程度上推动了这种高效清洁供热方式的应用。

（4）中深层地热供热的兴起，为清洁供热注入新鲜血液。近两年在西安等地出现利用地下 2000m 以下的中深层地热与热泵结合的技术，通过地下直接换热不需要提取热水，获得 20～30℃ 的热量，再通过热泵进一步提温，供热效果和经济性方面优势突出，已经有数百万平方米应用规模，未来有望成为城镇清洁供热方式的有效补充。

为了消除雾霾，国家及地方政府和相关部门出台清洁取暖的规划和政策以加快实施这一举措。诸多企业也纷纷从事清洁取暖的项目、产品等经营。关于清洁取暖的研讨会紧锣密鼓地召开，很多专家给出了观点和看法，众说纷纭。那么，在保证安全和经济的前提下，该如何实现清洁、低碳和高效？宜电则电、宜气则气、宜热则热、宜煤则煤……关键这个"宜"在我国北方城镇供热中该如何做？要认清这一问题，首先要明确北方城镇供暖的目标。

7.1.2　北方城镇供暖的目标

我国城镇供暖的主要矛盾发生变化，随着我国城镇化的飞速进展，北方城镇建筑冬季供暖也有了显著改善。城镇供暖的主要问题已经从 20 年前的室温低、高投诉、热费上缴率低等民生问题转变成为目前的室内过热、高能耗和降低污染物排放等面向生态文明发展的新诉求。由此，清洁取暖的主要目标是：

（1）全面满足北方地区城乡建筑冬季供暖的要求，满足人民对美好生活的追求；

（2）大幅度降低冬季供暖导致的 PM2.5 相关污染物的排放，改善北方冬季雾霾现象；

（3）降低北方地区由于冬季城乡供暖导致的化石能源消耗总量和碳排放总量。

除了以上供暖目标外，从整个城市能源高度看，由于热电联产是目前城市供热的主力热源，供热不可避免地与电力紧密联系在一起。随着我国产业结构的深度调整，工业用电在电力消费总量中的比例逐年降低，用电负荷侧的峰谷变化和不可调控性日益严重；而随着我国风电、光电的飞速发展，不确定性可再生电源在电源总量中的比例逐渐加大。这两个因素叠加，就使得由于北方电网缺少足够的灵活电源而出现大量的弃风、弃光现象。2015 年我国平均弃风率已达 20%，其中甘肃、新疆、吉林等地区弃风率超过 30%。这些弃风现象都集中发生在冬季，与供热期间大量燃煤电厂转为热电联产运行方式，丧失了对电力的调峰能力密切相关。

既然弃风、弃光现象与冬季供热相关，在清洁取暖中同时解决电力调度问题，实现热电协同，优化电、热、燃气构成的能源系统的运行，也成为清洁取暖工程中的又一目标。

7.2　北方城镇供热的技术路线

《中国建筑节能年度发展研究报告 2015》对我国北方地区城镇供热技术路线有系统地阐述，通过近几年研究和实践进展以及形势的发展，对城镇供热发展路线又增添了新的认识。

7.2.1 各类可供选择的供热方式

目前在北方地区城镇供热中，有如下的成熟方式可供选择：

1. 热电联产

热电联产是北方地区最主要的集中供热热源。采用㶲分摊法计算的供热煤耗，300MW 以上机组采用传统的抽凝式供热，机组的供热煤耗约为 20kgce/GJ。根据热电变动法，把电厂输出的热量与减少的发电量之比定义为等效 COP，则标准的抽凝式热电联产无论燃煤电厂还是燃气蒸气联合循环的燃气电厂，其 COP 一般都可以达到 5。近年来提出的"吸收式循环"新流程（2012 年获得国家发明二等奖），并在热力站实施大温差改造降低一次网回水温度，可实现电厂乏汽余热全回收。进一步回收燃煤锅炉烟气余热后，燃煤电厂的㶲分摊供热煤耗可降低至约 16kgce/GJ，等效 COP 可达到 7 以上，总的热效率达到 90% 以上。燃气蒸气联合循环的热电联产的等效 COP 同样也可以达到 7 以上，总的热效率超过 85%，当采用多种烟气潜热深度回收技术时，其总的热效率按照低位热值计算，还可以再提高 10~15个百分点。一些城市附近还有垃圾焚烧电厂，利用其排放的余热供热，也是一种热电联产方式，但产热量不大，只能作为补充热源。目前其他供热方式都很难达到热电联产这样高的效率。

2. 地源热泵

在地下埋管，通过埋管中的循环水与地下砂石黏土换热，提取地层中的热量，再通过热泵提升热量的品位，以满足建筑供热需求。对于埋深为 100m 左右的地下埋管，换热后的循环水一般在 10~15℃之间，热泵的电—热转换效率为 3~4。近年来我国西北地区研发成功 2000~3000m 深的地下埋管热泵系统，循环水出水温度可以达到 20~30℃，从而其电—热转换效率 COP 可达到 5。这一方式打井等方面投资大，也受地下地质和地热资源分布条件的限制，只能作为一些适宜地区城市供热的补充。

3. 空气源热泵

从室外空气中获取热量，再通过热泵提高其热量品位，以满足建筑供暖需求。当室外空气温度在 0℃ 左右时，这种方式可以实现的电—热转换效率 COP 可达到 3。近年来我国在此供暖方式的技术进步迅速，通过新的压缩机技术、变频技术和新的系统形式，已经把空气源热泵的适用范围扩展到−20℃的低温环境。在−20℃下几种空气源热泵的 COP 已经可以达到2，制热量也可达到标称工况的70％以上。中国的空气源热泵技术目前处于国际领先地位。由于这种方式很少受条件限制，使得空气源热泵在绝大多数地区都可以作为高效的电—热转换方式，为建筑提供供暖热量。供热方式应该有地域之差别，冬季气温越高，空气源热泵效率越高，也就越适合这一方式，所以在长江流域地区是最适宜的建筑供暖热源。

4. 水源热泵

利用热泵从包括江河湖海的地表水以及城市污水或中水等资源中提取热量并升温供热的方式。在一些城市，尤其是长江流域，有一些应用江河水热泵的项目，北方地区的城市也有利用污水源热泵供热的项目。虽然相对于空气源，这些水源的温度在严寒期较高，容易提取，但受热量输送的制约，同时也在很多情况下受热资源总量的限制，加之系统投资和热泵 COP 与其他供热方式并不具备优势，尤其是在北方地区，不具备大规模应用的条件。应因地制宜，根据城市现有资源状况，进行深入论证确定合理水源热泵供热方案。盲目上马会导致供热安全保障和经济性问题。例如，今年河北某县就因利用河水源热泵为县城 200 万 m^2 建筑供热而出现严重缺热问题。

5. 低品位余热

除了高效的电—热转换方式外，工业生产过程排出的低品位余热，也是清洁供暖的重要热源。我国目前钢铁、有色、化工、炼油、建材五大高能耗产业在北方冬季排放的热量足以承担北方城镇一半以上建筑冬季供暖的需求。如果仅利用其70％，也可以每年节约供暖用能 1 亿 tce。目前在唐山迁西、内蒙古赤峰都有成功的工业余热供暖示范工程，每个工程供暖建筑面积都超过 300 万 m^2。在余热利用时应充分考虑工业生产与余热利用的协同问题，坚持"以产定热"的原则，并与城市其他热源相互支撑。

6. 生物质

利用生物质能直接燃烧的生物质锅炉或者热电联产供热，或制取生物质制气作为燃料供热，也是当前清洁供热的一个热点。在生物质资源丰富的内蒙古、东北等地区也有一些成功案例。虽然生物质作为可再生能源，从能源利用的角度应该大力推广应用，但从环保角度上，其作为取暖热源仍然存在着燃烧后的烟气污染排放，在城市内作为集中供热的热源，面临与燃煤热源类似的污染问题。生物质锅炉或热电厂能否在北方城镇供热中全面推广，需要从生物质利用和清洁供暖的整体路线统筹考虑。在一些周边缺少诸如火力发电厂和工业余热作为热源而城镇相对比较分散的地区，比如内蒙古、黑龙江等地，生物质集中供热可以经过合理地规划得到发展。

7. 各类锅炉

无论是燃煤还是天然气，锅炉房供热仍然是目前我国北方城镇供热的一个主要方式。然而，由于这一供热方式是典型的高能低用，在综合考虑能源品味和数量后可以得到，其供热能耗是热电联产供热的两倍以上，也高于一般的电热泵方式。同时，从环保上看也存在着烟气污染物直接排放问题。因此，锅炉房供热方式也不宜作为北方城镇首选的供热方式。当然，电锅炉就更加是高能低用，即便是蓄热方式的电锅炉，也不应提倡推广。国家有关文件指出，在热电厂能够覆盖到的地方不允许建设燃煤锅炉房热源，就是体现了这一原则。问题是什么是热电厂可以覆盖到的地方，应该从经济性上加以界定。如果以天然气锅炉或者电动热泵等清洁供热方式作为参照来比较，即便超过 100km 供热半径，热电厂供热也具有竞争优势。一个城市是否需要新上锅炉房供热，应根据以上原则对具体供热方案进行充分慎重论证。只有在以热电联产作为主力热源的热网从经济上无法覆盖到的区域，才具备新建独立锅炉房的必要条件。锅炉房在城市供热中合理的作用是根据热化系数的要求，在热网中作为热电厂的调峰热源。至于分散的燃气锅炉，包括壁挂炉等，由于节省了热网投资以及建设环节，相比集中锅炉房更具经济优势，也避免热网散热及失调造成的热损失，适宜于在热网敷设困难的地方作为一个比集中大锅炉房更为合理的供热方式选择。

8. 其他清洁供热方式

除了上述供热方式外，还有其他一些应用很少甚至尚未得到实践的清洁供暖方式，但当前却是大家讨论的热点。例如，太阳能供热、风电供热以及核电供热等方式。太阳能供热虽然在北方一些农村地区有一些实践，但由于成本、光照和安装空间等条件限制，一直没有发展起来，特别是在负荷密度大的城市，在建筑物安装太阳能板这种传统的太阳能取暖方式更加没有生存空间。实际上，太阳能利用近年来已有了飞速发展，特别是太阳能光伏发电方面取得了质的飞跃。随着技术的进步，包括光伏发电的余热回收，甚至光热发电的余热利用等，太阳能热电联产的应用在未来可能有一定的空间。风电方面，目前主要集中于利用电锅炉＋蓄热方式来消纳弃风电，但由于能效低下原因，不会是未来的发展方向。

供热领域是可以消纳风电的，但应依靠热泵方式，包括农村空气源热泵、水源热泵以及热泵与区域供热相结合模式等。核能供热最近是一个热点，但由于人们的恐核心理，全面让百姓在城市接受核供热或许要有个过程。同时，核供热未来发展的技术路线究竟是低温核供热还是核能热电联产，有待深入讨论。近期可以实现的核供热应用或许是利用现有核电厂的余热向周边城市供热，即核能热电联产方式。

上述诸多供热方式，究竟在北方城市供热中如何适用，需要更加清晰的认识，下面一节具体展开论述。

7.2.2　利用现有电厂与其他工业余热是北方城镇清洁供热发展的首选

首先，全面满足北方地区城乡建筑冬季供暖的需求，满足人民对美好生活的追求，就是既要保障供热的安全和质量，又要让老百姓在经济上能够承受得起，使供热"物美价廉"。供热技术路线的选择必须与我国能源状况相结合。虽然可再生能源发展迅猛，我国能源结构仍是以煤炭为主，一次能源的主体在未来相当长的时间内仍然是以煤为主的化石能源。而燃煤主要用于发电。符合超低排放环保要求的大型燃煤火力发电厂大部分集中于有供暖需求的北方地区，发电装机容量超过7亿kW。回收利用这些电厂所排放掉的余热，并输送至城市中用于取暖，可以实现供热面积超过200亿 m^2，而目前我国城镇面积约为140亿 m^2，因此从供需平衡上看，这些电厂余热完全能够满足未来我国北方城镇供热需求。此外，钢铁、化工等其他工业也有大量余热排放，也能够解决北方地区城镇供热面积约50亿 m^2。以热电联产和工业余热为主体热源的问题是热量虽然很多，且相对比较集中，但离城市往往较远。如何高效回收这些余热、如何将这些热量低成本输送到城市，成为余热作为供暖热源的关键问题。随着技术的进步，利用这些余热供热可以在输送200km后从经济上比天然气供热还有优势。如果这样，绝大部分城市供热负荷都可以利用电厂和工业余热承担。如图7-1所示，这种供热方式具有明显的经济优势，其平均供热成本仅有天然气的一半，也低于一般的电动热泵和电锅炉。同时，热量供应充足，能够保障供热效果和安全。因而是真正"物美价廉"的供热方式。

与上述情况相反的是，我国天然气资源相对匮乏，冬季经常出现因气源短缺而供热安全亮红灯现象，供热质量难以保障。同时，天然气价格昂贵，导致供热成本显著偏高。因而当前燃气锅炉和燃气热电厂方式的"煤改气"难以满足清洁供热的这一要求。电锅炉、电热泵等各类"煤改电"同样也存在成本高以及供暖质量保障问题。

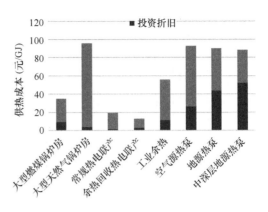

图 7-1　各供热方式供热成本比较

注：热电联产投资仅为热电厂供热改造部分。

其次，在实现降低冬季供暖燃烧污染物排放，改善北方冬季雾霾现象这一目标上，回收利用电厂和工业余热不会新增污染排放，即便按照供热能耗折算，由于能耗现在低于其他供热方式，在减排方面这一供热方式也具有明显优势，如图 7-2 所示。

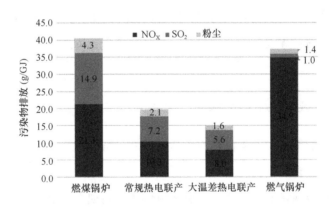

图 7-2　各供热方式单位供热量产生的污染物排放

再次，至于化石能源消耗总量和碳排放总量这一目标，则是以供热能效为体现。综观所有适用于城市的供热方式中，即便考虑到天然气本身含碳量低这一因素，利用电厂和其他工业余热供热的能源利用效率显著高于其他方式，能耗量和碳排放量都最低。如图 7-3 所示，从能源利用效率看，这种方式的供热煤耗仅为 15～20kgce/GJ。远低于燃煤锅炉的供热煤耗 40kgce/GJ。电热泵的供热煤耗按所消耗电量乘以全国平均发电煤耗 310gce/GJ 计算，则水源热泵、地源热泵和空气源热泵

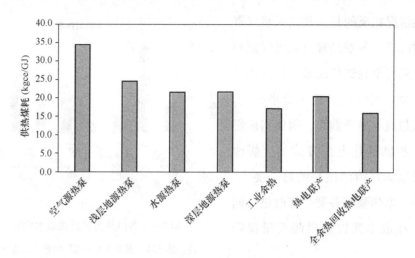

图 7-3　各供热方式的供热煤耗

的供热煤耗为 $22\sim34$kgce/GJ，也高于电厂余热供热方式。利用电厂余热的供热方式实质上也是"热电联产"，但相对于传统热电联产效率更高，因为它回收的余热来自相对于汽轮机抽汽压力更低的乏汽。

因此，无论从经济、能源利用效率还是环境排放上，利用热电联产和工业余热供热方式比传统的"煤改电"、"煤改气"都具有优势，因而应该是我国城镇清洁供热的首选供热方式。

7.2.3　北方城镇清洁供热方式规划思路

以我国北方地区城镇未来供热面积达到 200 亿 m^2 的发展规模考虑，各种清洁供热方式的规划思路如下：

（1）回收利用现状电厂和其他工业余热供热，在现有热电联产的基础上实现供热 140 亿 m^2。城镇清洁供热并不是全面推广"煤改气"、"煤改电"，利用现有电厂和其他工业余热供热应作为北方大部分地区的主要供热方式。针对这种供热方式，有两种情况需要说明：一是对现状热电厂进一步余热挖潜，绝大多数城市现状大型热电厂仍然存在大量余热尚未得到利用，包括汽轮机乏汽余热以及锅炉烟气余热，一般会占当前供热量的 $30\%\sim50\%$，潜力巨大，这一余热利用成本非常低，是需要优先挖掘的；二是距离城市较远的余热资源，包括发电厂和工业余热，经过技术手段高效回收后，再通过长输热网输送至城市，采用清华大学研发的大温差余热供热技术，即便输送距离 200km，供热成本也低于天然气锅炉供热，因而为绝大多数余热资源的经济利用创造了条件。根据余热资源总量现状及分布情况，在现有大型热电联产热源的基础上，充分回收利用现状电厂及其他工业余热，承担北方城镇 140 亿 m^2 的建筑供热，其中热电联产及余热承担 120 亿 m^2，其他工业余热承担 20 亿 m^2。需要指出的是，回收利用电厂余热也是热电联产供热的一种方式，无论常规抽汽供热方式的热电联产还是高效回收电厂余热，实质上都是热电联产，只不过采用热源和热网一体化考虑后的电厂回收余热，其供热能耗要显著低于常规热电联产方式。

（2）在余热距离城镇偏远的地区，周边也没有其他供热资源，包括内蒙古、东三省、新疆等地区的部分城市，新建诸如生物质、清洁燃煤、燃气、城市垃圾等热电联产热源，这种供热方式发展约 20 亿 m^2。

（3）在热网难以覆盖的少数地区，共计 40 亿 m^2 建筑，可考虑分散清洁供热方式，包括：

1）各类热泵，供热规模 20 亿 m^2，其中包括：拥有中深层地热资源的地区可采用中深层地源热泵，以及具备冬夏热平衡条件的浅层地源热泵等，这种地源热泵的供热面积规模可发展约 10 亿 m^2；城市污（中）水源热泵和江河湖海等地表水，发展 2 亿 m^2；一些建筑，尤其南方气温相对较高地区的建筑取暖，考虑采用空气源热泵，规模为 8 亿 m^2。

2）小型燃气供热方式，包括燃气锅炉、燃气壁挂炉等，承担其余 20 亿 m^2 城镇供热面积。

按照以上供热模式，通过进一步大力发展一些城市的城市热网，我国北方城镇 80％以上的民用建筑都完全有条件依靠城市热网实现高效可靠供热。对于无条件接入城市热网的 20％建筑，可以通过地源热泵、水源热泵、空气源热泵以及分散的燃气供暖等方式解决采暖问题。

根据以上原则，规划北方各省市自治区以上不同供热方式的占比，如图 7-4 所示。

如果充分实现了建筑保温标准，并有效抑制了过量供热现象，则平均年需热量可降低到 0.25GJ/m^2。供暖季总需热量为 50 亿 GJ。其中，燃煤电厂余热供热量 29 亿 GJ；工业余热供热量 5 亿 GJ；调峰热源供热量 3 亿 GJ；燃气热电联产供热量 1 亿 GJ；生物质能供热量 2 亿 GJ；地源热泵、水源热泵和空气源热泵供热量 5

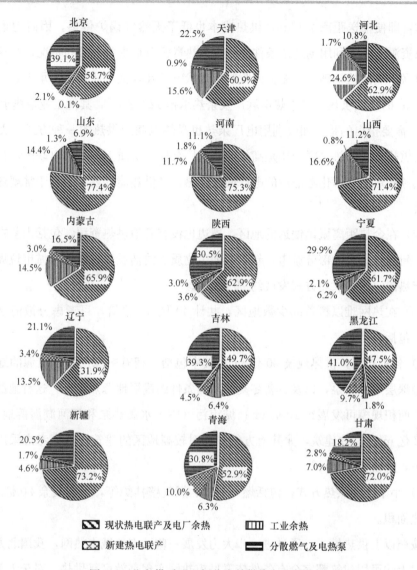

图 7-4　北方供暖地区部分省份供热方式构成图

亿 GJ，小型燃气供热方式供热量 5 亿 GJ。回收电厂余热影响的电厂发电量和回收
工业余热所需的电量约 1100 亿 kWh；热量输送所需的水泵电耗约 400 亿 kWh；各
类电热泵耗电量约 800 亿 kWh；燃气调峰锅炉耗气量约 110 亿 m³；燃气锅炉及燃
气壁挂炉耗气量约 200 亿 m³。以上折合总供热能耗约 1 亿 tce。供热系统平均煤耗
约 5kgce/m²，仅为目前北方地区供暖能耗的 1/3。规划方案燃气热电厂供暖季总
耗气量 80 亿 m³，加上调峰用燃气锅炉和燃气壁挂炉消耗的燃气，供暖季共需要消

耗燃气 390 亿 m³。

若按照目前北方地区平均供热煤耗 15kgce/m² 计算，200 亿 m² 供热需要 3 亿 tce。因此，按规划方案全面实施后每年供热将节能 2 亿 tce。实现这样的目标需要增加的投资大约在 8400 亿元，增加的投资将在 6～8 年内全部回收。

2017 年，十部委共同发布了《北方地区冬季清洁取暖规划（2017－2021）》。以此为依据，设置如下各供热方式承担面积比例的参考方案。按照 200 亿 m² 供热规模，燃煤热电厂供热 61 亿 m²，燃煤锅炉供热 23 亿 m²。燃气热电联产供热 15 亿 m²，燃气锅炉和燃气壁挂炉供热 46 亿 m²。电直热供热 12 亿 m²，空气源电热泵供热 8 亿 m²，地源热泵供热 11 亿 m²。工业余热供热 2 亿 m²，生物质能清洁供热 21 亿 m²，以及太阳能供热 1 亿 m²。参考方案热电厂供热影响的发电量和回收工业余热所需的电量约 1200 亿 kWh；热网输送水泵电耗约 400 亿 kWh；各类电热泵耗电量约 2300 亿 kWh；燃气锅炉及燃气壁挂炉耗气量约 460 亿 m³；燃煤锅炉耗煤量约 2300 万 tce。以上折合总供热能耗约 1.9 亿 tce。本文提出的规划方案与参考方案相比，供热能耗降低约 9400 万 tce，节能约 50%。此外，参考方案燃气热电厂供暖季耗气量 300 亿 m³，加上燃气锅炉和燃气壁挂炉消耗的燃气，供暖季共需要消耗燃气 760 亿 m³。规划方案相比参考方案减少燃煤 2300 万 tce，减少天然气消耗 370 亿 m³，减少电力消耗 1550 亿 kWh。

规划方案与参考方案的污染物排放如图 7-5 所示。规划方案将原有火电改造为

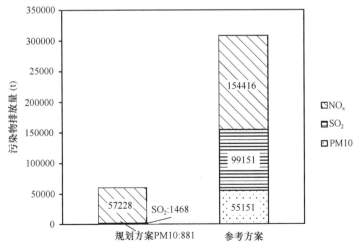

图 7-5　规划方案与参考方案污染物排放对比

热电厂并回收其余热供热。改造前后,电厂的燃煤量没有增加。因此,改造纯凝火电厂供热不增加污染物排放。规划方案的污染排放主要来自于燃气锅炉以及生物质燃料的燃烧。规划方案的污染物总排放量约为 60000t,总污染物排放量仅为参考方案的 20%。

规划方案与参考方案的投资比较如表 7-1 所示。参考方案需要新建燃气热电厂及更多燃气壁挂炉,规划方案则需要建设一定数量的燃气锅炉为热电联产和工业余热调峰。此外,蓄热式电直热设备为了满足一天内的供热量需求,所需设备功率大于最大热负荷,且蓄热装置的投资也非常高。最终,规划方案总投资与参考方案相当。

规划方案与参考方案的改造投资费用对比 　　　　表 7-1

	规划方案投资 (亿元)	参考方案投资 (亿元)
燃气热电联产	0	2719
燃气锅炉	642	170
壁挂炉	232	1595
燃煤热电联产	1441	524
长途输热	2883	0
大温差改造	1081	0
热电协同改造	1802	0
工业余热	875	126
生物质	167	618
地源热泵	815	1147
水源热泵	589	0
空气源热泵	934	918
蓄热式电直热	0	3671
合计	11460	11508

表 7-2 为两个方案的供暖季运行费用对比。其中,各能源价格如下:燃煤 700 元/tce,燃气 3 元/m³,热泵耗电 0.5 元/kWh,影响电厂发电 0.38 元/kWh。规划方案回收电厂和工业余热作为主要供热方式,供热成本远低于参考方案燃气、燃煤和热泵的供热成本。

规划方案与参考方案供暖季运行费用对比　　表7-2

	规划方案（亿元）	参考方案（亿元）
燃煤成本	0	162
燃气成本	827	1388
热泵耗电	1007	1790
回收电厂余热影响发电	386	0
合计	2221	3339

规划方案将北方地区大量的纯凝火电改造为热电联产，并深度回收利用电厂余热供热。规划方案与参考方案相比，大幅降低了供热能耗，减少了天然气消耗，同时也减少了污染物排放。并且规划方案的投资和运行费用均低于参考方案，具有更好的经济性。规划方案取消燃煤锅炉房独立供热，这对于处于经济发展水平较高而节能减排压力巨大的大国而言，具有重大意义。

7.2.4　以大能源的视角看清洁供热的热、电、气协同

供热是能源领域的一个组成部分，研究供热问题，应该从整体能源的高度分析，才能获得更加完整客观的解决方案。电力作为主要二次能源，已成为能源的主力军，随着可再生能源发电的迅速发展，化石能源发电即火力发电必将转变角色，成为可再生能源发电的调峰电源。但是，我国火力发电厂多集中于北方地区，而这些电厂超过一半是热电联产电厂（热电厂），通常以传统的"以热定电"模式运行。这就与上述火力发电厂电力调峰模式的定位发生了矛盾。为此，热电联产模式需要改变，由原来的"以热定电"转变为"以电定热"，或者作为电力调峰的热电联产。清华大学提出了一种利用热泵回收余热与蓄热相结合的电力调峰模式，称之为"热电协同"模式，同时实现高效供热与电力调峰，该技术在本书第8章详细介绍。

大型集中供热系统在经济性上的特点是投资大而运行费用低，需要与投资相对较小而运行成本高的热源配合，由这种热源作为集中供热的调峰。如果燃煤锅炉在城市不允许使用的话，那么天然气锅炉就适合承担这一调峰作用。天然气锅炉独立用于供热，能源利用效率低且昂贵，但适合作为集中供热系统的调峰热源。但燃气作为供热的调峰，天然气在冬季用量出现峰值的问题会更加突出，解决这一问题的途径是季节性储气，天然气比热和电更加容易储存，储气带来天然气使用成本增加

计入供热整体经济性中，从而确定合理的天然气调峰热源的比例。

这样，利用工业余热的清洁供热形成了热、电、气协同模式（见图 7-6）。电能无法直接储存，通常做法是将电能转化为其他形式的能源，比如化学能、势能、机械能等，然后这些能再转化为电能，这样能源蓄放效率很低，成本昂贵，难以推广应用。利用热量在日间易储存的特点，在电厂侧设置蓄热罐，使热电厂灵活地承担电力调峰作用。热电厂灵活性改造已经在一些地区开始实施，主要方式有两种，即在电力负荷低谷期通过蒸汽旁通减温减压或者通过电锅炉直接将发电转变成热，虽然这种改造简单，投资小，但这种电直热方式能源利用效率太低，不应该全面推广。采用上述热电联产的"热电协同"模式，可以高效解决热电厂热电解耦问题，但投资相对较大，需要有关政策配套才具备推广条件。在用户侧也可以设置蓄热装置，通过热泵消纳谷电转换成热能并加以蓄存，平衡电力消费的峰谷差，使供热为电力调峰；利用天然气季节性易储存的特点，通过地下储气库或者液化天然气等形式将非供暖季的天然气储存起来，在严寒期作为供热尖峰热源投入使用，使天然气锅炉为供热调峰，从而提高供热系统的经济性。在大能源格局下，供热系统不仅能够高效、清洁和经济地满足城镇供暖需求，而且促使城市供热大幅度为电力调峰，进而实现可再生能源电力的高效消纳。

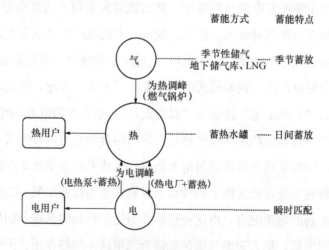

图 7-6　热电气协同的城市能源系统模式

此外，一些城市存在的热电供需之间的矛盾也需要解决。热电联产电厂输出的热力与电力之比往往都低于其所在区域需求侧最大的热负荷与电负荷之比，这就导致在严寒期热电联产热量不足而电力过剩，特别是夜间电力低谷期，供给侧和需求侧的热电比出现严重不匹配。正是由于这一原因，尽管热电联产是能源转换效率最高的方式，在很多制造业比例较低的消费型城市，由于冬季电力负荷相对较低（比如北京），还不能用热电联产方式为该城市提供全部供暖热量，必须辅助以其他的热源形式，以使供给侧和需求侧之间热电比匹配。为此需要在这些城市发展一定数量的电动热泵供热，从而增加需求侧的用电量，并减少对热电联产热源热量的需求。

为推动实现热电气协同的城市能源系统模式，使整体能源系统实现合理配置和运行，需要通过价格机制等措施和政策。对于天然气而言，考虑储气对天然气用气负荷改善带来的有利影响，推动季节性气价来降低储气成本。对于电力而言，应推动动态电价，体现出科学的低谷电价和高峰电价，促使电力调峰经济可行。

7.2.5 大温差长输供热管网的构建，为余热利用奠定基础

由于当地清洁热源短缺，利用大温差长输热网从外地引热已经成为北方地区诸多城市首选的主流供热方式。太原的太古长输供热工程自 2016 年正式供热以来，经济和社会效益显著，供热成本显著低于天然气，而供热能耗只有常规热电联产的 50%，其他很多城市也纷纷着手这种供热方式。

如何构建长输供热模式，起决定因素的是供热规模（长输热网管径）和热网回水温度，主要体现为：

（1）大规模输送热量是降低长输供热成本的条件。只有增加热网输送能力，降低输送成本，才会使远离城市的工业余热成为清洁供热的主要热源变为可行。提高管网输送能力的一个因素是热网的管径，管网输送成本随着供热管网管径的增大而降低。也就是说，管径越大，热网输送能力越强，单位热量的输送成本越低。图 7-7 为每 10km 长输管网的输热成本（元/GJ）随着热网管径增加的变化情况，可以看出管径为 1.6m 的单位输热成本仅为管径为 1m 的约一半。而热网管径大小是由供热规模决定

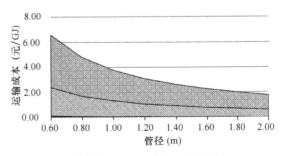

图 7-7 输送成本与管径关系曲线

的，这就需要大热源，例如大型火力发电厂和工业企业。同时也需要有大用户消纳这些热量，大型城市为主要用户，热网沿途也顺便为中小城市提供热源。

（2）加大热网供回水温差是提高热网输送能力的另一个途径。增加供水温度具有局限性，受管网耐温限制并造成热源能效下降和供热成本的升高。因此，热网供水温度并非越高越好，目前设计值取 130℃，而实际运行的温度一般都在 120℃以下。其原因一方面是从热网运行的安全性上考虑，过高温度会导致保温材料碳化，另一方面提高温度也往往受电厂抽汽参数的限制，抽汽压力设计值越高，供热影响发电越大，供热能耗和成本也就越高。大幅度降低热网回水温度是长输供热降低成本和能耗的必要手段，这样不仅可以通过拉大供回水温差提高热网输送能力，使热量输送的成本显著下降，还可以降低回收余热的成本、提高回收余热的效率。当然，大幅度降低热网回水温度也是要付出代价的。采取吸收式换热技术降低热网回水温度，需要在热力站增加吸收式换热机组，带来投资增加。但同时又会通过增加输热能力而减小热网投资。如图 7-8 所示，如果单纯地看吸收式换热机组对增加热网输送能力的作用，在经济性上存在最小热网输送距离，只有大于这一距离时，大温差技术才会显示出其经济上的优势。

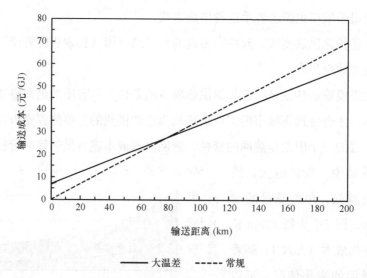

图 7-8　管径 DN1400 时大温差（100K）与常规温差（60K）长输热网输送成本曲线

（3）降低热网回水温度是降低热电厂供热能耗的关键。实际上，降低热网回水温度，还有一个更大的好处，就是能够大幅度降低电厂供热能耗和成本。随着热网回水温度的降低，电厂加热热网水的工艺将会发生显著变化。如果热网回水温度降低至20℃以下，可通过直接换热方式回收电厂和其他工业余热，对于电厂而言可以很大程度上避免大动作地改造和影响发电，使电厂供热能耗显著降低，如图7-9

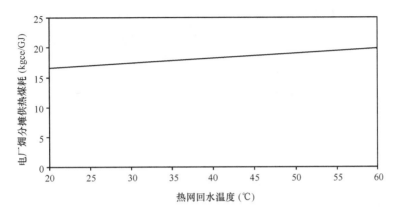

图7-9 电厂㶲分摊供热煤耗随回水温度变化曲线

所示，回水温度为20℃时电厂供热能耗相比于60℃降低了约20％，相应地，热网回水温度降低也使余热回收成本下降，由22.6元/GJ降低至15.7元/GJ。电厂降低的供热成本已经完全可以覆盖在热力站安装的大温差换热机组增加的成本。如图7-10所示，电厂供热成本与末端改造投资成本之和几乎不随热网回水温度变化。如果再考虑到热网回水温度降低导致热网输送成本减小这一因素，系统总供热成本就会随着热网回水温度的降低而明显下降，因而降低热网回水温度对于供热系统具

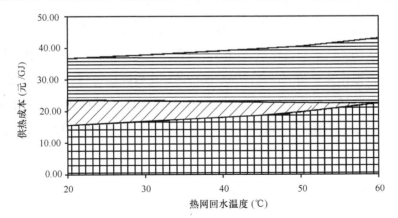

田 电厂供热成本　　☑ 末端改造投资成本　　目 供热距离50km时热网输送成本

图7-10 电厂出口供热成本随热网回水温度变化曲线

有明显经济优势。如图 7-11 所示，综合电厂、末端改造及输送这三部分供热成本，大温差的电厂成本与末端改造成本之和与常规温差相当，而随着供热距离的增加，大温差的输送成本远低于常规温差，大温差的经济性优势非常显著。需要指出的是，只有通过制定热价机制保障电厂和热网之间合理分摊热网回水降低带来的红利，才会使这样一个整体最优的大温差供热模式在经济上可行，关于这一点，本章后面小节将会详细讨论。

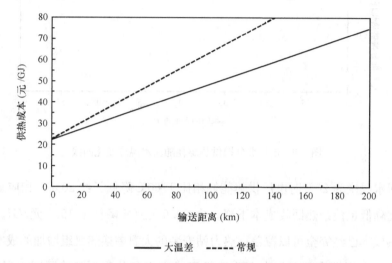

图 7-11　大温差（100K）与常规温差（60K）系统供热成本曲线

能否在电厂安装吸收式热泵取代在热力站安装吸收式换热机组呢？在电厂安装吸收式热泵虽然可以回收部分余热，但作为被加热对象的一次网，其回水温度较高，回收余热量受限制，仍然需要通过改造汽轮机使乏汽余热变为高品位蒸汽加以利用，回收余热的成本和能耗就会增加。而在热力站设置吸收式换热器，是利用一次网供水的高温作为驱动力，实现回水温度的"免费降低"。在电厂直接通过换热，将乏汽热量加热低温的热网回水。这样，不仅电厂回收余热的成本和能耗较低，而且热网输送成本由于热网温差拉大也降低了。因此应在热力站安装吸收机而不是在电厂安装。

7.2.6　降低热网回水温度的方法

1. 吸收式换热

大温差实现方法包括末端热力站采取吸收式换热机组替代传统换热器，以及采用其他降低回水温度的方式等。采用吸收式换热机组的大温差技术已经提出超过10 年了，并已经在超过 1 亿 m² 的热力站使用，技术成熟。很多资料都有介绍，在这里就不在叙述。

随着吸收式换热技术的应用推广，目前又提出了向大型化集中式和小型化楼宇式两个方向发展。

大型化集中降低回水温度称之为中继能源站，最早是 2013 年在太原的太古项目中提出的，其作用一是集中降低回水温度，二是热网隔压。这是考虑到进一步发挥集中调峰热源的作用，使其作为驱动力对长输管网深度降温。同时考虑受到空间限制，部分热力站不具备改造吸收式换热条件，无法实现总体回水温度降低到设计值时进行集中降温。石家庄供热系统的热力站空间特别小，当时就提出了以集中式能源站与热力站大温差改造相结合的技术路线。在随后的济南供热方案中，由于地下水位高的原因，现状城市热网供水温度要求不高于 100℃，因此也采取集中降温的技术路线。

大型化集中式降温模式由于便于建设实施，目前受到很多有望实施大温差技术的城市关注。就如同大型天然气锅炉在中国很多地方应用，而在国外很难找到大型燃气锅炉的应用一样。天然气适合于分布式供热，因为在城市里输送天然气要比输送热量更加合理。同样，降低热网回水温度也是分布式要比集中更为合理。因为分布式降温的二次侧热网水温度低，降低一次网回水温更加容易。而集中降温的吸收式换热器二次侧热网温度高，会导致一次侧回水降温困难。但是，对于燃煤调峰热源，由于调峰热源需要集中，采用集中式降温与调峰锅炉房结合的工艺，可以充分利用调峰热源产生的高温热量驱动吸收式换热器降低热网回水温度，这对于热力站难以改造吸收式换热的区域，是工程上方便选择的一条技术途径。如果调峰比例为30%，在 70% 负荷以下时，大型集中吸收式换热器也可以实现低回水温度，当负荷大于 70% 以后，启动调峰锅炉，同时为分散式和集中式区域调峰。如果分散和集中各占 50%，则最大负荷时集中区域调峰热源供 60%，热网供 40%，完全可以保证低回水温度。同时，分散式降温区域也可以通过热力站吸收式换热满足回水温度要求。这种方式可有效利用现有城市中的热电厂或大型锅炉房场地进行改造，适合于热力站难以改造的情况，而新增面积则坚持用热力站或楼宇式吸收式换热器。足够的供热面积采用分散式降温是较少的面积能够使用集中式降温的先决条件。随着技术的进步，吸收式换热机组对空间的适应性越来越高，目前绝大多数热力站都具备改造条件，中继能源站进一步降温的作用也随之减小。

设置楼宇式吸收式换热机组是更加科学和合理的技术路线，这就如同北欧普遍采取楼宇式换热站取代集中式换热站一样。楼宇吸收式换热站不仅解决供热的热量失调，还可以降低热网回水温度。根据各楼宇对热网水温需求的不同而加以充分利用，实现最大限度地降低热网回水温度，因此应该是未来供热发展的方向。楼宇式大温差模式的实施，首先需要改变供热行业对热力站规模的传统认识，行业和政府应共同努力，促进这种大温差模式的普及应用。

2. 供暖末端改造

通过增加围护结构保温或者加大末端供暖换热面积等方式，可以降低二次网供回水温度，进而实现一次网回水温度的降低。对建筑物实施围护结构保温改造，一方面可以减小供暖热负荷，降低建筑物热耗，另一方面也间接地增大了单位供热量的末端换热面积，从而降低二次热网水温，最终降低一次网回水温度。同时，鼓励采取地板供暖末端方式，使房间内供暖换热面积相比于普通暖气片大幅度增加，对热网水温要求也明显低于挂暖方式。

3. 直供网及隔压换热

间供网的热力站换热温差导致一次网回水温度升高，通常整体热网的热力站一、二次网之间的回水温差高于5℃。也就是说，如果将间供网改为直供网，一次网回水温度就能够降低至少5℃。很多人担心直供网运行管理的问题，例如不好管理住户末端失水，担心水压不稳定会影响供暖末端超压等。其实这些问题都可以通过提高管理水平和技术手段加以解决。当前很多城市采用了直供网，而且单热网规模也非常大。比如威海、吉林等城市，单个直供热网的供热规模都达到3000万m²，且运行正常。关于热网正常运行的超压和漏水问题，仅通过隔压换热来解决似乎越来越不能满足现代供热发展的要求了。热力站隔压换热使热网由一级网变为两级网，即间供网，不仅增加投资，而且提高了一次网的温度水平。随着热网规模扩大和输送距离增加，地势高差带来的水压变化也采取集中隔压换热解决，于是通过设置隔压站使热网变成三级网，导致一次网温度更高。如果高差更大呢，就会出现多级隔压，相应地热网就变成了四级管网甚至更多级。这种简单解决超压问题的方式是合理的吗？实际上，完全可以取消隔压站而代之以水泵、阀门和旁通以及定压装置等工艺，实现稳压、调压作用，保障热网在运行和事故工况下的压力安全，防止发生超压和气化问题的出现。或者采取集中隔压、降温与分布式降温、直供相结合的热网工艺，即各热力站取消换热器，通过一、二次网直连并利用分布式的热泵给一次网回水降温，利用集中调峰热源进一步给一次热网回水降温并隔压。

4. 电动热泵降温

在热力站设置电动热泵可以降低一次热网回水温度，但需要消耗电能，增加成本和能耗。一次网回水的降温首选应该是吸收式换热器，因为这样可以利用一二次网供水之间的温差作驱动力，不需要消耗额外能量。通过吸收式换热降温后，如果希望进一步降温，才应考虑电动热泵。这种情况往往发生在热源还有余热没有得到利用而热网供热能力受限的情况。这时候，在热力站先利用吸收式换热给一次网回水降温，然后再用电动热泵进一步降低一次网回水温度。

当回收低品位工业余热（30～50℃）作为主要热源时，一次网供水温度较低，无法采取吸收式换热。这时为了增加热网输送能力，可以在热力站通过电动热泵降低热网回水温度，同时为热源处回收余热创造条件。从热源和热网组成的整体系统看，在热力站通过热泵降温并没有额外增加电耗和投资，只是把放在热源处的热泵移至热力站，除了起到回收余热作用外，还有利于热网输送。

7.3　多热源联网协同供热与供热参数整合

7.3.1　多热源联网协同供热是利用工业余热供热系统的关键

传统供热系统中，锅炉作为热源其唯一产品就是热，热源是为用户提供供热服务的存在。而利用工业余热供热的系统中，工业余热热源在保证其主要生产目标的同时，承担了保障民生的供热任务。因此，工业余热热源与热用户之间是相互矛盾、相互协调的关系。

由于工厂的工业余热量受工业生产的影响，而影响工业生产的主要因素为市场因素。产品产量随市场需求而波动。此时，工厂产生的余热热量、温度均会随之变化。与之相对，用户的热负荷是随天气变化的。工厂的余热供给与用户的热需求之间不匹配。若工厂作为独立热源，为一定区域的热用户供热。为了保证供热安全，该工业余热供热系统所能承担的供热面积只能按产品产量较小时的余热供热能力来匹配。当产品产量增加时，增加的余热无处可供，只能排放，造成余热资源的浪费。因此，需要有协调机制和调节手段，使得余热热源的供热参数与供热量的变化与用户热负荷的变化互相协同。

工业余热源如化工厂、钢铁厂、水泥厂等，这些工业企业的主要任务是工业生产，它们的余热热量、温度等受生产工艺的影响，具有随机的间断性、不可避免的波动性及不稳定性，工艺过程余热量的排放与生产参数的控制是以小时乃至分钟计算和衡量（见图 7-12）。

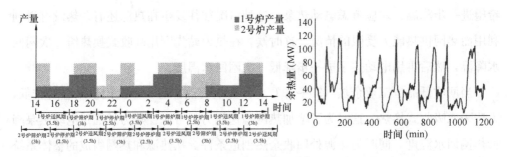

图 7-12　工业余热出力特征

工业余热热源应与城市大热网相连，与其他热源相互协调、互通有无。首先，与大热网相连可以利用热网巨大的热惯性平抑工业余热量的随机波动；其次，不同生产工艺的工业余热其供热能力波动特征互不相同，它们互相联网可实现供热能力互补，平抑供热能力波动；再次，末端分布式燃气锅炉可根据用户的热负荷需求与热网的供热出力进行即时调节。

工业余热热源与热网相连后可提高供热安全性。由于单个工业余热热源占联网热源总供热能力比例较低，因此在某个热源由于检修、事故、生产计划等原因导致其供热能力短期内减少或缺失的情况下，对用户的供热体验影响较小；其次，可调度其他联网热源弥补该热源的缺失；最后，末端分布式燃气锅炉可作为应急反应热源，及时弥补供热能力缺失。

多种热源连接到一张热网需进行合理配置与调度。工业余热承担供热基本负荷，并采取"以产定热"模式运行，即供热量服从工业生产，随生产的改变而变化。热电联产也同样承担供热的基本负荷，但相对于工业余热利用而言，热电联产在供热工艺上更加灵活和完善。热电厂采取热电协同模式运行，过剩的热量可以转化为电，在发电方面各电厂之间通过电网相互支撑，为单个电厂变工况应对供热调节创造了条件，能够在一定程度上为工业余热调峰。最终作为共同承担供热基本负荷的工业余热和热电厂余热，在初末寒期热网优先调度供热成本低、效率高的余热；末端采用分布式燃气调峰，承担 30% 的尖峰热负荷，为热电联产和工业余热热源调峰，作为整个多热源联网系统的调峰和应急保障热源。上述的热源联网协同供热模式在整个供暖季的供热构成如图 7-13 所示。

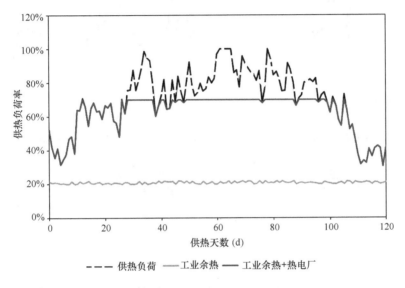

图 7-13　供暖季供热构成

综上，利用工业余热供热系统中，由于工业生产和城市供热需求之间存在矛盾，单一工业余热热源无法直接用于城市集中供热。因此，多热源联网协同供热是利用工业余热供热系统的必然形式。多种不同的工业余热热源、热电联产及调峰热源连接到一张热网上可实现各热源间互为补充、互通有无、相互协调，实现城市可靠供热和工厂的灵活性生产与有效冷却。对联网热源进行合理地配置和调度可充分发挥不同热源各自的优势，实现整个大热网的高效、经济、协同运行。

7.3.2　热网供热参数整合

大热网上连接了不同种类的热源、不同种类的热用户。不同种类的热源其温度品味各不相同，不同热用户所需要的温度品味也存在一定差异。若直接将它们连入热网，会使得各种不同温度的热量互相掺混，造成损失。

因此，热网参数必须进行统一，所有连接在热网上的热源和热用户均需实现统一的热网参数（见图7-14）。利用吸收式换热原理，可将热源中不同温度的热量传递到统一的热网温度水平下；热用户可将统一的热网温度水平的热量传递到各自所需的温度。

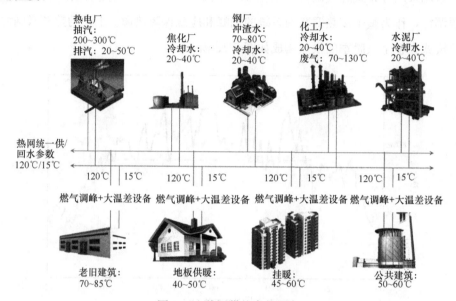

图 7-14 热网供热参数整合

联网热源利用吸收式换热将供热参数调整至热网统一参数，热用户也利用吸收式换热从热网取热满足各自需求，实现联网热源与热用户热网供回水温度的统一。热网参数的统一为多热源联网供热创造了可行性。

7.4 电供暖问题分析

7.4.1 电供暖推广的背景

我国历史上大力发展电供暖方式是和电力供需形势密切相关的，在电力过剩时期均提出电能替代计划，并把供暖作为一个重要的替代领域，出台优惠的电价补贴政策。1996～2001年为阶段性的国内电力过剩时期，2002～2010年为阶段性的电力紧缺时期。我国电力供应形势自2012年以来始终处于宽松平衡甚至略微过剩状态。在我国经济进入新常态之后，2015 年又进入新一轮的电力过剩时期。另外，由于宏观经济和产业结构的调整，一些地区（比如东北等）工业企业用电量大幅度减少，导致一些地区用电量增长缓慢，局部地区的电力供需存在较为明显的不平衡，出现电力过剩现象，当地为增加电量消费推广电供暖方式。为缓解北方地区冬季供暖期电力负荷低谷时段风电并网运行困难，促进城镇能源清洁化利用，提高风电消纳能力，国家能源局在 2015 年发文支持开展风电清洁供暖工作。为缓解雾霾，北方地区要解决新增供暖和燃煤替代问题，2017 年 12 月底，国家发展改革委及国家能源局等 10 部委共同发布《北方地区冬季清洁取暖规划（2017～2021)》，其中将电供暖作为冬季清洁取暖的主要取暖方式之一加以推广。至 2021 年，分散式电供暖＋电锅炉供暖面积将达到 10 亿 m^2，热泵供暖 5 亿 m^2。我国的资源禀赋以及火电的低发电成本决定了当前及未来一段时间内发电装机以火电为主，为挖掘燃煤机组调峰潜力，提升我国火电运行灵活性，全面提高系统调峰和新能源消纳能力，国家能源局 2016 年发布了《关于下达火电灵活性改造试点项目的通知》。目前实际实施的煤电灵活性改造技术之一是在电厂加装蓄热式电锅炉，电锅炉将低谷期多余电量转化为热量，增加热电厂低谷时段的深度调峰能力。

7.4.2　电供暖的几种形式

目前电供暖发展的方式如下：

（1）电热泵供暖。电热泵按低品位余热的来源可分为空气源、水源、土壤源热泵供暖。空气源热泵可承担单体建筑或小型区域供热（冷），可用于分户取暖。利用喷气增焓、双级压缩等技术可使空气源热泵在冬季室外气温到－20℃时仍可以工作。京津冀、山西、河南、陕西等地使用的空气源热泵整个供暖季的平均运行 COP 一般在 3 左右。空气源热泵是这些地区目前农村散煤替代的主要方式。水源热泵适用于水量、水温、水质等条件适宜的区域，类型包括污水源热泵、海水或江（湖）水源热泵、工业低温循环水热泵等。土壤源热泵适宜于地质条件良好，冬季供暖与夏季制冷基本平衡，易于埋管的建筑或区域，承担单体建筑或小型区域供热（冷）。中深层地热主要适于地热冷源条件良好的地区，按照"取热不取水"的原则，采用"采灌均衡间接换热"或"井下换热"技术与热泵结合用于冬季供暖。

（2）碳晶、石墨烯发热器件、电热膜、蓄热电暖器等分散式电供暖。主要用于非连续性供暖的学校、部队、办公楼等场所，也用于集中供热管网、燃气管网无法覆盖的老旧城区、城乡结合部、农村或生态要求较高区域的居民住宅。

（3）利用低谷电力的蓄热式电锅炉供暖。蓄热式电锅炉主要有两种形式：一种是电极锅炉＋蓄热罐，一种是固体电蓄热。可设在发电侧或用户侧。对于发电侧，利用发电机组电能转换成热能补充到热网，可以实现燃煤火电机组在不降低出力的情况下，实现夜间低谷时段对电网的深度调峰（见图7-15）。目前华电丹东、调兵山、华能长春、华能伊春等热电厂均安装了此类大功率的蓄热式电锅炉设备。

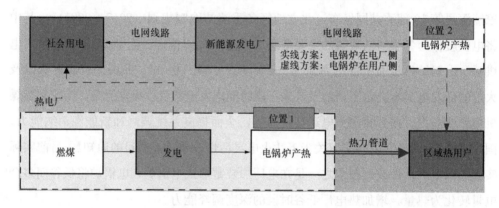

图7-15　蓄热式电锅炉配置系统图

7.4.3　应全面科学论证电供暖发展方式

（1）电是高品位的能源，直接转换成热，是能源利用效率最低的一种供暖方式，应尽可能不采用。若电力来自于燃煤电厂发电，再用电直热，其污染物排放和碳排放是大型燃煤锅炉的2倍以上。应该在用户侧推广电热泵，充分利用地热、污水、空气等低温热源，并结合蓄热满足电网调节的灵活性。尤其对于农村煤改电来说，分户供暖，结合气候区推广不同的空气源热泵技术，依靠建筑热惯性，由区域电力调度根据电力供需统一强开、强停，不影响室内热舒适，可增加电力调峰能力。

（2）蓄热式电锅炉尽管可以解决供给侧和消费侧的不匹配问题，减少了消费侧的热电比或增加供给侧的热电比，增加电网灵活性，应对电源侧和负荷侧峰谷差变化，并在一定程度上缓解弃风、弃光现象。但是消纳风电、光电不是最终目的，评价指标应该是通过消纳最终实现减少化石能源使用量，这种消纳更应该是高效地产生热量，而采用电锅炉方式却是效率最低的产热方式。同时，由于风电场弃风时段存在波动性、随机性，而供暖电锅炉需要持续用电蓄热，仅仅是按照固定低谷时段、固定低谷电价及固定装机容量的方式来约束，无法保证电锅炉的耗电全部来自于可再生能源的发电。因此，这种电供热模式也不应提倡。以某地区电网为例，按电负荷和电源装机比例进行100%不弃风计算，可中断模式按电网调度需求进行响应消纳弃风电。固定时段模式从23：00～次日7：00为低谷弃风时段，在这个时段内设置蓄热式电锅炉消纳低谷电。可中断模式和固定时段模式的蓄热式电锅炉相对最大风电出力的耗电比例如图7-16所示，严寒期若安装固定时段开启的蓄热电锅炉，低谷时段电锅炉除了消纳风电外，还消耗了非弃风电量。严寒期电锅炉耗电中37%为弃风电，63%为非弃风电。

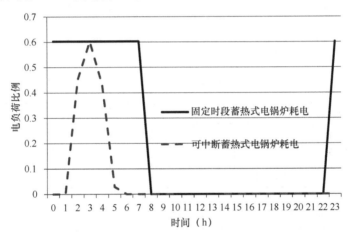

图7-16　某地区严寒期某日两种模式蓄热式电锅炉耗电的变化曲线

（3）东北、新疆等地采用经济杠杆和市场手段来调动火电企业调峰的积极性，根据电网运行需要，发电负荷率低于40%时通过竞价最高可获得0.5～1元/kWh的电价。采用电锅炉调峰方式在目前深度调峰的运营规则下，可以获得收益，但没有可持续性。由于目前的低谷调峰电价补贴来自于未进行调峰的热电厂的惩罚费，当大部分电厂都完成灵活性改造后，收益将无法获得保证。目前东北电网还出现了白天高峰期缺少尖峰电力供应能力的情况，上述政策仅引导电厂降低低谷期发电出力，而未对高峰期增加发电能力的措施给予鼓励，应该出台推广高效可持续灵活性改造技术路线的政策。如果降低低谷期电厂上网电价，而提高高峰期上网电价，并保证改造前后电厂发电量不变。

（4）对于供给侧来说，要实现电厂热电协同改造，打破"以热定电"的刚性约束，有效提高热电联产机组的调节能力，增强电力系统的灵活性，解决风电消纳问题，同时回收电厂乏汽余热。以一台300MW机组为例，如表7-3所示，电力峰谷时间均假设为12h，机组主蒸汽量维持不变，采用热电协同模式，电力高峰期

热电协同与抽凝＋蓄热式电锅炉额定工况供热运行参数对比　　　　表7-3

负荷时段	供热方式	主汽量(t/h)	抽汽量(t/h)	排汽量(t/h)	背压(kPa)	发电(MW)	电热泵耗电(MW)	电锅炉耗电(MW)	输出电(MW)	蓄热平均供热量(MW)
100%热负荷高峰期	抽凝＋蓄热式电锅炉	919.4	73	525.9	5.6	287.4			277.3	248.4
	热电协同	919.4	0	585	11.8	287.4			277.3	445.1
100%热负荷低谷期	抽凝＋蓄热式电锅炉	919.4	500	141.1	5.6	209		92.4	116.6	248.4
	热电协同	919.4	500	141.1	11.8	207	83.2		116.6	445.1
73%热负荷低谷期	抽凝＋蓄热式电锅炉	919.4	500.0	141.1	5.6	209.0		92.4	116.6	248.4
	热电协同	720.0	350.0	133.0	11.8	174.1	51.4		116.6	325.6
58%热负荷低谷期	抽凝＋蓄热式电锅炉	919.4	500.0	141.1	5.6	209.0		92.4	116.6	248.4
	热电协同	600.0	250.0	136.0	11.8	156.0	33.9		116.6	256.0

注：1. 电厂厂用电率按3.5%计算。
　　2. 100%热负荷高峰期时，热电协同方式机组排汽背压升高到11.8kPa，存储回收低温乏汽热量，输出电力277.3MW。抽凝＋蓄热式电锅炉的抽汽73t/h时，与热电协同方式具有相同的输出电力。

输出电277.3MW，低谷期通过电热泵耗电回收高峰期蓄存的低温乏汽热量，输出电力116.6MW，全天稳定供应445.1MW热量。采用热电机组抽凝运行＋蓄热式电锅炉，电力高峰期和低谷期维持和热电协同模式相同的输出电力，抽汽热量＋电锅炉热量经蓄热装置调节后全天稳定输出248.4MW。两方案进行比较，机组燃煤量相同，电力峰谷期对外输出电力相同，且均能实现电源侧同样的灵活性调节能力，但热量输出相差196.7MW热量。抽凝运行＋蓄热电锅炉方案需再建280t/h的燃煤热水炉，并且一个供暖季多消耗6.9万tce（以太原气象参数计算）。出现如此大的差别的原因是热电协同模式在维持相同的边界条件下，回收了电厂发电过程排放的全部低品位乏汽余热，而抽凝机＋蓄热电锅炉方式则把低品位乏汽余热全部

排出。随供暖季热负荷下降，热电协同方案中的蓄热罐可将高峰期低温余热储存至低谷期加以利用，从而节约更多的燃煤。对于 1 台 300MW 的机组而言，热电协同方式相比抽凝运行＋蓄热电锅炉方案需多投资 2.8 亿元，相当于 100 万元/蒸吨的热源投资，但不再需要任何燃料费，按燃煤价格 700 元/tce 来计算，增加的投资可在 5.8 年收回。

（5）天然气和热力管网覆盖不到的地方，在建筑达到低能耗节能标准情况下，即使发展电直接供暖方式也应发展分散电供暖方式。分散与集中式电直热热效率相同，但可充分利用电网输送条件以及调节灵活的优势。而不是建设大型集中电锅炉再通过热网输送到热用户，避免产生集中供热的管网热损失和输配不均匀热损失综合供热效率还要低于分散式。北方某城市采用蓄热式电锅炉替代城区现状供热面积 200 万 m^2 的燃煤集中供热锅炉作为风电消纳的重要手段是错误的电供暖方式。另外如前所述，采用低谷电蓄热的方式也很难保证电锅炉的耗电全部来自于风力发电。

（6）我国幅员辽阔，各地区之间的地理气候条件、资源禀赋、经济发展状况均存在着较大的差异，电力供需空间分布不均的现象将长期存在，因此电力过剩只是相对的。针对局部地区电力过剩可通过建设跨区域电力输送项目向目标地输电，在更大的范围内消纳过剩电量。另外，进行煤电的灵活性改造，尤其是热电联产机组，同时利用风火电互济的方式新建特高压输电线路在更大的区域内消纳缓解弃风电问题。从而避免简单采用电供暖手段来缓解上述过剩电量和弃风电量的消纳。

7.4.4 小结

固定时段的蓄热电锅炉方案由于运行方式难以令弃风恰好满足供热期的热力需求，风电只能提供部分供热电量，导致化石能源所发电力的浪费，不符合风电供热的初衷。另外，随着初末寒期热电厂的发电调节能力提高，谷期消耗的非风电比例会进一步增加。电锅炉应按可中断负荷模式跟踪电负荷进行调节，但即使这样，也远不如在热源侧推广热电协同模式更节能，另外应在用户侧推广电热泵，充分利用地热、污水、空气、低品位工业余热等低温热源，并结合蓄热满足电网调节的灵活性。

7.5 天然气的合理利用

我国天然气资源有限，目前天然气消耗量近一半依靠进口，气荒问题已成为常态。为此，如何合理利用天然气成为供热乃至能源领域亟待解决的问题。从能源整体上看，天然气除了作为化工原料以及民用（炊事及生活热水）等外，主要完成对污染严重的燃煤替代，并进一步提升能效和性能，比如在发电领域，替代燃煤机组承担更加灵活的深度电力调峰等。

在北方地区城镇供热中，目前推行的"煤改气"易出现严重的问题，包括经常出现的气荒，以及巨额财政补贴等。通常燃气供热有两种方式，即燃气锅炉和燃气热电厂。独立的燃气锅炉供热是能源利用效率十分低下的用能方式，仅次于电锅炉，是典型的"高质低用"，即优质高品位的能源简单地烧掉直接转换为几十摄氏度的热量用于供暖，能源浪费严重。我国目前就以这样一种方式每年烧掉上百亿立方米天然气。另一种供热方式，即燃气蒸汽联合循环电厂供热，虽然通过能源梯级利用实现了高效能源利用，但由于热电比小，全年天然气消费量比燃气锅炉单纯供热大5倍。比如一台9F燃气蒸汽联合循环电厂只能给500万 m^2 建筑供热，却每年要消耗掉约3亿 Nm^2 天然气（考虑到非供暖季发电），而相应的燃气锅炉只需要不到0.5亿 Nm^3 天然气即可。在我国天然气资源紧张的状况下，这种供热方式也不宜全面推广。

合理的天然气供热方式应该是什么呢？对于燃气锅炉而言，既然能源效率低下，就不能作为首选的供热方式。但是，相对于除了煤以外的其他清洁能源，天然气更加容易通过LNG、地下储气库等方式加以季节性储存，因而更加合适的天然气供热方式是以锅炉房形式作为城市热网的调峰热源，其调峰热源容量或者热化系数根据整体供热系统的经济性定量分析确定。虽然蓄存进一步增加了天然气使用成本，但在严寒期通过天然气给供热调峰，会改善区域热网的经济性。天然气作为调峰热源宜采用分布式，即尽可能靠近用户，这样不仅给作为基础热源的热电厂调峰，而且最大限度地给热网调峰，提高了供热的灵活性及可靠性。

在集中供热难以到达的地方可以考虑采取分布式小型化燃气锅炉独立供热，或者安装在住户内的壁挂炉形式供热，这样充分发挥燃气输送能力明显高于热网的优势，而且避免了热网的热损失和热力失调等问题。评价集中供热是否难以达到，应进行全面的方案经济比较，充分考虑热网输送成本。实际上，与燃气供热相比，以热电联产余热为基础热源的区域供热在绝大多数情况下具有经济上的优势，城市中燃气锅炉独立供热的领域很小。对于燃气热电联产而言，受制于经济性和气源保障，燃气电厂的建设应该慎之又慎。对于已经上马的燃气热电厂，应考虑"以电定热"方式运行，即在供热的同时，兼顾为电网调峰，压低电力负荷低谷期的发电。同时，增加城市供热用电量，尤其是低谷电量，以平衡燃气电厂发电量过剩给城市电网带来的负担。需要强调的是，燃气热电厂所排放掉的烟气含有巨大余热未被利用，这是因为燃气轮机中天然气燃烧的过量空气系数为 3 左右，导致其烟气量是相同天然气耗量下燃气锅炉的 2 倍以上，因而所排放的烟气含有更多的显热。同时，天然气燃烧生成的大量水蒸气所拥有的潜热也未被利用而排放掉。深入挖掘天然气烟气中的余热潜力，在不增加天然气耗量和不减少发电量的情况下提升天然气热源供热能力超过 40%，从而可以大幅度提高燃气热电厂的热电比，为这一高效能源利用方式在供热领域的应用拓展了空间。为此，针对燃气蒸汽联合循环热电厂，应做好进一步挖掘烟气余热供热工作，关于燃气热电厂烟气余热回收案例见第 9 章。

北京市是"煤改气"供热的典型城市，以下以该市为例，通过天然气供热存在的问题以及改造思路分析，给出一个天然气合理利用思路。

北京市 8.5 亿 m^2 供热面积中，经过近 20 年的"煤改气"工作，目前已经在市区全部实现无煤化供热，天然气占比超过 90%，这包括以四大燃气热电中心为主热源的大热网供热面积 1.83 亿 m^2，天然气锅炉房供热面积 5 亿 m^2，燃气壁挂炉超过 1 亿 m^2。然而，单一天然气能源供热带来诸多问题，主要表现在：

（1）长期以来天然气供气保障困难，影响供热安全。2017 年，北京燃气热电厂消耗 71 亿 m^3 天然气，超过全市耗气量的 45%，仅满足全市不到 1/4 建筑的供热。燃气锅炉耗气量 60 亿 m^3，占全市用气量的 35%，却承担了全市 60% 以上建筑的供热。北京市发电和供热占天然气耗量的 80% 以上，减少供热的天然气用量是缓解供气紧张局面的一个关键途径。

（2）域外购电与本地发电之间的矛盾突出，本地燃气电厂热电解耦问题亟待解决，消纳绿电困难。一方面域外燃煤火力发电和可再生能源发电容量过剩，另一方面本地发电受供热影响，难以灵活调度，造成冬季消纳外地绿电困难。为保障域外电厂的发电量，压减冬季本地热电厂发电，导致供热能力下降，影响了供热保障。

（3）天然气供热产生的氮氧化物已成为与汽车同时期排放量级相当的冬季主要污染排放了，如何进一步减少冬季雾霾，改善大气环境，亟待供热领域进一步采取行动压减天然气消耗。

（4）能源浪费严重。天然气锅炉能源利用效率仅为燃气热电联产的1/3，是仅次于电直热的最浪费能源的供热方式，而北京市这一不合理的供热方式却占到全市供热的70%。

（5）供热成本昂贵。天然气热电厂和燃气锅炉供热每年增加成本高达百亿元，给政府财政补贴带来沉重负担。

以上是一直以来困扰北京市供热乃至能源的主要难题，也是天然气供热发展面临的主要问题，如何解决，本书提供以下思路：

（1）深入挖掘天然气烟气余热潜力，大幅度提升现有系统的供热能力。分析表明，对于现有燃气电厂，在不增加天然气耗量和不减少发电量的情况下，设计工况通过深度回收烟气余热，可以使供热能力增加超过45%，即3200MW。另外5亿 m^2 燃气锅炉通过回收烟气余热，可增加供热能力2000MW。二者相加，通过回收烟气余热，有效增加燃气热电厂的热电比，使现有天然气供热系统增加1.2亿 m^2 的供热面积。

（2）目前燃气电厂在电负荷高峰期的发电能力仅为70%额定值，其主要原因是天然气供应不足。然而，低谷期电厂为了保证供热能力，负荷率无法降低，耗气量反而较大。采用"热电协同"运行模式取代传统的"以热定电"模式，根据电力负荷调度的要求，燃气热电厂一天中变负荷运行：低谷期或需要消纳风电的时段尽量压低发电负荷，可降发电功率降低至约30%，同时也降低了低谷期耗气量，为高峰期用气提供保障；低谷期减少的气耗可用于电力负荷高峰期，使得机组可以满负荷运行，充分发挥出电厂能力。为消除供热出力变化对热网的影响，在电厂设置蓄热罐，平衡电厂出力变化与热网稳定供热要求之间的矛盾，如图7-17所示。这样，可以在天然气消耗量不增加、发电量基本不减小的情况下，通过上述烟气余热回收大幅度增加供热量，并通过"热电协同"增加低谷期绿电消纳约40亿 kWh。

（3）将绿电消纳和充分利用本地余热资源相结合，实现高效清洁供热，取代并减小供热的天然气消耗。一方面北京拥有超过3000MW的余热尚未被利用，包括

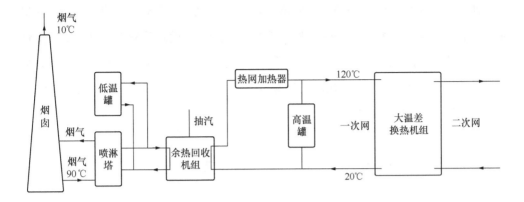

图 7-17　燃气电厂热电协同系统工艺流程图

燕山石化等工业余热、分布在各地的污水处理厂的中水余热以及垃圾焚烧产生的余热等。另一方面，北京市燃气热电厂发电量过多影响对外地绿电的消纳，采用电动热泵，可以高效利用上述余热供热，消纳 10 亿 kWh 电，可实现增加供热面积 0.8 亿 m² 。这一余热利用方式在效率和经济性上应优于空气源热泵。

（4）域外引热，大幅替代天然气供热，减少天然气消耗。回收域外大型电厂或工业排放的余热，长距离输送至北京，与天然气锅炉供热相比，在经济性和能耗方面具有突出优势。热网输送距离小于 200km，域外引热供热成本低于燃气锅炉。符合这一条件的热源供热能力完全可以满足北京供热需求。考虑距离北京较近的几个热源，包括三河、盘山、北疆以及张家口等几个电厂余热供热，可满足北京超过 2 亿 m² 的供热需求，供热成本都低于 75 元/GJ。

（5）热网大温差输送是上述余热回收利用的保障。通过热力站设置吸收式换热机组，大幅度降低热网回水温度，实现热网大温差输送，不仅显著提升热网输送能力，降低热量输送成本，而且利于高效低成本回收余热，从而使烟气余热回收、工业余热的利用以及长距离域外引热具有良好的经济性。大温差技术已经在我国很多城市得到成功应用，是一项非常成熟完善的供热技术。

（6）将现有独立的燃气锅炉房整合至大热网，为上述热电厂和工业余热及域外引热等热源调峰，从而大幅度减小天然气消耗及降低供热能耗，也减小昂贵的天然气供热成本。全市仅保留燃气壁挂炉（约 1 亿 m²）和接入大网困难的燃气锅炉（1亿 m²），其余全部作为调峰热源而接入大热网。

通过以上技术措施，经分析需要增加投资 360 亿元，但运行费每年节省 76 亿元，静态回收期 4.7 年，经济性良好。天然气耗量每个供暖季减少 42 亿 m^3，降低了 40%。相应的供热污染排放也降低了 40%。同时，供暖季北京当地消纳低谷电 48 亿 kWh，包括燃气热电厂热电协同模式运行消纳 42 亿 kWh，驱动热泵消纳电 16 亿 kWh。与传统供热方式相比，供热能耗降低 50%。

7.6 小城镇供热的技术路线

7.6.1 小城镇定义与现状

小城镇是城乡过渡体的主体与代表，具有过渡性和动态性。我国对小城镇的概念尚未有严格的界定。这里采用行政管理部门的界定，认为小城镇包括了县城和建制镇。其他乡政府所在地主要为农业人口聚集区，与城镇发展有较大的区别，故未列入小城镇范畴。我国小城镇建成区人口通常在 1 万～10 万人，对应建筑面积 50 万～500 万 m^2。小城镇根据地域和资源特点具备不同的功能，一部分为农业人口聚集与农产品集散；一部分为工业型城镇，依靠大型工业区建立；也有旅游型小城镇。

目前我国约有 1/4 的人口居住在小城镇，截至 2016 年，我国共有县城 1483 个，建成区总人口 1.55 亿人；建制镇 20883 个，建成区总人口 1.95 亿人。在新型城镇化背景下，我国将持续加大对小城镇的支持力度，特别是到城镇化末期有望出现的逆城市化过程，将使得小城镇人口呈增长趋势。从供热角度来看，小城镇总集中供热面积在 2006～2016 年 10 年间由 3.9 亿 m^2 增长到了 16.5 亿 m^2，占北方地区总集中供暖面积的比例由 12.7% 增长到了 18.3%，集中供热面积的增长是北方各省市面临的共同现象。然而，受制于经济发展水平和发展理念，目前我国小城镇供热无论从规划设计还是管理运行层面相对较为落后，导致大量能源浪费，且居民生活质量不高。总体来看，我国小城镇供热有以下突出的特点和问题：

（1）末端建筑层面：小城镇建筑节能工作投入不够，老旧建筑比例较高，热量消耗大，居民生活品质受影响。

（2）输配管网层面：小城镇管网规模小，但管道设备普遍老旧，系统设计运行不合理，导致能耗偏高，系统损失大。

（3）热源层面：小城镇现状热源以大量中小型燃煤锅炉为主，热源效率低，污染物排放高。小城镇周边丰富的生物质资源、工业余热资源未得到合理利用。

7.6.2　小城镇供热主要存在的问题

1. 末端建筑层面

小城镇建筑密度远低于大城市，居住建筑容积率不到大城市的一半。平房和低层建筑的比例更大，这些建筑物体形系数大，供热需求高，如图 7-18 所示。同时，小城镇的建筑节能工作落后于大城市。既有建筑节能改造工作进度缓慢，新建节能建筑更新速度远低于大城市，由此导致大量非节能老旧建筑存在于小城镇中。这些建筑物热耗显著高于其他建筑，且室内温度难以达标，居民满意度较低。图 7-19 显示了严寒地区某城市和周边相同气候小城镇的建筑结构对比。小城镇节能建筑仅占 30% 左右，且大多为二步节能建筑，造成小城镇整体热耗高于气候相同的大城市。

(a)　　　　　　　　　　　　　　　　(b)

图 7-18　小城镇典型低层建筑示意
（a）连排居住/商用建筑；（b）独栋平房

保守估算北方地区小城镇集中供热面积中，有约 11.5 亿 m² 非节能建筑，其中包含了近 2 亿 m² 老旧低层平房。提升小城镇既有建筑保温水平，降低房屋热需求，是解决小城镇供热问题的一条核心途径。因此，应当将小城镇既有建筑改造作为我

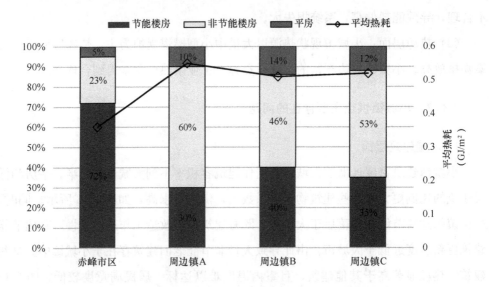

图 7-19 严寒地区某城市和周边城镇单位面积热耗对比

国小城镇发展的重要战略。加大小城镇节能改造投入的资金力度，建立完善的节能改造考核评价体系，鼓励发展多种投资管理模式，因地制宜开发经济技术可行的保温改造技术。最终提升小城镇居民生活品质，降低小城镇供热能耗，消除城乡区域发展差距，解决我国发展中不平衡、不协调这一主要矛盾。

2. 输配系统管网层面

小城镇建成区面积通常在 $10km^2$ 左右，供热管网规模也相对较小。由此带来的优点是所需要的管道设备简单，小城镇输配系统本应做到优于大城市的运行管理水平。然而，在实际运行过程中，由于基础设施更新不足、发展理念落后，小城镇输配系统不仅各项电耗、水耗指标偏高，同时运行服务欠佳。图 7-20 显示了实际调研严寒地区部分县城的二次网电耗，按照不同供热时长进行划分。以供暖时长为 6 个月的地区为例，目前运行管理较好的大城市可以将二次网电耗控制在 $0.5kWh/m^2$ 左右，相比之下小城镇输配管网仍有较大节能空间。

具体来看，小城镇输配系统的主要问题与解决思路如下：

（1）一二次网连接形式不合理。目前有较多小城镇采用板换间接连接的形式。然而，考虑到小城镇管网规模小、压力相对稳定的特点，建议根据实际情况灵活采用直连混水的形式，管道设备简单，系统能耗进一步降低。

（2）庭院管网设计不合理。根据调研，小城镇存在较多老旧管道，设计时并未

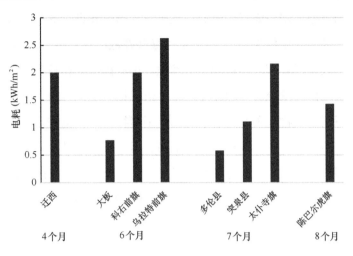

图 7-20 严寒地区部分县城二次网电耗

严格考虑水力平衡的问题，也没有按照建筑功能和负荷特性进行分区设计，由此导致实际运行中庭院管网水力失衡严重，供热不均匀现象普遍存在，用户满意度不高，且调节操作困难。为了解决此类问题，应该加大投入，对不合理管网进行改造，增强水力自平衡性。同时按照建筑特征进行分区，合理设计和运行。

（3）管道设备老旧。由于缺乏基础建设投入，小城镇管道设备老化现象严重。出现例如水泵老旧效率低、管道阀门失修漏水、管道保温层脱落漏热等问题（见图7-21），导致系统热耗、电耗、水耗普遍较大，供热成本上升。且管网调节困难，

(a) (b)

图 7-21 寒冷地区某小城镇输配管网问题
(a) 庭院管网架空、裸露；(b) 管道阀门设备老化

加大了供热不均现象，用户满意度较低。建议对老旧设备进行更换和改造。根据经验，这部分投入的回收期仅为 1~2 年，可以显著降低能耗和运行成本。

（4）缺乏高效运行管理。实地调研中发现，小城镇仍存在较为"粗放"的供热管理模式，即缺乏供热系统自控和监测设备，仅根据经验进行简单调节。缺少合理的按照气温、不同建筑物热负荷需求进行的精细运行调节，也缺乏节能目标和节能政策引导。这样不仅会造成热源部分能耗偏高、运行成本上升，还会导致末端供热不均匀现象，用户满意度不高，且系统电耗增加。因此，有必要改变传统的管理模式，将供热系统节能运行和增强服务水平作为日后工作的核心，提升调节技术水平，努力降低系统能耗。

3. 热源层面

目前我国北方地区小城镇集中供热热源仍以中小型燃煤锅炉为主，热源效率低，导致能耗高，污染物排放大，冬季对空气环境造成了较大的负面影响。图7-22所示为北方各省份的县城集中供热热源结构，数据来源为《中国城乡建设年鉴2016》。总体来看燃煤锅炉总供热量占 72% 左右。

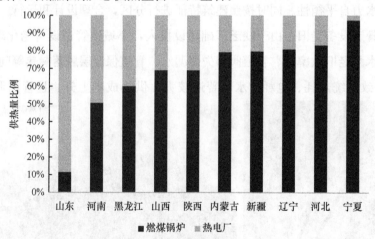

图 7-22　北方地区各省份县城热源结构

然而，与大城市不同的是，小城镇作为连接城乡发展的中间体，距离农村和郊区的工业区相对较近，往往具备较为丰富的清洁供热资源。这些资源包含了清洁燃煤热电厂、工业余热、生物质、垃圾等废弃物资源、地热资源、风电光电可再生能源等。在小城镇未来的发展中，应该对清洁供热资源进行细致的调研和规划，通过高效利用这些资源替代现有的低效燃煤锅炉，解决热源问题。

这里以内蒙古自治区的 70 个县城为例。通过详细的资源调研和分析，得到所有县城可行的清洁热源供热潜力，与现状峰值热负荷对比，如图 7-23 所示。从总量上来看，清洁热源的供热潜力远大于需求。但实际上资源分布并不均匀，根据实际情况对每个县城进行具体规划后，得到各县城热源技术路线，如表 7-4 所示。

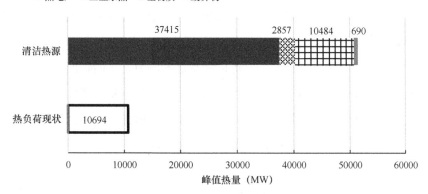

图 7-23　内蒙古自治区县城热负荷和清洁热源供热量对比

不同热源方案典型城镇和供热面积　　　　　　　　　表 7-4

热源方案	典型城镇	总面积（万 m²）
热电联产主导	托克托县，固阳县等 23 个县城	9259
工业余热主导	清水河县，库伦旗等 12 个县城	2644
生物质主导	开鲁县，扎鲁特旗等 16 个县城	5338
清洁热源＋燃煤锅炉	新巴尔虎左旗等 8 个县城	2679
暂无可行清洁热源	宁城县、翁牛特旗等 11 个县城	2999

具体来看，对于紧邻电厂和大型工业区发展起来的工业型小城镇，例如托克托县城（大型电厂）、库伦旗（水泥制造业）等，适合采用电厂和工业余热资源进行集中供热。需要在热源进行适当改造，增加供热能力，并构建相应管网运输至城镇中。同时在建筑末端需要进行相应改造，通过加大换热面积、采用吸收式换热器等形式，降低回水温度，增加热源取热能力，降低管网投资运行成本。

对于农牧区中心，主要功能为政治经济商业中心服务于周边的小城镇，例如内蒙古东部呼伦贝尔、兴安盟等靠近东北粮食主产区的广大县镇，建议开发周边农牧区的生物质资源，包括农作物秸秆、牲畜粪便、林业采伐剩余物等。通过压缩颗粒燃料、生物质制气等方式，灵活利用生物质资源。与此同时，小城镇也应该积极开发垃圾、污水等废弃物资源，通过垃圾焚烧热电联产、污水源热泵等形式，共同解决供热和废弃物处置问题。

除此之外，对于部分位于旅游区，或者分布较为分散的无上述供热资源的小城镇，可以发展各类型电热泵供暖，如空气源热泵、水源热泵等。也可以开发地热资源，如采用中深层地热技术，从地下 2000～3000m 处取热。具体可行技术，需要根据当地的气候环境、土壤地质条件等因素综合确定。考虑到小城镇周边可再生电力较为丰富的特点，可以使用热泵与周边的风电、光电等可再生电力进行灵活协调，同时满足供热和能源需求，不仅可以消纳过剩电力，还能降低热源运行成本。

对于清洁热源仅能承担一部分热负荷的小城镇，应该积极开发多种热源，增强供热管网的可及性，使清洁热源承担城镇基础负荷，增加其供热比例。现有燃煤锅炉作为备用和调峰。这样也能一定程度降低燃煤消耗。

7.7 热网供回水温度的讨论

过去供热热源以燃煤锅炉为主，由于燃煤燃烧温度高，热水温度不同对锅炉效率或者供热能耗基本无影响。然而，燃煤锅炉房热源正在逐渐被淘汰，热电联产、热泵等各类新型高效清洁热源正在逐渐替代燃煤锅炉热源，这些热源的效率都对热网供回水温度非常敏感。

对热电联产热源，可以有如下几种基本的加热方式：

（1）从汽轮机抽汽加热。如果循环流量不变，热网水温度越低，需要的抽汽压力越低，由于抽汽供热所减少的发电量就越少，供热效率也就越高。

（2）热网循环水首先进入汽轮机凝汽器加热，然后再由抽汽加热。热网水温度越低，凝汽器提供的热量的比例就越大，同样的热量所需要的抽汽量就越小，影响的发电量也就越小。

（3）采用吸收式热泵，用抽出的高温蒸汽作驱动热源，提取汽轮机凝汽器中乏汽放出的热量，对热网水加热。此时，提供同样的热量，热网水温度越低，就会使乏汽热量提取的比例越大，凝汽器压力越低，高温抽汽量越少，因而影响发电量越小。

（4）采用背压机方式用机组排出的蒸汽对循环水加热。当循环流量一定时，为了提供同样的热量，热网供回水温度越低，要求的背压就越低，改为背压方式所减少的发电量越少。

因此，无论哪种工艺流程，都希望进入电厂的循环水温度越低越好。

对于天然气锅炉热源，目前都要求加装热回收装置回收排烟中的余热。这就要利用热网循环水回水首先与烟气换热。这时，回水温度越低，经过热回收的排烟温度才有可能越低，而只有当排烟温度低于 40℃ 时，才有可能全面回收排烟中的潜热，大幅度提高锅炉效率。因此回水温度越低，燃气锅炉效率越高。

对于工业余热热源，现代工业采用了能源综合利用与回收技术后，可能排出的余热绝大多数是 30～70℃ 的低温热量，热网水温度越低，回收这样的热量的成本越低。反之，当热网水温度过高时，相当多的低温热量就不再有回收价值，而只能排掉。

对各类热泵，则更希望低热网水温度。要求加热的温度越高，热泵的 COP 就越低，耗电量越大。

可见，上面这些新的热源方式能够高效率运行的基础，都是低的热网水温度。目前欧洲正在研究第四代供热技术，其核心就是降低热网水温度。欧洲热网规模不大，供回水温度都较低，供回水温差较小。热网未来的发展方向是供/回水温度不会超过 60℃/30℃，其主要手段是增加供暖末端换热面积和加强建筑围护结构保温。这样可以充分降低诸如热电联产、热泵等热源能耗。热网供水温度降低虽然对上述热源降低能耗有利，但不利于热网输送，尤其是我国集中供热规模很大，热网供热半径较大，作为主力热源的燃煤热电厂往往远离供热负荷中心，因此保持较高的供水温度对于降低热网输送成本非常关键。这种情况下，降低热网回水温度成为降低热网水整体温度的关键。通过降低热网回水温度，不仅能降低上述清洁热源的供热能耗，还能增大热网温差，提高热网输送能力。

北方城市热网的回水温度已呈逐年降低趋势。从全国范围看，北方地区在地理上呈现出由南到北、由西向东热网回水温度逐渐降低的趋势。在东北地区，很多城市二次网回水温度整体低于 40℃，例如吉林市大型直供网全年运行的一次网回水温度最高也只有 38℃ 左右，详细情况见第 9 章的最佳案例。大致的规律是实行热电联产集中供热时间越久的地区，往往热网回水温度越低，这可能与供热历史长，运行管理人员积累的经验增多，越来越认识到回水温度降低的好处，从而改进了运行管理水平有关。

怎样降低热网回水温度在本章前几小节已有论述。无论是增加供暖末端换热面积，还是采用吸收式换热或电动热泵，热网都要增加投资，甚至增加运行成本。这样的投入，尽管能有效降低回水温度，但如果按照传统供回水温差乘以流量的方法计算热量结算热费，经营热网的热力公司就不会从降低回水温度中得到任何的回报。因此，热力公司一般不会在降低回水温度上投入，这就极大地限制了各种新型高效热源的开发利用和推广。为此，应该提出适应于新形势下的热源与热网间热价计量方法。

目前的热量计量与计价方式是按照实测的供回水温度和循环流量计算热量 Q：

$$Q = (T_{供水} - T_{回水}) \times 循环流量 \times 水的比热 \quad （GJ/h）$$

再根据热力公司与热源厂之间协商出的热价（元/GJ），热力公司和热源厂之间结算热费。既然热力公司通过投入人力物力降低回水温度，而回水温度降低后可以使热源厂大幅度提高效率，那么所得到的收益是否应该由热源厂与热力公司共享？换一个角度看，不同温度的热量从热力学上具有不同的价值，按照一个标准计价收费不公平，应该是高温高价，低温低价，从热源厂和热力公司共享回水温度的收益出发，从谁投入谁受益的经济学原则出发，实现按温度分阶段确定价格。考虑实际可操作性和简洁性需求，热源厂与热力公司之间的热量结算可以按照如下公式进行：

$$Q = (T_{供水} - 40℃) \times 循环流量 \times 水的比热 \quad （GJ/h）$$

这就不再计量回水温度，无论实际回水温度是多少，一律按照 40℃ 计算。当实际的回水温度高于 40℃ 时，例如实际为 45℃，仍然按照 40℃ 计算热量，热力公司就要向热源厂多支付热网 5℃ 温差（45℃－40℃）所对应热量的费用；如果实际的回水温度低于 40℃，例如实际为 30℃，则热力公司仅需要向热源厂支付 40℃ 以上热量的费用，40℃ 到 30℃ 的热量免费，以补偿热力公司在降低回水温度中的付出。

这里的 40℃ 是一个参考的回水温度标准，也可以通过热源厂和热力公司协商，共同确定一个协议温度。一般来说，40℃ 以下的热源在目前运行参数下很难被直接利用，如果它的利用是通过热网公司巨大投入导致回水温度降低所做出的贡献，可以把收益分摊给热力公司。而对于热力公司来说，回水温度 40℃ 可能是不需要投入更多的设备，仅通过精细调节在目前情况下所能达到的最低回水温度。要进一步降低回水温度，就需要投入设备甚至增加运行电耗。40℃以下热量的免费使用可以作为对这些投入的补偿。对于热源厂，尽管提取 40℃以下的热量也需要投入设备，但这些设备实际也是为了提取 40~50℃的热量所利用。如果实际的回水温度高于40℃，热源厂的热量难以高效利用，但仍按照回水温度 40℃计算热量，从而刺激热力公司降低热网回水温度。目前北方热网平均的回水温度是 50℃，由于热力公司的努力，使得回水温度降低到 40℃以下。按照上述建议的热量结算方法，保证了热源厂回水温度从 40℃加热到 50℃的收益，应该是对热源厂各种回收低温热量投入的补偿。当然，各地根据实际的不同情况，可以对这一参考温度在 40℃的基础上下调整，就如同热价也是各地都不相同，根据具体情况由双方商议确定一样，也是双方共同商议如何分享由于热网回水温度降低而带来的整体利益。这样热力公司根据热量计价方法很容易算出投入各种降低回水温度的措施的经济效益，从而积极投入。热源厂也可以计算出由于低温回水带来的效益。这样，一个新的计价方法，就可以使供需双方都能主动进行降低回水温度回收低温余热的改造，最终是双方受益，共同促成供热系统的节能减排。

第8章 北方城镇清洁供暖技术讨论

8.1 热电联产乏汽余热利用技术

通常热电联产是通过采取抽凝式汽轮机和背压式汽轮机两种方式实现，我国热电厂绝大多数是大型燃煤电厂，兼顾非供暖季发电，因而基本上汽轮机都是抽汽供热方式。抽凝机组在供热工程中总会有一部分乏汽通过冷却塔排掉而没有得到利用，该乏汽余热一般占供热量的30%以上。回收这部分热量对于北方城镇供热的节能减排意义重大。本节介绍乏汽余热利用的几种技术，并分析评价这些技术的节能效果。

8.1.1 热电联产抽汽供热的方式

无论是专门的供热机组还是纯凝机组改造的机组，当前主力热电厂汽轮机抽汽一般是低压缸进汽管引出蒸汽供热。以某电厂1台300MW空冷供热机组为例，根据电厂热力特性书，抽汽供热工况下，机组额定抽汽流量500t/h，抽汽压力0.4MPa·a，温度为247.4℃，低压缸排汽流量229.4t/h，背压为9kPa·a。

取热网设计供/回水温度为130℃/60℃，根据式（4-2）可计算出一次网热水㶲折算系数，其中 T_0 为热源所在地区的平均温度≤+5℃期间内的平均温度，在本节的计算中均取−0.7℃，可计算出热水热量折算系数为0.2577。设计工况下，抽汽供热方式的供热量为329.2MW，发电量250.3MW，根据式（4-1）可以计算出供热煤耗分摊比例为0.253，发电煤耗分摊比例为（1−0.253）＝0.747。取电厂燃煤锅炉效率为93%，根据锅炉负荷可计算出耗煤量为95668kgce/h，则发电分摊耗煤量为 $0.747 \times 95668 = 71453$ kgce/h，发电煤耗为 $71453/250.3 = 285.5$ gce/kWh，供热分摊耗煤量为 $0.253 \times 95668 = 24215$ kgce/h，供热煤耗为 $24215/329.2 \times 10^3/3600 = 20.4$ kgce/GJ。

　　利用同样的计算方法，可以分别得到 300MW、600MW 的空冷、湿冷供热机组，以及分别对应的纯凝改造供热机组的抽汽供热方式的发电煤耗和供热煤耗。各类型机组抽汽工况下的基本参数如表 8-1 所示。取同样的热网供回水温度和室外平均温度，热网水㶲折算系数均为 0.2577，利用㶲分摊法计算得到不同类型机组抽汽供热方式的设计工况下发电煤耗和供热煤耗，并采用热电变动法计算不同机组抽汽供热方式的等效供热 COP，如表 8-2 所示。

不同类型机组抽汽供热方式的工况参数　　　　　　　　　表 8-1

名称		抽汽流量（t/h）	抽汽压力/温度（MPa.a/℃）	低压缸排汽流量（t/h）	背压（kPa·a）	发电功率（MW）	抽汽供热功率（MW）
300MW 供热机组	空冷	500	0.4/247.4	229.4	9.0	250.3	329.2
	湿冷	500	0.4/253.1	213.6	5.39	258.5	330.7
300MW 供热改造机组	空冷	200	0.8/326.3	468.5	15.0	277.8	140.2
	湿冷	300	0.8/326.0	352.7	15.0	278.2	210.2
600MW 供热机组	空冷	600	0.5/239.8	803.5	15.0	601.4	391.7
	湿冷	600	0.482/263.0	410.9	4.9	545.8	399.8
600MW 供热改造机组	空冷	500	1.0/357.2	710.9	15.0	522.9	358.8
	湿冷	350	1.0/359.7	785.8	4.9	571.8	251.7

不同类型机组抽汽供热方式设计工况下的发电煤耗和供热煤耗　　　　表 8-2

名称		供热量（MW）	发电量（MW）	发电煤耗分摊比例	供热煤耗分摊比例	发电煤耗（gce/kWh）	供热煤耗（kgce/GJ）	等效供热 COP	纯凝工况发电煤耗 gce/kWh
300MW 供热机组	空冷	329.2	250.3	0.747	0.253	285.5	20.4	4.97	301.8
	湿冷	330.7	258.5	0.752	0.248	289.4	20.7	4.48	308.0
300MW 供热改造机组	空冷	140.2	277.8	0.885	0.115	307.0	22.0	3.98	300.7
	湿冷	210.2	278.2	0.837	0.163	299.9	21.5	3.48	289.2
600MW 供热机组	空冷	391.7	601.4	0.856	0.144	277.4	19.9	4.96	282.1
	湿冷	399.8	545.8	0.841	0.159	272.1	19.5	3.50	267.5
600MW 供热改造机组	空冷	358.8	523.0	0.850	0.150	294.1	21.0	3.79	284.9
	湿冷	251.7	571.8	0.898	0.102	280.9	20.1	2.98	278.0

　　对于纯凝改供热的机组，抽汽参数较高，抽汽压力为 0.4～1.0MPa，与热网

水直接换热的损失较大。对于目前大型供热机组，特别是纯凝改供热的机组，抽汽压力高、焓值大，导致单位抽汽热量影响的发电量较多，一定程度上影响了热电联产的能效，但这一供热方式相对于其他供热方式仍然具有优势。从计算结果中看出，热电联产的供热 *COP* 只有 3～5，能效并不是很高，这是由于电厂抽汽参数高，抽汽与热网水换热温差大，换热不可逆损失过大造成的。因此，通过吸收式热泵等技术措施回收余热并减少抽汽量可以减小这一不可逆损失，降低供热能耗，使热电联产能源利用效率高的优势更加突出。

8.1.2 热电联产余热回收供热方式

对于热电联产供热方式，回收乏汽余热可以提升系统能效。目前乏汽余热利用技术主要分为两大类：一类通过直接换热的方式回收乏汽余热，另一类通过热泵的方式提取乏汽余热。其中，通过直接换热方式回收乏汽余热的代表技术有"低压缸转子光轴改造技术"、"切除低压缸供热技术"和"双背压双转子互换技术"（简称"换转子改造"）。

1. 低压缸转子光轴改造和切除低压缸供热技术

光轴改造或切缸的供热方式相当于背压机的供热方式，高参数的中压缸排汽直接加热热网回水。同样地，利用㶲分摊法来计算这种供热方式的发电煤耗和供热煤耗，以某电厂 1 台 300MW 空冷供热机组为例，切缸供热工况下，中压缸排汽增加至 712t/h，供热量为 479.5MW。由于低压缸几乎不发电，发电量减少至 197MW。同样地，取热网设计供/回水温度为 130℃/60℃，根据式（4-2）可计算出一次网热水㶲折算系数为 0.2577。根据式（4-1）可以计算出供热煤耗分摊比例为 0.386，发电煤耗分摊比例为（1−0.386）＝0.614。取锅炉效率为 93%，根据锅炉负荷可计算出耗煤量为 90538kgce/h，则发电分摊耗煤量为 0.614×90538＝55627kgce/h，供热分摊耗煤量为 0.386×90538＝34911kgce/h，发电煤耗为 55627/196＝282.5gce/kWh，供热煤耗为 20.2kgce/GJ。

利用同样的计算方法，可以得到 300MW、600MW 空冷、湿冷供热机组，以及空冷、湿冷对应的纯凝改造供热机组的切缸供热方式的发电煤耗和供热煤耗。各类型机组切缸供热工况下的基本参数如表 8-3 所示。

不同类型机组切缸供热方式的工况参数　　表 8-3

名称		切缸后排汽流量 (t/h)	排汽压力/温度 (MPa. a/℃)	发电功率 (MW)	切缸排汽供热功率（MW）
300MW 供热机组	空冷	712.3	0.472/274.8	196.9	479.5
	湿冷	682.7	0.470/279.8	200.0	461.5
300MW 供热改造机组	空冷	731.8	0.824/339.1	171.3	518.1
	湿冷	692.7	0.798/336.4	182.0	489.2
600MW 供热机组	空冷	1425.7	0.557/256.8	453.8	943.9
	湿冷	1190.3	0.482/263.0	452.7	793.1
600MW 供热改造机组	空冷	1319.0	1.077/375.9	336.6	960.5
	湿冷	1218.0	1.04/375.0	325.3	886.7

取同样的热网供回水温度和室外平均温度，热网水㶲折算系数均为 0.2577，利用㶲分摊法计算得到不同类型机组切缸供热方式的设计工况下发电煤耗和供热煤耗，并采用热电变动法计算不同机组切缸供热方式的等效供热 COP，如表 8-4 所示。

不同类型机组切缸供热方式的设计工况下发电煤耗和供热煤耗　　表 8-4

名称		发电量 (MW)	供热量 (MW)	发电煤耗分摊比例	供热煤耗分摊比例	发电煤耗 (gce/kWh)	供热煤耗 (kgce/GJ)	等效供热 COP
300MW 供热机组	空冷	196.9	479.5	0.614	0.386	282.5	20.2	4.57
	湿冷	200.0	461.5	0.627	0.373	289.8	20.7	4.30
300MW 供热改造机组	空冷	171.3	518.1	0.562	0.438	296.0	21.2	3.86
	湿冷	182.0	489.2	0.591	0.409	300.4	21.5	3.41
600MW 供热机组	空冷	453.8	943.9	0.651	0.349	267.4	19.1	4.58
	湿冷	452.7	793.1	0.689	0.311	268.7	19.2	3.50
600MW 供热改造机组	空冷	336.6	960.5	0.576	0.424	292.6	20.9	3.64
	湿冷	325.3	886.7	0.587	0.413	301.2	21.6	2.94

经过低压缸光轴改造或切缸后，在相同的进汽量情况下，可以提高机组供热能力，同时没有低压缸乏汽排放。但这种方式从原理上讲相当于背压机供热的方式，将抽汽直接用于加热热网水，换热温差大，仍存在很大的换热损失，其等效供热 COP 与抽汽供热方式相当。

利用㶲分摊法计算得到其发电煤耗，发现这种方式虽然能增加供热量，但其煤耗并没有有效降低，与抽汽供热方式相当。同样的，燃煤背压热电联产的方式，尤其是小容量、高热电比的背压机方式并不具备节能优势。以1台25MW的背压机为例，根据㶲分摊法计算发电煤耗来说明问题。背压供热工况下，机组热力特性如表8-5所示。

某电厂 25MW 背压机组供热工况参数　　　　　　　　　　表 8-5

名称	单位	数值
排汽流量	t/h	160.1
排汽压力/温度	MPa. a/℃	1.078/273.56
发电功率	MW	25.8
排汽供热功率	MW	103.6

取相同的热网设计供/回水温度130℃/60℃，则一次网热水㶲折算系数为0.2577。设计工况下，可计算出发电煤耗为 362.3gce/kWh，供热煤耗为25.9kgce/GJ。从计算结果中可以看出，小背压机供热的方式发电煤耗远高于大容量机组。实质上虽然背压式热电联产的方式减少发电量，加大热电比，总热效率较高，但是由于小型电厂具有蒸汽初参数低这一先天性不足，发电效率低下，即便是热电联产，其能源利用效率也没有优势。因此，不能盲目推广小容量的燃煤热电联产机组，即使是背压机组。

2. 高背压直接换热供热方式

提高汽轮机排汽背压，将热网回水引入凝汽器，与乏汽直接换热，由乏汽余热承担主要的供热负荷，最终由热网尖峰加热器加热后送出。直接换热方式的供热系统如图8-1所示。

高背压的供热方式是在抽汽工况的基础上提高背压或进行换转子改造，热网回水先和低压缸排汽直接换热，可减少一部分抽汽尖峰加热量，抽汽流量更少，用去多发电。以1台300MW湿冷机组为例，取同样的热网供/回水温度130℃/

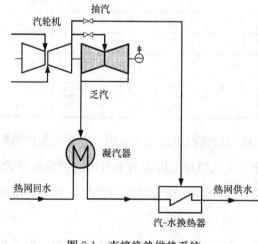

图 8-1　直接换热供热系统

60℃和室外平均温度，利用㶲分摊法计算高背压供热方式的发电煤耗和供热煤耗。当回水温度为 60℃时，采用换转子的方式提高背压，此时发电煤耗为 283.1gce/kWh，供热煤耗为 20.3kgce/GJ。回水温度较高时，为了尽可能多地回收乏汽余热，尽量提高机组背压，且增加抽汽流量，这对机组发电量影响较大，同时由于回水温度较高，会出现乏汽余热回收不完而弃热的情况，导致能耗较高。因此，降低一次网回水温度，可以增加热网水与乏汽直接换热热量，减少尖峰加热的抽汽量，有效降低系统能耗。以热网回水降低至 20℃为例，全部回收乏汽余热时，利用㶲分摊法得到发电煤耗为 280.4gce/kWh，供热煤耗为 16.4kgce/GJ，相比于高温回水，系统煤耗显著降低，如表 8-6 所示。因此，降低一次网回水温度能显著降低系统供热能耗。

回水温度为 60℃和 20℃时的发电煤耗和供热煤耗　　　　表 8-6

名称	回水温度（℃）	发电量（MW）	供热量（MW）	发电煤耗分摊比例	供热煤耗分摊比例	发电煤耗（gce/kWh）	供热煤耗（kgce/GJ）
300MW 湿冷	60	239.2	473.0	0.718	0.282	283.1	20.3
供热机组	20	256.3	466.6	0.723	0.277	280.4	16.4

利用㶲分摊法计算得到不同类型机组高背压供热方式的发电煤耗和供热煤耗，并采用热电变动法计算不同机组的等效供热 *COP*，取一次网供/回水温度为 130℃/20，如表 8-7 所示。

不同类型机组高背压供热方式设计工况下的发电煤耗和供热煤耗

（回水温度为 20℃）　　　　表 8-7

名称	冷却方式	改造方式	背压（kPa·a）	发电量（MW）	供热量（MW）	发电煤耗分摊比例	供热煤耗分摊比例	发电煤耗（gce/kWh）	供热煤耗（kgce/GJ）	等效供热 COP
300MW 供热机组	空冷	不换转子	30.0	253.3	472.5	0.718	0.282	271.1	15.9	7.52
		换转子	53.0	259.2	467.4	0.725	0.275	267.4	15.7	8.28
	湿冷	不换转子	11.7（有弃热）	252.2	417.7	0.741	0.251	292.9	17.2	5.25
		换转子	53.0	256.3	466.6	0.723	0.277	280.4	16.4	5.61
300MW 供热改造机组	空冷	不换转子	30.0（有弃热）	244.0	361.9	0.762	0.238	300.9	17.6	5.58
		换转子	53.0	240.2	445.6	0.719	0.281	288.3	16.9	7.31
	湿冷	不换转子	11.7（有弃热）	239.2	446.6	0.824	0.176	313.6	18.4	3.82
		换转子	53.3	245.6	411.6	0.728	0.272	299.8	17.6	4.80

续表

名称	冷却方式	改造方式	背压 (kPa·a)	发电量 (MW)	供热量 (MW)	发电煤耗分摊比例	供热煤耗分摊比例	发电煤耗 (gce/kWh)	供热煤耗 (kgce/GJ)	等效供热 COP
600MW供热机组	空冷	不换转子	30.0 (有弃热)	551.3	899.0	0.744	0.256	264.7	15.5	8.51
		换转子	33.1	549.1	932.6	0.740	0.260	260.3	15.2	8.65
	湿冷	不换转子	11.7 (有弃热)	520.9	505.0	0.830	0.170	281.4	16.5	3.86
		换转子	45.2	488.8	769.1	0.755	0.245	269.0	15.8	4.81
600MW供热改造机组	空冷	不换转子	30.0 (有弃热)	497.1	617.7	0.792	0.208	288.5	16.9	5.33
		换转子	53.0	486.4	808.8	0.746	0.254	277.2	16.2	6.63
	湿冷	不换转子	11.7 (有弃热)	526.4	318.0	0.887	0.113	301.4	17.6	2.95
		换转子	96.4	482.2	740.2	0.758	0.242	277.7	16.3	4.66

从结果中可以看出，对于不换转子的方式，机组背压提升幅度有限，只采用一台机组供热时，无法完全回收部乏汽余热，会出现弃热的情况，导致系统发电煤耗较高。尤其是湿冷机组，背压较低，弃热情况更严重。为了更多地回收余热，在供暖季更换低压缸转子，其背压为能完全回收机组乏汽余热所需的最低背压。因此，对应减少的发电量为提高背压后减少的机组发电量和由于抽汽而减少的发电量。由于排汽参数较低，凝汽器加热热网水这部分的等效供热 COP 较高，因此总的来说，系统的等效供热 COP 比抽汽供热方式高，同时，相应的㶲分摊发电煤耗比抽汽供热方式和切缸方式低。对比各机组抽汽供热方式的等效供热 COP 可以看出，对于空冷机组，其自身背压较高，因此提高机组背压的改造方式对发电量的影响较小，可以显著提升总热效率，提高其等效供热 COP。对于湿冷机组，尤其是纯凝改造的机组，抽汽量相对来说较少，会出现乏汽余热回收不完的情况，此时热效率较低，等效供热的 COP 较小。

为了尽可能多地回收乏汽余热，采用多台汽轮机同时供热，系统配置时应遵循热网水"梯级加热"的基本原则，尽可能减小各个加热环节的不可逆损失，降低供热成本。采用高背压供热方式，多台机组改造为不同排汽压力的高背压机组，减少换热损失，共同承担供热基本负荷，最后由抽汽直接加热作为调峰，系统流程如图 8-2 所示。

以 2 台和 4 台 300MW 湿冷供热机组为例进行分析，一次网供/回水温度为 130℃/20℃，机组热力特性如表 8-8 所示。

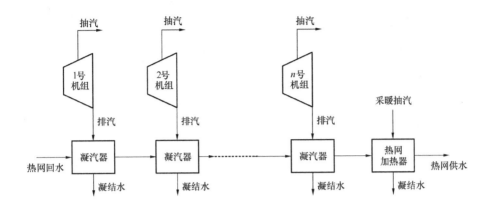

图 8-2　多台汽轮机高背压供热方式流程图

2 台和 4 台 300MW 湿冷供热机组高背压供热工况参数　　　　表 8-8

名称	单位	2 台机组		4 台机组	
背压	kPa.a	1 号机组	11.7	1 号机组	7.8
				2 号机组	16.5
		2 号机组	53.0	3 号机组	32.6
				4 号机组	60.2
发电功率	MW	533.6		1108.4	
供热功率	MW	925.3		1829.0	
发电煤耗	gce/kWh	273.0		266.3	
供热煤耗	kgce/GJ	16.0		15.6	
等效供热 COP		7.16		8.38	

通过计算可以看出，对于多台机组供热，采用凝汽器串联、梯级加热热网水的方式是合理的，通过增加换热级数，有效减小热网水换热过程的换热损失。靠近热网回水进口的凝汽器运行背压可以较低，其等效发电煤耗也相应减少，等效供热 COP 显著提升。相比于单台机组或多台机组并联的形式，其发电煤耗是 280.4gce/kWh，供热煤耗为 16.4kgce/GJ，多台机组凝汽器串联可降低煤耗。

从上述的简单案例可以知道，回水温度对高背压供热方式的能耗影响显著。如图 8-3 所示，随着回水温度的升高，系统发电煤耗和供热煤耗将会增加。回水温度越高，热网水与乏汽直接换热部分越少，为了尽可能地实现余热全回收，需要提升机组背压，同时增加抽汽供热量，但提升背压和增加抽汽量均会对机组发电造成影响，使系统能耗显著提升。在回水温度较高时，多台机组串联对于降低系统能耗的影响不大。随着回水温度的降低，多台机组"梯级加热"以减小换热损失的优势更加明显。随着串联机组的台数增加，其发电煤耗和供热煤耗显著降低。

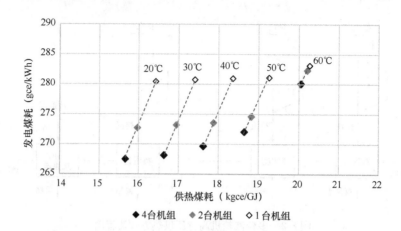

图 8-3　不同回水温度对高背压供热方式的能耗影响

这种高背压"梯级加热"的方式在山西太原古交电厂余热回收方案中有所体现。通过多级凝汽器串联可缩小每级凝汽器的换热温差，减少不可逆损失，降低煤耗。如图 8-4 所示，在串联系统中，机组背压逐级上升，减少了发电损失，这种逐

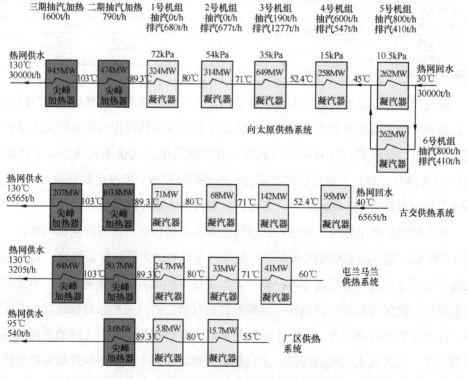

图 8-4　古交古交电厂乏汽余热回收实施方案

级加热的余热回收方式相比于抽汽供热节能 50% 左右。

3. 吸收式热泵方式

吸收式热泵利用高温热源作为驱动力，提取低温热源的热能用于供热。利用吸收式热泵技术回收乏汽余热，没有额外的能源消耗，同时使一次网水加热流程更接近于多级抽汽梯级加热的效果，减少了换热过程中的不可逆损失。

吸收式热泵的供热方式是在抽汽供热的基础上进行改造，其抽汽压力、温度与抽汽供热工况相同，但抽汽流量可有所减少。取同样的热网供回水温度和室外平均温度，利用㶲分摊法计算得到不同类型机组吸收式热泵供热方式的发电煤耗和供热煤耗，并采用热电变动法计算不同机组的等效供热 COP，如表 8-9 所示。

不同类型机组吸收式热泵供热方式设计工况下的发电煤耗和供热煤耗

（回水温度为 20℃）　　　　　　　　　　　　　　　表 8-9

名称	冷却方式	背压 (kPa·a)	发电量 (MW)	供热量 (MW)	发电煤耗分摊比例	供热煤耗分摊比例	发电煤耗 (gce/kWh)	供热煤耗 (kgce/GJ)	等效 COP
300MW 供热机组	空冷	30.0	269.8	469.4	0.732	0.268	259.4	15.2	9.06
	湿冷	11.7	262.3	466.9	0.729	0.271	277.8	16.3	6.36
300MW 供热改造机组	空冷	30.0	255.3	439.4	0.734	0.266	277.0	16.2	8.23
	湿冷	11.7	276.9	349.0	0.790	0.210	284.4	16.7	5.02
600MW 供热机组	空冷	30.0	567.9	926.1	0.744	0.256	257.0	15.0	10.41
	湿冷	10.0	524.1	609.7	0.805	0.195	267.7	15.7	4.77
600MW 供热改造机组	空冷	30.0	499.2	808.7	0.745	0.255	270.2	15.8	7.40
	湿冷	40.7	498.8	746.5	0.847	0.153	272.6	16.0	4.28

吸收式热泵供热方式的等效供热 COP 高于低压缸光轴改造技术与低压缸切除技术，㶲分摊发电煤耗远低于低压缸光轴改造技术与低压缸切除技术。

对于多台汽轮机同时供热，系统配置时应遵循热网水"梯级加热"的基本原则，系统流程如图 8-5 所示。多台机组按照背压由低到高将凝汽器串联，减少换热损失，然后由吸收式热泵回收余热，最后由抽汽直接加热作为调峰，这样可避免换采用转子方式，使电厂余热回收供热更加简单高效。

以 2 台和 4 台 300MW 湿冷供热机组为例进行分析，供/回水温度为 130℃/20℃，机组热力特性如表 8-10 所示。

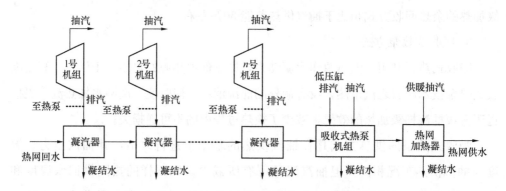

图 8-5 多台汽轮机吸收式热泵供热方式流程图

2 台和 4 台 300MW 湿冷供热机组吸收式热泵供热工况参数 表 8-10

名称	单位	2 台机组		4 台机组	
背压	kPa·a	1 号机组	7.0	1 号机组	4.5
				2 号机组	5.4
		2 号机组	11.7	3 号机组	7.8
				4 号机组	10.1
发电功率	MW	527.7		1060.9	
供热功率	MW	930.0		1857.6	
发电煤耗	gce/kWh	274.9		273.9	
供热煤耗	kgce/GJ	16.1		16.0	
等效供热的 COP		6.86		6.99	

对于多台机组组成的系统，采用串联逐级加热方式后，由于吸收式热泵在最后一级替代抽汽加热热网水，其减小不可逆换热损失的作用已经明显减小。因而，当多台机组串联时，采用吸收式热泵回收余热的方式已不太有效。

8.1.3 多种余热回收供热方式的小结

本节介绍了几种热电联产乏汽余热回收利用的技术，包括低压缸光轴改造和切缸改造技术、双背压双转子互换技术、吸收式热泵余热回收技术。图 8-6 给出了抽汽供热方式及利用不同乏汽余热回收技术的供热方式的总热效率。抽汽供热方式由于低压缸排汽热量未进行回收，全部通过冷却塔散掉，其总热效率较低。纯凝改造机组的抽汽量更少，其散失的乏汽余热更多，总热效率更低。对于低压缸光轴改造或切缸改造方式，中压缸排汽全部用于供热，其总热效率接近于锅炉效率。对于高背压供热方式，提高背压可更多地回收乏汽余热，在不换低压缸转子的情况下，由于背压提升幅度有限，往往出现乏汽回收不完的情况，导致总热效率较低。为了尽可能多地回收乏汽热量，可对低压缸进行换转子改造以进一步提升机组背压。对于吸收式热泵的供热方式，可利用高品位抽汽作为驱动热源回收乏汽热量，提高系统总热效率。但对于有些机组，例如纯凝改供热的机组，其抽汽量较少，即便采用高背压结合吸收式热泵的方式往往仍不能回收全部乏汽余热。应将多台机组串联，利用不同的机组背压和吸收式热泵，合理搭配出"梯级加热"的换热流程，尽可能多地回收低压缸乏汽余热，提高系统总热效率。而热网回水温度对系统总效率也有较大影响。当热网回水温度较高时，热网水与乏汽直接换热部分减少，同时受到机组最大抽汽量的限制，导致乏汽余热无法全部回收，系统总热效率降低。

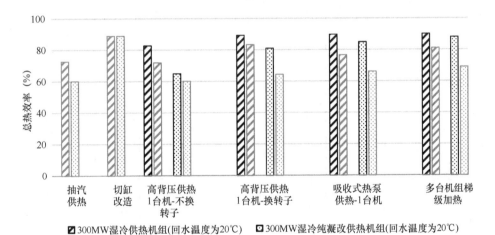

图 8-6　不同供热方式的总热效率

对于热电联产系统产出的电力和热量，应同时考虑总效率和品位，利用㶲分摊法来计算其发电煤耗和供热煤耗。对于不同余热利用供热方式，各自的发电煤耗如表 8-11 所示，同时表中列出了机组纯凝工况下的发电煤耗和抽汽供热的发电煤耗以作比较。

如图 8-7～图 8-10 所示为不同供热方式的发电煤耗和供热煤耗比较，其中，高背压和吸收式热泵供热方式为单台机组供热。

采用分摊法对不同机组不同供热方式计算得到的发电煤耗和供热煤耗　表 8-11

类型		冷却方式	纯凝	抽汽供热 (供/回水温度 130℃/60℃)		切缸 (供/回水温度 130℃/60℃)		高背压供热方式—单台机组 (供/回水温度 130℃/20℃)				吸收式热泵供热方式—单台机组 (供/回水温度 130℃/20℃)	
								不换转子		换转子			
			发电煤耗	发电煤耗	供热煤耗	发电煤耗	供热煤耗	发电煤耗	供热煤耗	发电煤耗	供热煤耗	发电煤耗	供热煤耗
			gce/kWh	gce/kWh	kgce/GJ	gce/kWh	kgce/GJ	gce/kWh	kgce/GJ	gce/kWh	kgce/GJ	gce/kWh	kgce/GJ
600MW	供热机组	湿冷	267.5	272.1	19.5	268.7	19.2	281.4	16.5	268.4	15.7	267.7	15.7
	供热机组	空冷	282.1	277.4	19.9	267.1	19.1	264.7	15.5	259.9	15.2	257.0	15.0
	纯凝改供热机组	湿冷	278.0	280.9	20.1	301.2	21.6	301.4	17.6	291.0	17.0	272.5	16.0
	纯凝改供热机组	空冷	284.9	294.1	21.0	292.6	20.9	288.5	16.9	275.2	16.1	270.2	15.8
300MW	供热机组	湿冷	308.0	289.4	20.7	289.8	20.7	292.9	17.2	280.4	16.4	277.8	16.3
	供热机组	空冷	301.8	285.5	20.4	282.5	20.2	271.1	15.9	267.4	15.7	259.4	15.2
	纯凝改供热机组	湿冷	289.2	299.9	21.5	300.4	21.5	313.6	18.4	299.8	17.6	284.4	16.7
	纯凝改供热机组	空冷	300.7	307.0	22.0	296.0	21.2	300.9	17.6	288.3	16.9	277.0	16.2
25MW	供热机组		—	362.3	25.9	—	—	—	—	—	—	—	—

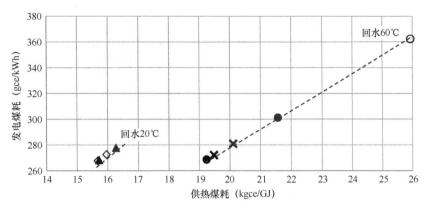

图 8-7　600MW 湿冷机组不同供热方式及 25MW

机组背压供热的发电煤耗和供热煤耗

如图 8-7 所示，图中空心圆表示 25MW 背压机组的发电煤耗和供热煤耗，其余图形表示 600MW 湿冷机组不同供热方式的煤耗。可以直观地看出，小背压机供热的方式发电煤耗和供热煤耗远远高于大容量机组，因此，不能盲目地推广小型热电联产方式，即便是背压机组。

图 8-8 ～ 图 8-10 分别表示了 600MW 空冷机组、300MW 湿冷机组、300MW 空冷机组各自对应的供热机组和纯凝改造机组的单台机组发电煤耗和供热煤耗。

图 8-7～8-10 中灰色图形表示纯凝改造机组不同供热方式的煤耗，黑色图形表

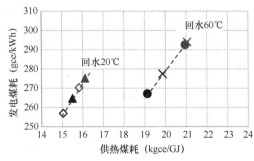

图 8-8　600MW 空冷机组不同供热方式的发电煤耗和供热煤耗

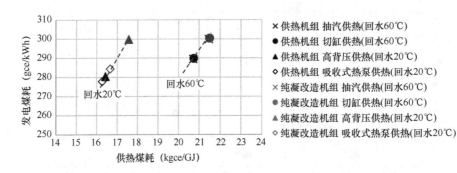

图 8-9 300MW 湿冷机组不同供热方式的发电煤耗和供热煤耗

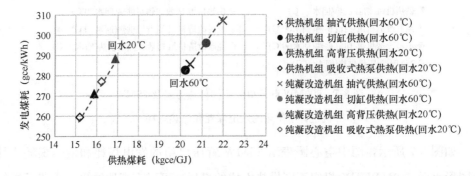

图 8-10 300MW 空冷机组不同供热方式的发电煤耗和供热煤耗

示供热机组不同供热方式的煤耗。抽汽供热和切缸改造供热方式的一次网回水温度为 60℃，高背压和吸收式热泵的供热方式回水温度为 20℃。可以看出，纯凝改造机组的煤耗高于供热机组的煤耗。对于同一种冷却方式的机组，300MW 机组的煤耗要高于 600MW 机组的煤耗。

图中"×"表示抽汽供热的方式，圆形表示切缸改造的供热方式，三角形表示单台机组的高背压供热方式，空心菱形表示单台机组采用吸收式热泵的供热方式。其中，切缸供热方式虽然可以增大供热能力，但发电煤耗最高，高背压供热和吸收式热泵供热方式煤耗较低。

图 8-11 表示了不同台数的 300MW 湿冷供热机组在高背压和吸收式热泵供热方式下的发电煤耗和供热煤耗。

结合表 8-12 可以看出，对于高背压的余热回收供热方式，应遵循热网水"梯级加热"的基本原则，将多台机组的凝汽器按照背压由低到高进行串联，以

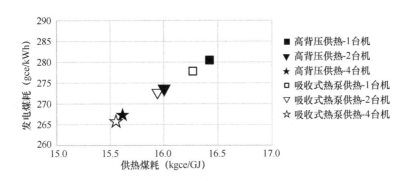

图 8-11 不同台数 300MW 湿冷供热机组高背压和吸收式热泵供热方式下
的发电煤耗和供热煤耗（回水温度 20℃）

减小换热温差，减少换热损失，从而降低发电煤耗。对于吸收式热泵的供热方式，是使一次网水加热流程更接近于多级抽汽梯级加热的效果，以此达到减少换热过程中的不可逆损失的目的，其效果相当于高背压串联的方式。对于多台机组构成的热源，逐级串联升温可以减少换热的不可逆损失。热网水首先由串联的各台机组凝汽器加热，机组背压依次升高，吸收式热泵设置在最末级凝汽器之后，最后再由热网尖峰加热器加热后送出。

多台机组高背压和吸收式热泵供热方式的发电煤耗和供热煤耗

（供/回水温度 130℃/20℃）   表 8-12

台数	高背压供热方式		吸收式热泵供热方式	
	发电煤耗 （gce/kWh）	供热煤耗 （kgce/GJ）	发电煤耗 （gce/kWh）	供热煤耗 （kgce/GJ）
单台机	280.4	16.4	277.8	16.3
两台机	272.7	16.0	274.9	16.1
四台机	267.1	15.7	273.9	16.0

对于余热回收系统来说，一次网回水温度是一个关键的影响因素。图 8-12 表示了不同回水温度下，某 300MW 湿冷机组，抽汽供热、高背压供热和吸收式热泵供热方式的发电煤耗和供热煤耗。

从图 8-12 中可以看出，对于常规的抽汽供热方式，随着回水温度的升高，发电煤耗降低，供热煤耗升高。供水温度不变时，回水温度升高，抽汽与热网水之间

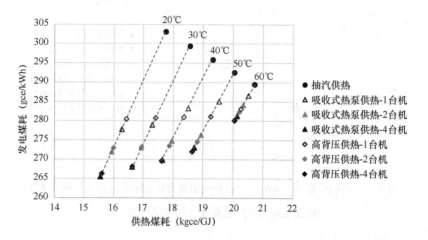

图 8-12　不同回水温度对不同供热方式发电煤耗和供热煤耗的影响

的换热温差减小，换热损失减小。

随着回水温度的升高，高背压和吸收式热泵供热方式的煤耗升高。这是由于当一次网回水温度低于机组背压对应的饱和温度时，可以通过凝汽器与低压缸排汽直接换热。随着一次网回水温度的升高，热网水与低压缸排汽直接换热部分减少，甚至无法通过直接换热的方式回收乏汽热量，只能通过抽汽加热或吸收式热泵来加热热网水。回水温度升高，与乏汽直接换热热量减少，需要更多的抽汽加热热网水或用于驱动吸收式热泵回收乏汽余热，从而抽汽影响的发电量更多。此外，随着回水温度继续升高，会出现即使抽汽量达到最大也无法回收全部乏汽余热的情况，需要弃掉一部分低温乏汽余热，使得煤耗进一步升高。

当存在多台机组时，通过把各机组凝汽器串联，梯级加热热网水，可减小加热热源与热网水之间的换热损失，降低发电和供热煤耗。此时，用这种简洁方式已经形成了加热热源的梯级温度，不再需要吸收式热泵来形成梯级温度。因此，当多台机组供热时，优先选择的加热方式应该是不同背压串联加热，而不是吸收式热泵的换热方式。

8.2 热电协同的集中供热技术

8.2.1 热电协同的集中供热系统

将纯凝火电改造为热电联产并回收余热热量是未来热电联产的主要发展模式。而热电联产目前采用以热定电的运行方式，这种模式下，热电机组在供暖季，尤其是严寒期的发电调节能力大幅缩小。热电机组在发挥其最大供热能力时，发电出力调节更加困难。

将纯凝火电厂改造为热电厂之后，按以热定电方式运行，电网调峰能力将严重受影响。因此，热电厂必须改变其运行模式，仍然可以按照改造前纯凝电厂的方式承担原有的发电调峰职责，并且不降低电厂的供热能力，实现热电协同。

本书第 4 章介绍了几种热电联产调峰的手段，结合蓄热罐装置的调峰方法会减少系统在一天内的供热总量，从而影响供热能力；旁通锅炉主蒸汽方式用锅炉主蒸汽直接加热热网水，换热过程不可逆损失大，系统能效低；切除低压缸技术相当于背压机，直接用中压缸排汽加热热网水，加热过程存在较大的不可逆损失。上述几种方式在提高电厂灵活性的同时均降低了能源利用效率。

为了同时提高热电联产的能源利用效率与灵活性，清华大学提出了热电协同的集中供热新模式。基于电厂余热回收集中供热流程，改变抽汽量可以改变机组发电功率。但是汽轮机抽汽量的上下限均受到一定条件的限制。为了突破这种限制，就需要额外的设备来实现。如图 8-13 所示，电负荷高峰期，当抽汽量减少到余热全回收所需要的最小抽凝比工况后，如果需要机组发出更多电量，则需进一步减少机组抽汽量。此时，汽轮机增加的排汽热量无法回收。此外，减少抽汽可能使得余热回收热泵的驱动能力不足，从而有更多的排汽余热无法回收。因此，系统中设置了一个低温蓄热罐，蓄热罐中预存了低温储水，储水经过凝汽器回收排汽余热后，升温储存回低温蓄热罐中。与此同时，抽汽量减少使得热网供热量减少，因而，为了维持热网供热量不变，需要在系统中设置一个高温蓄热罐，其中预存了高温储水。热网水经过余热回收热泵加热后，进入高温蓄热罐将其中储存的高温储水置换出来。高温罐释放出的热量可弥补抽汽量减少所带来的供热能力缺口，从而维持系统供热能力不变。经过上述流程，高峰期热网供热能力没有降低，而热电机组减少了抽汽量，提高了发电功率。

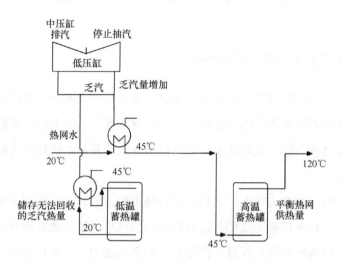

图 8-13　热电协同系统高峰期流程

　　而上述流程中需要在电力高峰期在低温罐储热，以在电力低谷期从中提取热量并提高温度后用于供热；同时低谷期还需要制备热水储存在高温罐，用于电力高峰期的供热。低谷期制取高温热水要通过如下两种方式：

　　（1）增加抽汽的方式：如图 8-14 所示，低谷期将汽轮机抽汽量增加，机组排汽量则相应减少。此时，凝汽器所需的冷却量减少。在凝汽器进出口温度不变时，凝汽器所需的热网水流量减少。而多出的低温热网回水可进入低温蓄热罐储存起来。机组增加的抽汽热量则用于加热高温蓄热罐中的储水。

　　图 8-13 与图 8-14 的两个流程即组成了该系统一天内电负荷高峰期和电负荷低谷期的循环蓄放流程。高峰期通过减少抽汽量来增加机组发电功率，无法由热网水回收的排汽热量则储存在低温蓄热罐中；高温蓄热罐释放高温储水平衡供热能力。低谷期增加汽轮机抽汽量，凝汽器所需冷却流量减少，从而可将过剩的低温热网回水存入低温蓄热罐；增加的抽汽则用于加热高温蓄热罐储水。

　　（2）电热泵方式：机组最大抽汽量受到低压缸最小冷却流量的限制。因此，采用前述增加抽汽的方式时，若抽汽已经达到机组的最大抽汽量，仍需要制取更多低温储水和高温储水，则需要使用电热泵。如图 8-15 所示，电热泵将低温蓄热罐中储水温度降低，提取热量用于加热高温蓄热罐储水。该过程中，电热泵消耗过剩电

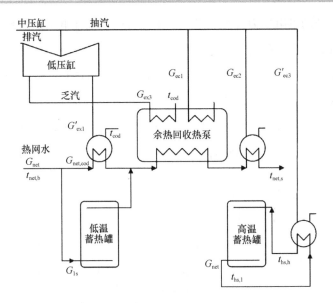

图 8-14　热电协同系统低谷期增加机组抽汽后的运行原理图

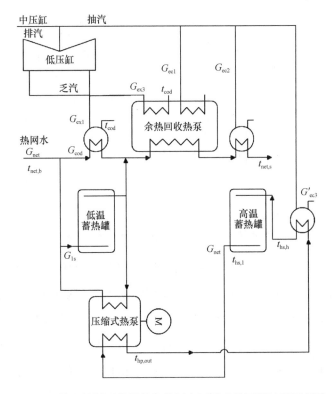

图 8-15　热电协同系统低谷期使用电压缩式热泵的运行原理图

力。此时，系统的发电出力为机组发电功率减去电热泵耗电功率。系统的发电出力低于最大抽汽量工况下的机组发电功率。

在保证余热全回收的前提下，上述第一种方式通过调整汽轮机抽汽量实现发电量在电力高峰和低谷期间的改变，第二种方式则突破了抽汽量变化范围的限制，从而突破了电厂余热回收系统的发电功率调节范围限制，实现热电协同。

上述两种低谷期方式可以结合起来同时使用，低谷期的流程如图 8-16 所示。

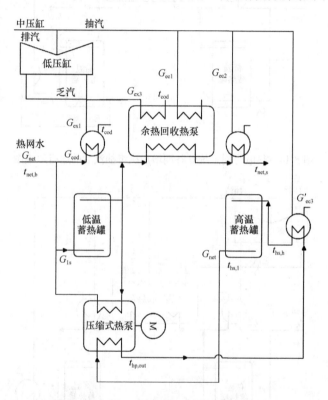

图 8-16　热电协同系统低谷期运行原理图

上述系统是将高峰期无法回收的余热储存在低温蓄热罐，利用低谷期过剩的电力等驱动力回收并升温后储存在高温蓄热罐中，并在高峰期释放。

热电协同系统本质上是通过蓄热装置使得余热与回收余热所需的驱动力在时间上相匹配。因而，除了上述通过储存和转移余热来实现热电协同的方式外，还可通过储存和转移驱动力的方式来实现热电协同。如图 8-17 所示，低谷期电热泵和抽汽将高温蓄热罐中的储水加热至 150～160℃，热网回水和电热泵制取的冷水储存在低温罐中；高峰期，高温罐储水驱动吸收式热泵回收乏汽后供入热网，吸收式热泵与凝汽器回收部分乏汽余热，剩下无法回收的乏汽余热则储存在低温罐中。

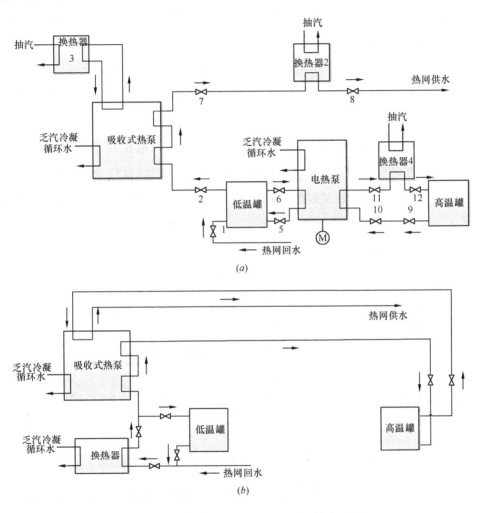

图 8-17　储存驱动方式的热电协同系统流程图

(*a*) 低谷期流程图；(*b*) 高峰期流程图

储存驱动力的方式利用高温罐储存 120℃以上的高温热水，转移至高峰期用于驱动吸收式热泵回收部分乏汽，增大吸收式热泵的利用率，减少了储存转移至低谷期的乏汽热量，从而减少所需的电热泵容量，并减小低温罐体积。

8.2.2 案例介绍

某电厂共有 8 台发电机组。拟对供热区域内热力站全部进行大温差改造，降低热网回水温度，以增加电厂余热回收量，提高供热能力，满足区域内的供热需求。热网设计供/回水温度为 120℃/20℃。

余热回收供热系统将 8 台机组分为 4 个单元，每两台机组为一单元，组成一个独立的供热子系统。本节以其中的 1 号、2 号机组所组成的供热单元为案例进行模拟计算。

1 号、2 号机组组成的供热单元中，20℃的热网回水依次经过两台机组的凝汽器串联加热至 40℃，随后进入吸收式热泵进一步回收机组排汽余热，热网水被加热至 90℃。最后，热网水经过抽汽加热至 120℃后供入热网。系统流程图如图 8-18所示。

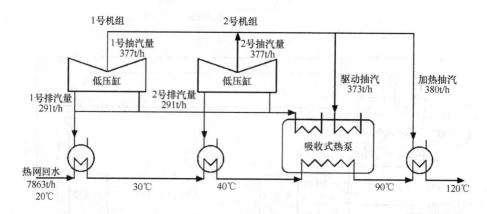

图 8-18 某电厂 1 号、2 号机组余热回收供热系统流程图

从图 8-18 中可以看出，为实现回收全部排汽余热供热，每台机组所需最小抽汽量为 377t/h。此时系统的总供热量为 913MW。两台机组合计发电功率为 481.5MW。此时两台机组的发电功率为额定发电功率的 75.2%。

以实现最大发电调节能力为目标对上述余热回收系统进行热电协同改造。高峰期机组抽汽量为 0t/h，两台机组的排汽热量合计 746.4MW。机组低压缸排汽温度为 43℃，凝汽器热网水出口温度为 40℃，热网流量为 7863t/h，热网水通过凝汽器能回收排汽余热 182.6MW。此时还剩下 563.8MW 排汽余热无法回收，需要存入低温蓄热罐。所以，如图 8-19 所示，高峰期达到最大发电量时，低温罐的进出流量为 24280t/h。

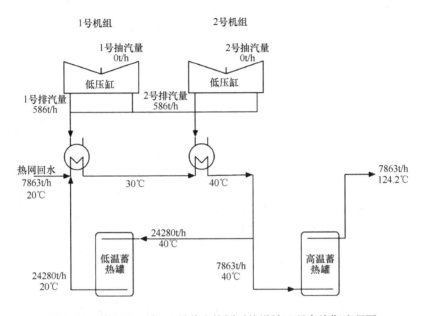

图 8-19 某电厂 1 号、2 号热电协同系统设计工况高峰期流程图

低谷期，按蓄放时间相同进行设计，则低温罐的进出流量与高峰期相等。如图 8-20 所示，低谷期机组抽汽量达到最大抽汽量 400t/h。此时，两台机组的排汽热量合计 347.3MW。其中 188.0MW 的热量通过吸收式热泵回收，剩下 159.3MW 的热量需要通过凝汽器回收，所需热网水流量为 6860t/h。因此，热网回水中可分出 1003t/h 的流量直接进入低温蓄热罐。电热泵需要将剩下的低温储水降温，此时电热泵的总制冷容量应为 540.5MW。电热泵冷凝侧首先将 40℃的高温罐储水加热至 90℃，然后将这个储水和经过余热回收热泵加热后的热网水一同加热至 107.4℃。最后再由机组抽汽将储水和热网水加热至 124.2℃。

上述流程中，系统在低谷期的供热能力与高峰期的供热能力相等，均为 951.2MW。低谷期两台机组的发电功率合计 472.2MW，蓄能电热泵消耗电力 233.5MW，因此系统发电出力为 238.7MW，为额定发电功率的 37.3％。高峰期两台机组发电功率合计 632MW，为额定发电功率的 98.8％。以上述余热回收系统为基准工况，系统蓄放效率为 62％。蓄放效率是体现蓄能系统性能的重要指标。对于热电协同集中供热系统，系统蓄放效率采用与蓄电调峰系统类似的定义：以电

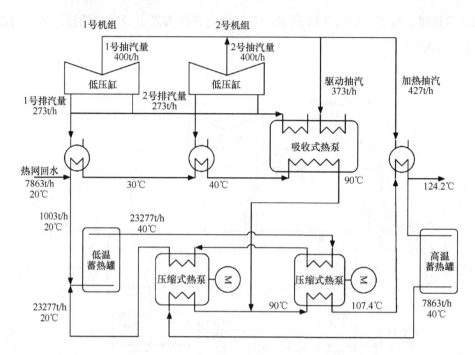

图 8-20 某电厂 1 号、2 号热电协同系统设计工况低谷期流程图

厂余热回收系统为基准工况,采用热电协同调峰系统后,系统高峰期相比基准工况增加的发电量与低谷期降低的发电量的比值。

热电协同调峰系统设备容量及投资估算如表 8-13 所示。系统总投资 4.97 亿元。抽水蓄能等方式的单位调峰投资按高峰期能释放的单位电功率所需投资计算。因此,热电协同系统同样以系统高峰期比基准工况增加的发电功率作为调峰能力来计算单位调峰能力投资。系统高峰期比基准工况增加发电功率 150.5MW,因此,该系统单位调峰能力的投资为 3300 元/kW。对比抽水蓄能等方式,热电协同系统单位调峰能力所需投资最少。

某电厂热电协同系统设备容量及投资估算表　　　表 8-13

设备名称	设备容量	单价	投资
电热泵	541MW	600 元/kW	32460 万元
低温蓄热罐	164020m³	800 元/m³	13122 万元
高温蓄热罐	51477m³	800 元/m³	4118 万元
合计			49700 万元

上述系统低谷期降低了发电功率 242.8MW。如图 8-21 所示,电厂发电按一天

8h 低谷期、8h 平段期和 8h 高峰期计算。若采用电锅炉消纳低谷电达到与上述系统相同的低谷期发电功率，则需要安装耗电量为 242.8MW 的电锅炉，并需配有蓄热装置。电锅炉和蓄热装置投资按 1500 元/kW 计算，则电锅炉投资共 36400 万元，比热电协同方式减少投资 13300 万元。

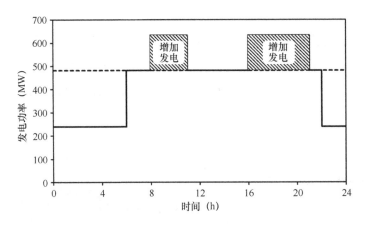

图 8-21 热电协同系统发电功率曲线

电锅炉低谷期消耗的电力无法在高峰期释放，而热电协同系统在高峰期可增加发电量，每天的高峰期 8h 共可释放 120 万 kWh 电量，这部分电量按燃煤电厂上网电价 0.38 元/kWh 计算，每天可增加电厂发电收入 45.8 万元。而电锅炉方式每天比热电协同方式增加供热量 4000GJ，按燃煤电厂热价 30 元/GJ 计算，则电锅炉方式每天供热收入增加 12 万元。按北京市供暖期 121d 计算，考虑到初末寒期调峰需求减少，热电协同系统的运行时长按供暖期的一半计算，则每个供暖季可增加的收益约 2050 万元。相比电锅炉方案，热电协同系统的增量投资回收期约为 6.5 年，热电协同系统经济上可行。

目前北方地区在冬季电负荷高峰期由于大量热电联产机组无法满负荷发电，所以缺乏高峰发电能力。现行上网电价机制无法反映电厂调峰对电网的作用，某些地区虽然出台了调峰电价政策，但也仅针对低谷期减少发电的能力给予补贴和奖励。这反而导致很多电厂采用电锅炉低效地将低谷电消耗，导致了能源的浪费，也不能改善高峰期缺乏发电能力的问题。若设置合理的电厂上网峰谷电价，可提高热电协同的经济性。如在保持总发电量不减小的情况下，将低谷期上网电价压低 50%，而高峰上网电价提高 50%，则上述热电协同系统的增量回收期仅为 4.3 年，经济性大幅提升。这样才能充分调动热电厂采用更高效地发电调节方式，减少低谷期发电的同时还能提高高峰发电能力，真正实现热电厂供热与供电的相互协同。

8.3　核　能　供　热　技　术

天然气等能源价格的上涨，以及环保的压力，使得核能的利用在全球范围内备受关注。[1] 自 1954 年以来，经过六十余年的发展，核能已经成为世界三大能源支柱之一。美、法、日、俄等国家相继发展核电，带动了全球的核电装机容量不断增长（见图 8-22）。

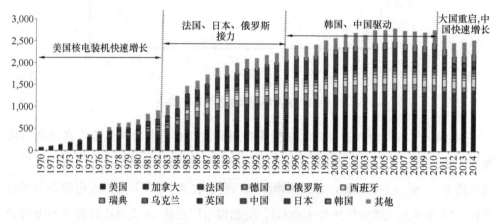

图 8-22　世界核能发展现状

随着环保问题被日益重视，核能作为目前世界的核心清洁低碳能源，发展迅速，核电的发电量约占世界发电量的 15%[2]。其中，在核能发展初期，美国核电装机容量增长迅速，其后法国、日本以及俄罗斯等国接力。截至 2017 年，全球共有 30 个国家运行 448 台核电机组，总净装机容量 3.92 亿 kW，全球占比约 11%。其中装机容量最多的国家是美国，法国、中国紧随其后。根据美国能源信息管理局的预测，2016～2040 年全球核电装机容量将以平均每年 1.6% 的速度增长，到 2040 年将增至 5 亿 kW。国际能源署发布的新版《世界能源展望》指出，如果要实现联合国可持续发展的目标，核电装机容量占比到 2040 年将需要达到 15%。

8.3.1 我国核电发展现状

截至 2017 年 12 月，我国在运核电站 39 座，装机容量约 3800 万 kW。2017 年核能发电占总发电量约 4%，全部分布在东南沿海。在建核电站 17 座，装机容量约 2000 万 kW。但在世界范围内，美国、法国、韩国、乌克兰、芬兰、瑞典、捷克等国家，核电均占其发电总量的 20% 以上，其中法国的核电占其能源结构的 74% 以上[2]。

2018 年 1～6 月，我国商业运行核电机组累计发电量为 1299.94 亿 kWh，约占全国累计发电量的 4.07%，比 2017 年同期上升 12.5%。核电设备平均利用小时数约为 7000h，设备平均利用率约为 82%[4]。

我国核电虽然起步较晚，但发展迅速，近 30 年内取得了举世瞩目的成绩，我国《能源发展"十三五"规划》中提出继续推进非化石能源的规模发展、规划建设一批水电、核电重大项目、稳步发展风电、太阳能等可再生能源。据有关单位预测，到 2030 年前后，我国核电装机规模应达到 1.5 亿 kW 左右。

8.3.2 核能供热的必要性

核电站一般分为两部分：利用原子核裂变生产热量的核岛和利用热量发电的常规岛（见图 8-23）。核岛产生蒸汽，进入常规岛汽轮机中发电，低温乏汽进入冷却塔，利用海水或河水冷却，乏汽凝结成水回到核岛蒸汽发生器。核电产生主蒸汽参

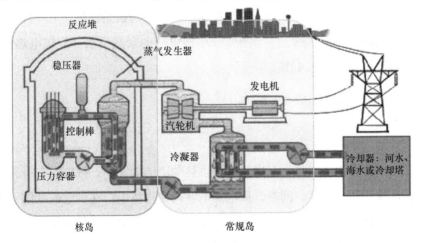

图 8-23 核电站基本结构

数低（约 300℃），热电转化效率低，乏汽热量未得到利用，大量的热量被浪费，一台 1100MW 核电机组余热量超过 1700MW。

我国核电设备平均利用小时数约 7000h，但我国北方沿海地区核电设备平均利用小时数明显低于全国平均利用小时数，2016 年全场平均利用小时数仅为 4835h。原因是我国东北近年来冬季用电负荷下降，而供热需求基本不变，北方地区热电联产在集中供热热源比例较大，出现电力过剩、热量不足的问题。冬季为"保民生"，导致核电、风电、光电等清洁能源无法上网，被迫停机。

因此，合理利用核电厂余热，推广核能供热技术对提高能源利用率，减少清洁能源浪费具有重要意义。

早在 1973 年，俄罗斯在西伯利亚东北部城镇比利比诺建成核热电厂（功率 48MW），成功解决了当地高寒地区（室外供暖计算温度为 -60～-50℃）漫长冬季的集中供热问题。截至 2014 年 4 月，俄罗斯共有 10 座核电厂，设置了 33 台发电机组，总功率达到 25000MW。发电同时进行供热的机组超过在运核电机组总数的 85%。核能供热的集中供热系统使用 80～150℃ 热水或蒸汽作热源，供热功率 25～200MW，供热半径通常限制在数千米范围内，反应堆选址靠近城市负荷中心和用户[5]。

核能作为可选择的主要清洁热源之一，开发核能供热对于缓解热源紧缺、优化热源结构有重要意义。核电供热后还有利于调和北方地区冬季热电比矛盾，通过热电协同等方式帮助电网灵活调峰，对于增强供电灵活性、提高能源利用效率有积极作用。核能供热主要有两种方式，一种是利用核电厂的余热供热，另一种是采用低温核反应堆的形式直接供热。本节主要介绍核电厂的余热供热，即核电热电联产。低温核供热堆介绍见第 8.4 节。

8.3.3 核电热电联产

1. 安全性分析

在各种可能替代煤炭等化石燃料进行供热的清洁能源中，核能具有得天独厚的优势，其排放量几乎为零，同时，核电热电联产使得核电厂在供电的基础上实现供热，能够提高核电厂热能的综合利用。在瑞士、瑞典、俄罗斯等众多欧洲国家已有利用核能进行集中供热的成功案例，积累了丰富的运行经验，其中瑞士贝兹诺核电站已有 30 多年核电机组热电联产的运行业绩。

　　核电站的厂房根据有无核辐射设置在核岛和常规岛里。核岛外观为直立圆筒，一部分在地下，常规岛看上去与一般厂房无异。与核辐射相关部件全部装置在核岛里。在发电过程中，核岛内热量在自身管道里传递，其通过管壁的接触把热量传到蒸汽汽轮机中，汽轮机装配在常规岛里，与外界接触的核设施为常规岛（见图 8-24）。

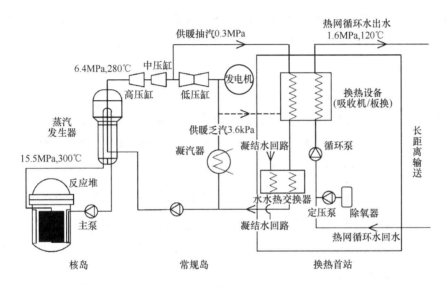

图 8-24　核电热电联产原理示意

　　核电机组供热的安全性是一项重要指标，关于安全性容易存在的问题主要有三个方面：

　　（1）热网循环水回路反应性控制的影响。核电机组功率运行时，反应堆的输出功率与一回路的温度对应，控制了蒸汽发生器的流量，也就控制了一回路的温度和反应堆的输出功率。汽轮机旁排系统和反应堆功率控制系统总共能满足 50% 的机组负荷变化，核电热电联产最大抽汽流量约占主蒸汽量的 35%，考虑抽汽参数低，还有汽机调门进行调节，供热抽汽回路的瞬态不会对反应堆安全造成影响。

　　（2）堆芯冷却的影响。供热系统的抽汽位置在低压缸进汽母管，供热系统是否运行只可能对蒸汽发生器产生影响。当汽机停机后，供热系统抽汽回路与蒸汽回路隔离，即实现了蒸汽发生器的隔离。而此工况下，蒸汽发生器产生的蒸汽还可以通过汽机旁排系统排入凝汽器，即供热系统是否运行不会影响到蒸汽发生器对反应堆的冷却功能。

（3）放射性包容的影响。在放射性裂变产物与环境之间会设置三道屏障，一是燃料元件的芯块和包壳，二是包括反应堆在内的一回路压力边界，三是安全壳。三道屏障将核辐射控制在核岛内，不会对热网循环水造成污染。同时，在 AP1000 核电机组的常规岛回路设置 3 处放射性监测，以便及时作出反馈。若常规岛回路介质受到辐射污染，同时换热设备发生泄漏，换热设备的泄露方向是热网循环水侧向蒸汽侧泄露（热网循环水 1.6MPa，供暖抽汽 0.3MPa），受辐射污染的介质无法进入热网循环水系统中。

2. 系统原理及案例分析

热电联产利用高品位热量发电，低品位热量供热，能源利用率高。核电厂主蒸汽参数低，约 280℃左右，相对于火电厂而言，发电量相同时，核电厂的余热量更大，核电热电联产热电比最高可在 2～3 之间。

以一座 AP1000 机组（额定 1100MW）为例，评估核电热电联产的经济和能源成本。一台 AP1000 核电机组余热量超过 1700MW，2900t/h 的低温乏汽（35℃）直接进入冷凝器与海水换热，不仅浪费了大量的乏汽潜热，而且污染周边海水环境。机组平衡图参数见表 8-14。

热平衡图关键参数 表 8-14

	排气温度 （℃）	排气流量 （t/h）	排气压力 （MPa）	焓值 （kJ/kg）	干度	发电量 （MW）
主蒸汽	280.1	5808.2	6.4	2772.42	1	
高压缸	170	4467.6	0.9647	2486.82	0.86	409
中压缸	152.7	3412.0	0.3104	2766.2	1	218
低压缸	35.53	2901.5	0.0036	2306.97	0.9	402
总发电量						1029
余热量						1754

核电热电联产系统包括热源、输送、末端三部分。

（1）在热源部分，根据热网水加热方式不同，主要可分为两种：常规抽汽加热和吸收式热泵加热。前者利用汽轮机抽汽与长距离输送热网的循环水直接换热（见

图 8-25）。后者利用汽轮机抽汽及乏汽作热源，采用吸收式热泵与长距离输送热网的循环水换热（见图 8-26）。两种方案在火电热电联产中均比较常见，两种方案长距离循环水参数不同，常规换热循环水为 120℃/43℃，吸收式换热循环水为 120℃/26℃。吸收式换热方案能源利用率更高，长距离输送费用更低，但改造初投资较高，改造难度大，对于已建成的核电机组不容易实现。

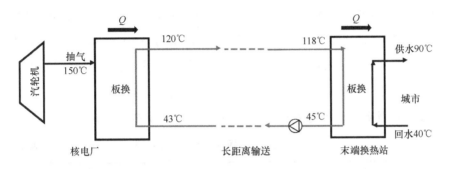

图 8-25 核电热电联产（板换换热）原理示例

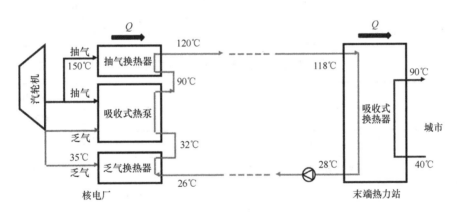

图 8-26 核电热电联产（吸收式换热）原理示例

（2）长距离输送高温水会产生热损失，当给定温度时，管径、流速是决定热损失的关键因素。按照 AP1000 核电机组计算，每 100km 的温降不到 2℃。

（3）在末端，热力站吸收长距离输送的热量，为城市集中供热系统供热，降低热力站的回水温度，增加管道的输送能力，使电厂回收更多余热。

单台 AP1000 机组热电联产（板换换热），供热量达 1100MW，减电量 261MW，减电后发电 768MW，年供热量为 1100 万 GJ，热电比为 1.4，COP 约为 4.2。长距离输送循环水流量 12300t/h，输送距离为 100km，初投资达 22 亿元，折合计算后，核电热电联产（板换换热）供热成本约为 43 元/GJ。表 8-15 中列出了核电热电联产（板换换热）的技术参数，表 8-16 是初投资情况，表 8-17 是供热成本计算结果。

单台 AP1000 机组热电联产（吸收式换热），供热量达 1782MW，减电量 261MW，减电后发电 768MW，年供热量为 1800 万 GJ，热电比为 2.3，COP 约为 6.8。长距离输送循环水流量 16246t/h，输送距离为 100km，初投资达 40 亿，折合计算后，核电热电联产（吸收式换热）供热成本约为 35 元/GJ。表 8-18 中列出了核电热电联产（吸收式换热）的技术参数，表 8-19 是初投资情况，表 8-20 是热成本的计算结果。吸收式换热方式将汽轮机乏汽余热全部回收，大大提升供热量，虽然初投资较板换换热方式高出近一倍，但最终折合供热成本更低。

核电热电联产（板换换热）技术参数　　　表 8-15

加热段	加热方式	抽气量 （t/h）	占低压缸 抽气比例	供热量 （MW）	年供热量万 （GJ）	减电量 （MW）	综合减电 （kWh/GJ）	COP
43～120℃	抽气换热	1886	65%	1050	1100	261	65.6	4.2

核电热电联产（板换换热）经济性投入　　　表 8-16

部分	设备	参数	设计参数	经济性投入 （百万元）
热源	抽气改造	中压缸排汽	150℃	100
	板式换热器	换热量	1100MW	50
长距离输送	管道	管径	DN1400	2000
		流量	12300t/h	
		长度	100km	
		供水温度	120℃	
末端	板式换热器	换热量	1100MW	50
总计		供热量	1050MW	2200

核电热电联产（板换换热）热成本计算结果　　　表 8-17

项目	参数	指标	费用（亿元/a）
弥补减电量	7.65 亿 kWh	电价 0.43 元/kWh	3.29

续表

项目	参数	指标	费用（亿元/a）
长距离输水电耗	0.49 亿 kWh	电价 0.80 元/kWh	0.39
设备折旧	22 亿元	20 年	1.1
总计			4.78
年供热量	1100 万 GJ	热成本	43 元/GJ

核电热电联产（吸收式换热）技术参数　　　　表 8-18

加热段	加热方式	供热量 (MW)	抽气量 (t/h)	供热量 占比	各类能源占比 抽气	各类能源占比 乏汽	减电量 (MW)	综合减电 (kWh/GJ)	年供热量 (万 GJ)	COP
26～32℃	乏汽加热	124	0	7.0%	0	100%	128.3	0		
32～90℃	吸收式热泵	1103	0 / 1020	62.5%	58.5%	41.5%	133.1	33.2	1800	6.8
90～120℃	抽气加热	544	882	30.5%	100%	0	0	65.6		
	系统整体	1782	1902	100%	65%	35%	261.4	40.8		

核电热电联产（吸收式换热）经济性投入　　　　表 8-19

部分	设备	参数	设计参数	经济性投入 （百万元）
热源	抽气改造	中压缸排汽	150℃	100
	板换	换热量	700MW	35
	吸收式热泵	换热量	1100MW	288
长距离输送	管道×2	管径	DN1200	3086
		流量	16246t/h	
		长度	100km	
		供水温度	120℃	
末端	吸收式换热器	换热量	1800MW	472.00
总计		供热量	1782MW	3981

核电热电联产（吸收式换热）热成本计算结果　　　　表 8-20

项目	参数	指标	费用（亿元/a）
弥补减电量	7.65 亿 kWh	电价 0.43 元/kWh	3.29
长距离输水电耗	1.30 亿 kWh	电价 0.80 元/kWh	1.04
设备折旧	39.8 亿元	20 年	1.99
总计			6.29
年供热量	1800 万 GJ	热成本	35 元/GJ

3. 调峰特性

核电热电联产具有良好的发展空间,但其调峰措施一直是核电站的难题。就算有调峰的理论可行性,但实际运行之中,红沿河核电站都是采用启停调节方式,长时间关停某一座或几座核电机组实现调峰。

基于核燃料的安全特性,遇到较大的电力需求波动时,经常被电网要求机组停机,在停机期间,核燃料必须从反应堆中取出,并存放起来。但是基于核燃料安全的要求,当核燃料在正常的反应状态被终止后,必须在 15 天以内重新装堆,不然这部分核燃料就需要被废弃,造成浪费。另一方面,核燃料若是长时间低功率运行,则难以回升到满功率运行。同时核电厂由于安全原因,必须定期进行大修,若燃料在大修前未能"燃烧殆尽",也只能废弃。

核电通过热电联产改造,可以控制供热抽汽量或本书所述的"热电协同"技术实现发电调节。按照本节计算样例,对于 AP1000 机组,不改变核燃料燃烧条件的工况下,发电量在 768～1029MW 范围内进行调节。调节范围为 75%～100%。

2017 年我国有 39 座核电站,装机容量超过 38000MW,而我国核电装机容量占比仅 2%,还有很大的发展空间。位于我国北方地区在运及在建核电站(红沿河等)有 9 座,计划中(包括海兴和徐大堡等)还有 19 座。每个核电站有多台 1000MW 机组,而单台 1000MW 机组即可满足供热面积约 4000 万 m^2、100 万人口规模城市的基础负荷,具有巨大的供热潜力。

8.4 核小堆供热技术

8.4.1 发展历程及现状

国际上已建 200 多座用于研究和供热的泳池式反应堆,累计安全运行 10000 堆年。俄罗斯、加拿大、瑞士、瑞典、法国等国对专用堆进行了研发,包括瑞典 SE-CURE 200,俄 RUTA70,苏 R50,瑞士 GEYSER50,加拿大于 1987 年建成 2MW SLOWPOKE-Ⅲ(SDR)常压池式供热堆,为研究所的建筑物供热运行了 2 年。

我国从 1981 年提出低温核供热堆倡议开始,经过 30 多年的研究,已掌握了能够工程化应用的核能供热技术,可简单分为壳式堆和池式堆(低温核能供热)

两类。

1. 壳式堆

在壳式堆供热方面，清华大学针对大型热网提出了一体化、微沸腾、自然循环壳式堆作为大中型供热堆，其供热温度可达150℃。1989年5月，我国第一座实验性壳式核供热堆——5MW低温供热堆于清华大学建成并顺利通过冷、热调试，12月顺利实现连续满功率运行，迄今已连续多年为清华大学核研究院5万 m^2 建筑物供暖，在这期间齐齐哈尔、阜新、哈尔滨、沈阳、吉化、兰州等地还曾完成核能供热项目可行性研究报告。

2. 池式堆

池式堆与高温高压的压力壳式堆相比，主要优点是在常压低温下运行，具有固有安全性、可靠性高、技术成熟、系统简单、运行稳定、占地面积小等优点，更适于靠近城市居民区，尤其是池式堆省去压力容器、安全壳等，建造成本更低，运行维护简便。目前国内已建成多座池式堆，累计运行近500堆年，如中国原子能科学研究院的49-2堆、微堆、CARR堆，中国核动力研究设计院的岷江堆，中国工程物理研究院的300♯堆，深圳大学的商用微堆，这些都为池式常压低温供热堆的设计、建造和运行打下了坚实的基础。

其中，CARR堆和中国工程物理研究院的300♯堆属于研究堆（研究堆包括实验堆和试验堆）；中国原子能科学研究院的49-2堆、微堆属于实验堆；中国核动力研究设计院的岷江堆属于试验堆；深圳大学的商用微堆属于已经投入运行的商业堆。

8.4.2　基本概念及特征

泳池式低温核供热就是将反应堆产生的热量通过两级换热直接传递给热网，经热网将热量输送到千家万户，典型系统如图8-27所示。

泳池式供热堆的基本特征如下：

1. 安全性

堆芯位于水池底部，始终处于淹没状态，依赖反应堆固有负反馈特性可实现自动停堆；停堆后不采取任何余热冷却手段，1800t水可确保20多天堆芯不裸露，实现"零堆熔"。燃料包壳、堆水池、深埋地下及密封厂房四道屏障，可确保放射

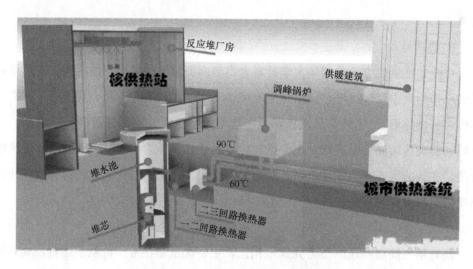

图 8-27　泳池式低温供热站示意图

不泄漏到厂房外。因此，池式反应堆相比核电站可以有效地消除大规模放射性释放，无需厂外应急。但池式供热是开式供热，考虑到安全因素，不宜贴近居住区进行建设。

2. 厂址适应性

池式供热废物近零排放，无大型水源要求，内陆、沿海均可应用。系统占地面积较小，一座 400MW 泳池式核供热站占地约 35 亩，可缓解用地的压力；小堆放射性源项总量少，约为核电站的 1%，易退役，厂址可恢复绿色复用。

3. 与热网适配性

出于安全考虑，池式低温供热堆距离供热地区一般有几十千米的距离，需要铺设管道进行长距离输热，而池式低温供热堆的热源温度为 90℃，如果直接长距离供热的话由于经济性，需要在长输管道用户侧设置吸收式换热器将长输管道回水温度降低，从而减小长输流量。除此以外，由于池式供热主要承担基础负荷，在负荷较大时还需要其他热源进行调峰。

4. 经济性

泳池式堆放在一个深水池中，无压力壳和安全壳等带压力复杂设备，节省了土建投资。反应堆低温常压运行，简化了工艺系统和安全设施，降低了设备技术要求，减少了设备投资。池式堆在国内已有几十年的设计、建造和运行经验，可采用经过使用的成熟设备和操作简单的傻瓜堆运行模式，降低前期研发经费和运行成

本。但由于池式堆供热需要安置在离供热区域较远的地方，因此当供热量可以大到
与供热距离相匹配时，使用池式堆供热才是比较经济的。

8.4.3 案例分析

以一个 400MW 的首堆为例，假设该泳池供热堆承担 75％的基础负荷，其余
25％的尖峰负荷由天然气锅炉承担。则其可承担约 1600 万 m^2 建筑面积的供热，
假设其距供暖区域 20km，供热初末寒期 90 天，严寒期 60 天。

其主要设计参数、主要经济性指标和主要污染物排放情况如表 8-21 和表 8-22
所示。

主要设计参数　　　　　　　　　　　　　表 8-21

项　　目	设计参数
反应堆功率（MW）	400
水池直径（m）	10.0
水池高度（m）	25
燃料组件数（盒）	69
堆芯 UO2 装量（t）	23.40
每年换料量（盒）	24
堆芯出/入口水温（℃）	95/78
二回路出/入口水温（℃）	90/75

主要技术经济指标　　　　　　　　　　　　表 8-22

指标名称	单位	指　标	
			备注
厂区占地面积	m^2	23000	35 亩
年运行时间	d	150	5 个月
项目总投资	万元	180000	含首炉燃料费 28960 万元
供热面积	m^2	1600 万	

注：400MW 的首炉燃料的使用期限为 10 年，接下来的运行费用按照每三年更换 1/3 的核燃料来计算。
　　核堆的总使用年限一般为 30～40a，这里取 30a。

暂不考虑管道热损失，分初末寒期和严寒期两种工况考虑。两种负荷情形下的
供热原理图如图 8-28 和图 8-29 所示。

其初投资计算结果如表 8-23 所示。

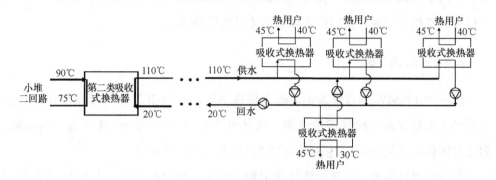

图 8-28 初末寒期供热原理图

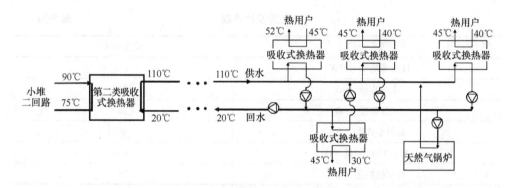

图 8-29 严寒期供热原理图

小堆供热案例初投资   表 8-23

部分	设备	参数	设计参数	初投资（百万元）
热源	泳池堆	换热量	400MW	1800（包括土建投资）
	天然气锅炉	换热量	133MW	152
长距离输送	管道	管径	DN1000	320
		长度	20km	
		供水温度	110℃	
末端	第二类吸收式换热器	换热量	400	100
	第一类吸收式换热器	换热量	400	100
总计				2472

取长距离输送水泵的电费为 0.80 元/kWh，则运行费用计算结果如表 8-24 所示。

小堆供热案例运行费用　　　　　　　　表 8-24

项目	参数	运行费（万元/a）
热源核燃料	前 10 年每年 2896 万元，之后每年更换 1/9 的核燃料	前 10 年为 2896 万元，之后每年为 3218 万元，在这里折中取每年运行费用为 3000 万元
长距离输送水泵电耗	409 万 kWh	327
天然气燃料费用	取天然气燃烧效率为 90%，天然气价格为 1.98 元/Nm³	4213

折合到 30 年后，得到每年的折旧年费用为 1.58 亿元，由全年供热量为 587 万 GJ，折合为热价为 27 元/GJ。

假设燃气锅炉的热效率为 90%，燃煤锅炉热效率为 85%，则各主要污染物排放如表 8-25 所示。

主要污染物排放　　　　　　　　表 8-25

热源类型（400MW）	二氧化碳（t/a）	氧化硫（t/a）	氧化氮（t/a）	烟尘（t/a）	放射性 [毫希/（人·a）]
燃煤锅炉	564667	625	834	104	0.013
燃气锅炉	324701	80	176	0.5	—
池式供热堆	0	0	0	0	0.005

对比可知：核堆供热的供热热价优于燃气，可比燃煤；且相比燃煤，核小堆供热每年还可减排烟尘 100 多吨、二氧化碳 50 多万吨、二氧化硫 600 多吨、氮氧化物 800 多吨。而且，每年消耗的核燃料约 2.5t，与燃煤所需运送 32 万 t 煤炭以及其产生的灰渣的运输相比，其运输压力可大大减轻。

8.4.4　小堆供热适用范围

核小堆供热由于初投资比例大，考虑到经济性，供热时长 200 天以上较为合适，因此适用于供热时间较长的严寒地区。而在严寒地区，由于供暖期间室外气温低，空气源热泵 COP 普遍较低，因此空气热泵承担负荷并不划算，假若供热地区周围没有热电厂且不许烧煤，这时相比其他供热方式，核小堆供热的优越性就体现出来了。

同时核小堆供热还有一个重要的约束性条件，那就是对地质环境的要求较高。由于核小堆供热对地质环境敏感脆弱，要求地质条件好，没有地震等。但相比核电

站，核小堆供热堆芯容量较小，对水文、地质、人口密度等要求没有大型核电站
苛刻。

除此之外，核小堆供热由于是核能供热，核安全性也备受关注。以前提到核电
就会提到安全问题，但是近些年来由于各项技术的突飞猛进，供热领域使用核能的
后果可控。近年来，随着反应堆自然循环及远距离输热技术的发展，核能供热的安
全性也已大幅提高，而广大民众对核小堆供热的战略意义抱有怀疑态度，因此若想
推广核小堆供热，合理做好老百姓的沟通工作，打消民众的心理障碍显得至关
重要。

8.5   城市热网大温差改造技术

8.5.1   大温差技术的发展瓶颈

降低热网回水温度对回收各种热源的低品位余热，提高热源效率，提高管网输
送能力，都有重要作用，然而怎样才能使回到热源厂的回水温度降低呢？一方面是
改进二次网的调节，通过二次网的均匀供热和避免不必要的冷热水掺混，尽可能降
低二次网回到换热站的水温，再就是在换热站安装吸收式换热器，如图 8-30 所示，
利用一次网较高的供水温度驱动，降低一次网回水温度。

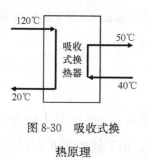

图 8-30   吸收式换
热原理

这种吸收式换热器之所以能够使一次水温度降低，
是依赖换热器两侧流量的巨大差异。图 8-30 中两侧流量
比为 1：10，两侧流量比越大，则对一次网回水的降温
能力越大。当两侧流量比小于 3 时，要求的二次网侧的
供水温度就接近一次网的供水温度，这时这种吸收式换
热器很难大幅度降低一次网回水温度。

按照这种方式，需要对全部热力站进行改造，把原
来的板式换热器更换为吸收式换热器。由于吸收式换热器体积大，设备进入现场困
难，有的场合还找不到足够的安装空间，这成为推广大温差方式的主要障碍。此
外，在热力站中安装吸收式换热器普遍要重新整理管道、水泵和其他供热辅助设
备，需要热力公司投入大量的时间和专业技术人员。因此，要使得既有热网 100%

实现分布式吸收式换热站改造是十分困难的，截至目前，我国还没有一个城市热网成功地实现。山西太原实现了我国第一个大温差供热系统。为了实现大温差运行，热力公司已经开展了多年的吸收式改造工作。截至 2019 年年初，古交电厂承担的供热面积为 6669 万 m^2，已作大温差改造的热力站的供热面积为 4007 万 m^2，约占 60%。受到各种现场条件限制，要想进一步提高热力站改造的比例已十分困难。因此，热力站改造困难已经成为制约大温差技术发展的主要瓶颈。

8.5.2　集中式降温技术

目前很多北方城市规划从远处采用长距离大温差技术输送热量，由于在城市内各个换热站全面更换吸收式换热器困难，就计划在城市入口处设置一个大型的吸收式换热站，或在几个原来设置大型锅炉房的位置设置集中式吸收式换热站，实现长距离管网大温差和城市内一次管网小温差之间的热量变换（相应地，在热力站或楼栋前设置吸收式换热器，实现长输网与二次网之间热量变换的方式称为分散式）。例如长距离输热采用 120℃/20℃，城内一次管网为 90℃/50℃。这时，两侧的流量比仅为 1:2.5，两侧的平均温度相同，吸收式换热器不能实现这一热量交换任务。减小城市管网的供回水温差，就要加大其循环流量，这对于已建成的管网也很困难。

一种方式是采用电动热泵对长输管网的回水进行降温，如图 8-31（a）所示。这就要安装大量的电动热泵，在上述方案中如果通过吸收式换热器只能实现 120℃/41℃ 的长输网与 79℃/50℃ 的一次网的换热，则电动热泵要实现 40℃ 到 20℃ 的降温，相当于总热量的 19%，这对应着巨大的电动热泵初投资和巨大的运行电耗。当电动热泵的 COP 为 3，电费为 0.8 元/kWh 时，这相当于整个系统每 GJ 热量的耗电量为 26kWh，增加电费 20 元，这让人很难接受。

再另一种方式是采用燃气驱动的吸收式热泵为长输管网回水温度降温。由于原理几乎相同，吸收式热泵可以和吸收式换热器形成一体化设备，也就是直燃型吸收式换热器。这种设备的驱动力可以同时来自于高温供水和燃气。对于 90℃/50℃ 的供热工况，单纯依靠 120℃ 的高温供水作为驱动，只能产生 41℃ 的长输网回水。补充燃气增加驱动力后，就可以把长输网的回水温度降低 20℃。图 8-31（b）所示为直燃型吸收式换热器的性能，在给定长输网 120℃/20℃ 的条件下，一次网的供回水温度越高，降温难度就越大，所需的燃气投入量也就越大。当一次网供回水温度为90℃/50℃时，这种换热器的燃气投入的热量占总的供热量的最小比例为28%，相当于整个系统每GJ热量的耗气量为8Nm³，如果燃气价格为3元/Nm³，则每GJ热量增加燃气费用24元，这也难以接受。

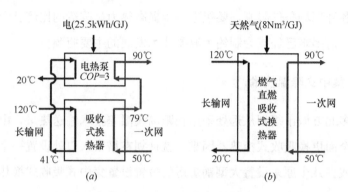

图 8-31　集中式降温方式

(a) 电热泵；(b) 直燃吸收式换热器

那么如何降低集中式降温技术的能耗和成本呢？一方面可以降低一次网的供回水温度，因为一次网的供回水温度越高，无论是电热泵还是直燃型吸收式换热器，其耗电量和耗气量都会增加。图 8-32 表示了直燃型吸收式换热器的最低补燃比与其低温侧供回水温度之间的关系。当一次网供/回水温度为90℃/50℃时，直燃型吸收式换热器所需的最小补燃比接近30%；而如果供/回水温度降为70℃/40℃，那么最小补燃比可以降到10%以下。降低一次网供回水温度的方式有：(1) 降低庭院管网的供回水温度；(2) 增大热力站板换的换热面积；(3) 增大一次网的循环流量；(4) 减小集中站的供热面积，把部分供暖末端通过分散式技术直接接入大温差供热管网。

另一方面，注意到热电联产热源需要配

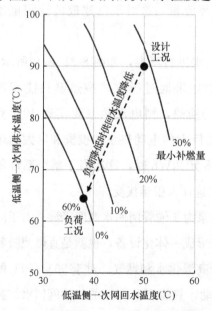

图 8-32　直燃型吸收式换热器的最小补燃量

注：给定高温侧长输网的供/回水温度为120℃/20℃。

置一定的调峰热源应对高峰负荷，从而使高投入的热电联产热源和长途输送系统在冬季的较长时间能够满负荷运行，从而获得经济的初投资回报。这时，可以采用燃气直燃型吸收式换热器充当调峰热源，一方面通过天然气补充热量，一方面用来降低长输管网的回水温度。假设热电厂承担 60% 的基础负荷，那么严寒期调峰比例为 40%，完全能满足 28% 的补燃需求；而当负荷降到 60%、系统不需要调峰时，一次网如果采用质调节其供回水温度也会相应地降到 62℃/38℃，这时吸收式换热器依靠 120℃ 的供水作驱动就能把长输网的回水温度降到 20℃，无需补燃。由此可见，与系统调峰相结合、通过挖掘调峰热源的品位，集中式换热站也可以产生较低的回水温度，实现大温差供热。同时还应该清楚地认识到集中式换热对调峰热源的依赖，空调峰比例较低或部分负荷下不需要调峰时，集中式换热站可能不可行。因此，集中式往往不能100% 地为城市供热，而必须有一定比例的分散式吸收式热力站与之匹配。

8.5.3 集中式换热站的设计要求和调节特性

从效果看，分散式与集中式都能够实现较低的回水温度，但从原理看，它们截然不同。分散式在末端热力站用吸收式换热器替代了板式换热器，减小了换热过程的不匹配损失和换热热阻，从而降低了从热源向热用户的传热温度势差，降低了回水温度。而集中式没有对末端热力站进行改造，因此末端的不匹配损失依然存在、换热热阻较大，但通过挖掘调峰热源的品位，可以增加传热温度势差，从而在一定程度上弥补了劣势，也实现了较低的回水温度。由于原理不同，集中式吸收式换热站有不同的运行调节特性。

在设计过程中，集中式吸收式换热技术的可行性主要取决于调峰量的大小。当给定长输网和一次网的供回水温度，对集中式吸收式换热站方式就存在一个最小补燃比，如果实际中的系统调峰比小于最小补燃比，就没有足够的作为高品位热量热源的天然气，从而不能实现要求的长输管网回水温度。而分散式吸收式换热技术依靠的是两侧供水温度的差，不需要调峰热源提供的高品位。因此如果把集中式与分散式相结合，由集中式承担整个系统的调峰，就可以增大集中式换热站的调峰比。例如，假设热电联产承担 80% 的基础负荷，系统整体的调峰比为 20%，而如果此时热网中集中式与分散式并存，且各自负荷占 50%，集中式承担全部调峰任务，那么此时集中式换热站可以获得 40% 的调峰比，从而提高了集中式换热站的可行性。反过来，集中式换热站帮助分散式换热站实现了调峰，使得分散式换热站在严寒期能够分配到更多的流量。

在运行调节中，集中式换热站的换热效果随调峰量而异。严寒期调峰量大，集中站换热效果好，通过充分利用调峰热源的高品位热量就能获得很低的回水温度；初、末寒期由于没有调峰热源可供利用，集中式换热站回水温度就会较高，而且此时热电联产热源还需要维持高温供水，反而会排除部分低品位热量，导致热源效率降低。而分散式换热站则呈现与集中式相反的调节特性，这是由于换热设备的性能是一定的，初、末寒期由于供热负荷小，则二次侧的供回水温度低，从而要求的长途输热管网供水温度不需要太高。因此，如图 8-33 所示，通过集中式与分散式相

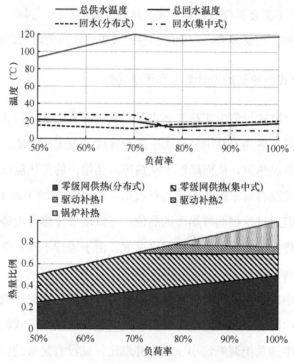

图8-33　集中式与分布式换热站并存时大温差热网的运行工况

注：驱动补热是指用于驱动吸收式热泵降低回水温度的补热量，
其中驱动补热 1 指在调峰补热外增加补热量，驱动补热 2 指
与调峰补热相结合的补热量；图中严寒期要额外增加天然气
量的原因并非系统调峰的补热量不能满足集中式换热站的补
热量需求，而是此时由于集中站取热能力较强，零级网供回
水温度降低，热电厂发电量增加、供热量减少，该部分天然
气增量等于发电量增量。

结合，在初末寒期即使没有调峰，分布式换热站能帮助降低整体的回水温度，而在严寒期集中式换热站能够利用调峰热源帮助降低整体的回水温度，从而使系统总的回水温度能够全年维持在较低水平，有利于提高输送效率和热源效率。

所以，集中式与分散式吸收式换热站具有运行调节的互补性。分散式能够提高集中式换热站的调峰比并且降低没有调峰时的供热温度，集中式能够帮助分散式调峰并且利用调峰热源中的品位。一般热电联产的合理调峰比例为 70%～80%，高于 60%，这时取一部分有条件的末端进行分散式换热改造，而由集中式承担调峰功能。集中式与分散式的互补设计有利于提高大温差供热方案的可行性和供热系统的能源效率。

8.5.4　分散式与集中式相结合的热网设计

集中式和分散式适用于不同的情况：其中分散式需要对末端热力站进行改造，适用于改造难度不大的情况，同时分散式还有缩小新建管道设计管径、扩大既有管网供热能力的功能，因此还适用于新建热网或既有热网中流量受限的情况。而集中式换热站则免去了繁杂的末端热力站改造，适用于改造困难的情况，但是集中式换热站降低回水温度依赖于挖掘调峰热源的品位，因此其适用于调峰比例较大的情况。一般的供热系统不希望调峰热源比例过大，这样，也就要求分散的吸收式换热（热力站方式或楼宇方式）方式必须达到一定比例以上。

在实际的大型热网中，由于热力站改造难度、管网改造条件、管网供热能力与负荷增长的矛盾、调峰热量比例的不同，不同片区可能分别采用分散或集中的吸收式换热技术。大温差热网中分散式与集中式换热站并存。这样，城市热网的结构也不再是传统的一次网与二次网的两级结构，而是由大温差零级网、集中站供热区域保留的一次网和庭院网二次网共同构成的三级热网，如图 8-34 所示。在三级热网结构中，分散式吸收式换热站与传统的大温差方案中的吸收式换热站是一样的，通过吸收式换热器实现零级网与二级网的换热；而集中式换热站供热区域内的热力站基本无需改动、保留现状，仅需要在零级网与一级网接口处设立集中式的吸收式换热站。由于既有热网进行大温差改造主要是为了引入低品位余热，替代原来的燃煤锅炉或低效热源，集中式吸收式换热站一般可以在该区域的原热源厂处改造。这样原热源厂首站的主循环泵、主管网和配套设备依然可以使用，避免了资产浪费和重复建设。

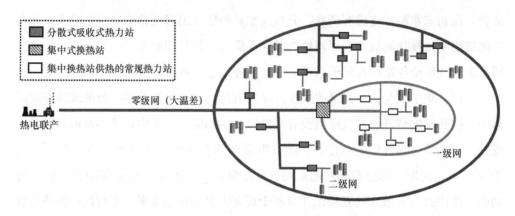

图 8-34　既有热网改为大温差后的三级热网结构

　　对于分散式与集中式并存的大温差热网，分散式与集中式应该各自承担多大比例是热网规划设计的关键参数。增大集中式吸收式换热站的规模，可以减轻热力站的改造工作量，但是并不是未来大温差改造就应该全部采用集中式，因为集中式吸收式换热站的规模越大，其供热区域所能获得的调峰比越小，这可能导致不可行，而且在没有调峰热源的部分负荷下，集中式换热站的长输网的供回水温度比较高，热电联产热源的效率和输送效率都较低，导致系统整体能效下降。图 8-35 给出了不同一次网供回水工况下，系统总能耗（用等价电表示）随集中式换热站供热量比例的变化关系。可以看到，集中式换热站规模增大，供热总能耗随之增加，尤其是当一级网供回水温度较高时，即要求较大补燃量时，供热系统总能耗增长速率更

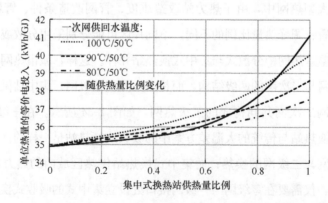

图 8-35　等价电投入与集中式换热站规模和一级网供回水温度的关系

注：等价电投入＝热电厂供热的减电量＋调峰天然气量×0.55
的天然气等价电折算系数。

快。应该注意，集中式换热站供回水温度的高低与其供热规模又是密切相关的。前面提到，集中式换热站一般由原热源厂改造而来，利用一级网主管网供热，因此当增大供热规模时，要想继续增加主管网的流量十分困难，只能提高温度、拉大温差。这样就会导致集中式换热站供热规模越大，其要求的一次网供水温度越高的现象。因此，在各因素叠加下，系统总能耗随着集中式换热站规模的增大而急剧增加（见图 8-35 中的实线）。

综上所述，从降低运行成本的角度出发，大温差供热系统改造应该尽量控制集中式换热站的供热规模；而从降低改造成本或改造工作量的角度出发，热力公司又倾向于更大的集中式换热站供热规模。同时，从安全角度，对于分散的吸收式换热方式，采用天然气锅炉在末端调峰，可以提高末端供热的可靠性和应对短期其后变化的灵活调节能力，而换成在集中式换热站调峰，这些功能基本丧失，因此应尽可能采用分散式，并布置一部分分布式调峰热源，对热网的灵活性和可靠性更好。因此，大温差改造必须对热力站、热力管网和热源厂的改造条件开展充分调研，评估改造成本，考虑经济性和安全性，确定集中式换热站的最佳改造比例并得到综合最优的方案。

8.5.5 小结

本节针对既有热网改造难的大温差发展瓶颈问题，提出了通过挖掘调峰热源品位实现回水温度降低的集中式吸收式换热技术。集中式和分散式分别从挖掘调峰热源品位和减小末端换热热阻两类途径共同实现回水温度的降低，而且换热效果在负荷变化过程中呈现相反的调节特性。通过集中式与分散式的互补结合，可以提高系统的可行性，保证热源和长输网在全供暖季高效运行。

集中式与分散式的供热负荷比例是大温差供热系统的关键参数。由于集中式换热站对调峰热源的依赖，自身无法解决部分负荷下回水温度较高的问题，而必须配有一定比分散式吸收式热力站。一个城市搞一个大集中换热站，承担 100% 面积比例的方式不可行。而且，集中式换热站的比例越大，热网末端改造难度越低，但系统总能耗越高；反之亦然。而且，系统能耗和热网末端改造难度与集中式换热站负荷比例的关系是非线性的。因此，在实际工程应用中应该根据改造成本和运行成本，权衡得到最优的集中式与分散式换热站的占比，形成可行且技术经济较优的大温差供热系统。

8.6　长距离输送

随着大温差供热和清洁能源改造的推进，长距离输送也迎来了蓬勃发展。相对于大多数较短距离的热量输送，长距离输送在系统安全性、输送热损失以及运行经济性等方面都需要高度重视。

8.6.1　多级泵站系统面临的安全性问题

一般来说，当供热系统不涉及长距离输送时，主要动力由首站提供，即使在干管上存在回水加压泵，其扬程也不会很大。因此，这样的热网运行和事故安全性都集中在首站上。而当首站循环泵断电后，热网中发生水击，运行人员最担心的问题之一就是超压和负压甚至汽化。对于有大量分支的管网来说，离热源较近的热力站会承受较大的水击波冲击，而离热源较远的热力站承受的水击波较小；供水管道承受的是压力降低的负水击波，而回水管道承受的是压力上升的正水击波。这些特征对管道安全都是非常有利的。首先，一般来说，供水管道压力都是比较高的，供水管道承受负压水击波，造成的是供水管道压力下降，而较高的稳态运行压力可以比较轻松地迎接压力的骤然下降，不太容易造成负压；回水压力一般都是比较低的，回水管道承受正压水击波，造成的是回水管道压力上升，而较低的稳态运行压力可以比较轻松地迎接压力的骤然上升，不太容易造成超压。离热源较近的热力站供水压力较高，回水压力较低，迎接的水击波波动也较大；离热源较远的热力站供水压力较低，回水压力较高，迎接的水击波波动也较小，这样形成了一种"匹配关系"，能力大的迎接较大的水击波冲击，能力小的迎接较小的水击波冲击。所以，最终从总体来说，这样的热网在首站停泵的情况下，安全性是比较好保证的。

当然，也不是说这样就完全没问题，对这类热网安全性影响最显著的可能就是地势了，由于地势的高低起伏，虽然水击波传播关系不变，但是破坏了稳态运行时压力的高低关系，可能近处的热力站由于地势较高，导致供水压力偏低，无法承受波动较大的负水击波，导致管道内出现负压甚至汽化，所以在面临地势高低起伏较大的热网时，则需要具体问题具体分析，采取特定的措施保证安全性。

图 8-36 给出的是某热电厂供热的实际管网图，图中线条粗细代表着管径的粗细。这里在最不利环路上选取了距离热源不同的三个热力站，从左往右分别是 R402、R703、R910 热力站。

图 8-36　某热电厂供热片区管网图

首站突然断电后，热力站的压力波动如图 8-37～图 8-39 所示，可以看出热力站的压力波动规律与上面的描述一致，在一定程度上也自然地能够保证热网的安全性。

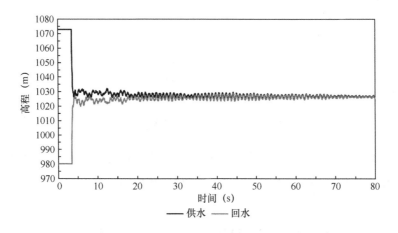

图 8-37　R402 热力站供回水压力变化

而对于长输管道来说，串联泵系统会带来大量的安全隐患。对于串联泵来说，某一级泵站出口的下游接着的是下一级泵站的入口，在设计时为了减少泵站数量，希望泵站入口的压力尽可能低，但是考虑到断电事故，如果上一级泵站断电，则会在上一级泵站出口处产生一个负压水击波传播到这一级泵站的入口处，产生一个不

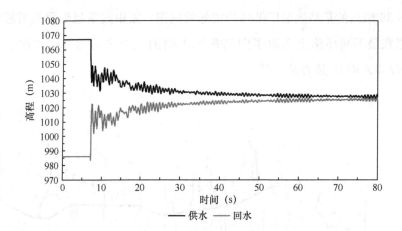

图 8-38   R703 热力站供回水压力变化

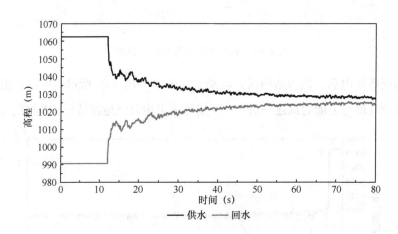

图 8-39   R910 热力站供回水压力变化

小的压力下降。因此，如果仅仅从稳态的角度去设计，那么很有可能会导致某些泵站入口处出现汽化威胁，某些泵站出口处出现负压威胁。这会严重影响长输管道的安全性。

图 8-40 所示的是某工程设计过程中的中间方案，从稳态来看，该方案的水泵配置并没有什么问题，各点压力都远离汽化和超压线。

但是，当首站泵停泵后，如图 8-41 所示，则会出现严重的汽化现象，严重威胁管道安全。

因此，相对于普通的热网，长输管道的设计与运行的安全性成为一个十分突出的问题。这就需要通过动态水力工况模拟及分析，将首站和多级泵站及能源站或隔

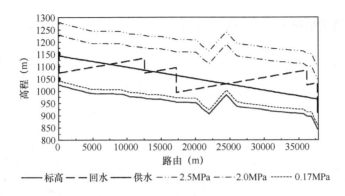

图 8-40　某工程中间方案设计水压图

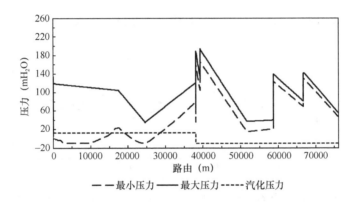

图 8-41　首站断电后会出现严重的汽化现象

压站作为一个整体，以各种正常运行和事故工况下不出现汽化和超压现象为限制条件，以热量输送成本最低为目标，进行方案设计和运行的优化，总结出一套长输供热管网的优化设计和运行技术（见图 8-42）。

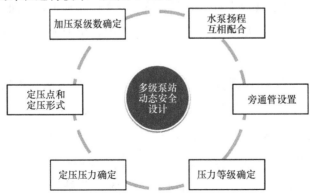

图 8-42　长输供热管网水力工况设计及运行的影响因素

8.6.2　常见措施水击安全性的讨论

在设计过程中，会遇到很多关于水击安全保障的讨论，除了安全阀之类的设备性能的讨论之外，比较常见的则是定压水箱、缓闭止回阀、水泵前后并联的旁通管和补水泵定压之类的讨论。利用某工程设计案例，本节针对上述几个措施进行简单的阐述。图 8-43 展示的是某长输工程设计阶段的设计水压图，路由长度为63.8km，单路管道循环流量14089t/h，沿途在 18.2km、39km 和 63km 处设置 2座中继泵站和一座隔压站，首站循环泵扬程150m，其中站内阻力为60mH$_2$O，回水定压，定压压力为70mH$_2$O，1 号中继泵站供回水泵扬程均为85m，2 号中继泵站供回水泵扬程均为90m，3 号中继泵站供回水泵扬程均为80m。

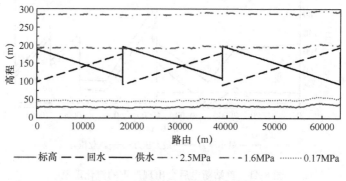

图 8-43　某长输工程设计水压图

1. 定压水箱

通过设置大容量的定压水箱，可以使定压点压力基本保持不变，所以，定压水箱下游（从水击传播的视角来看）的压力波动会变得非常小，然而，定压水箱会将传过来的水击波反弹，使得定压水箱上游的水击变得更加大。所以从全局来看，定压水箱是有利有弊的。

以图 8-43 中的系统为例，当 1 号中继泵站回水泵突然断电时，会沿着回水管道向首站方向传播一个负水击波，向 2 号中继泵站方向传播一个正水击波，如果定压点没有设置水箱，而是补水泵定压的话，那么负水击波将通过定压点传播到供水管道中。反之，如果设置了定压水箱的话，则负水击波基本不会影响到供水管道。如图 8-44 所示，当没有水箱时，首站供水压力有一个显著下降，这便是 1 号泵站传过来的水击波，而设置足够大的定压水箱以后，由于定压水箱的存在，首站供水压力基本保持不变，这是定压水箱带来的好处。而再来看 1 号泵站的上游位置，如图 8-45 所示，当 1 号泵站断电后，首先会向 2 号泵站传播一个正压水击波，当上述负压水击波传播到定压水箱处，定压水箱会再反弹一个正压水击波，向 2 号泵站传播过去，所以 2 号泵站会先后接收到两个正压水击波，导致 2 号泵站出口压力显著升高，这是定压水箱设置带来的坏处。类似的，在设置定压水箱的情况下，如果 1 号泵站供水水泵全部断电，那么 2 号泵站入口处也会承受更大的负压水击波。

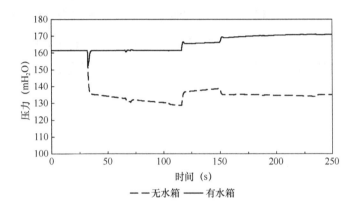

图 8-44　1 号泵站回水泵断电后首站出口处压力变化

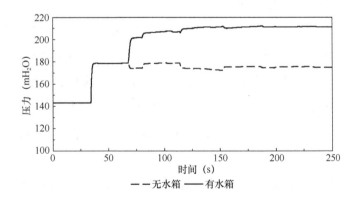

图 8-45　1 号泵站回水泵断电后 2 号泵站回水管出口处压力变化

因此，在设置定压水箱时，要充分考虑水箱前后的情况，考虑其他位置点时可以承受由于水箱的设置而产生的负面影响。

2. 缓闭止回阀

在输水工程中，经常会在水泵出口处设置缓闭止回阀，防止回流的水产生的水击将止回阀打坏，所以在供热长输管道设计中，也经常提及需要设置缓闭止回阀。设置缓闭止回阀为的是防止停泵后会出现的水倒流现象对设备的破坏，所以首先需要探讨的是供热管道中是否会出现倒流。将此问题分为两个小问题：（1）停泵事故发生后趋于稳态时，是否会发生倒流？（2）停泵事故发生的瞬态过程中，是否会发生倒流？

对于第一个问题，对于从低地势水库向高地势水库输水的输水系统来说，停泵事故后的稳态会出现倒流现象，而对于闭环的热网系统来说，是不会出现稳态倒流的。对于第二个问题，在停泵事故发生的瞬态过程中，的确会有倒流的可能性，但是能够出现倒流现象时所对应的参数是远远偏离供热系统中常见取值范围的。根据理论分析，当水泵扬程与水泵进出口干管内的流速存在以下关系时，在泵站断电的瞬间会出现倒流现象：

$$H > \frac{2a}{g}v$$

式中　H——水泵扬程；

　　　a——干管波速；

　　　g——重力加速度；

　　　v——稳态时干管中的流速。

对于管径较大的钢管，波速一般为 $1000\sim1200\text{m/s}$，所以，即使当流速为 1m/s 时，若出现倒流现象，水泵需要提供 200m 以上的扬程，这在供热中是很难遇到的。相同的，如果水泵提供的扬程为 100m 的话，那流速则需要低于 0.5m/s。在首站内设置供回水旁通是有效减小水击的方法之一。设置旁通后，H 则需要取首站进出口压差，这个压差一般会明显低于水泵提供的扬程，则更难遇到倒流的现象。

图 8-46 中展现的是图 8-43 的系统 1 号泵站回水泵全部断电的情况下的流量变化趋势，干管中流速为 2.54m/s，断电的水泵扬程为 85m，远不满足要求，从图上来看流量下降的也很少。而图 8-47 中则给出了一个会倒流的例子，其中，干管管径为 $DN800$，这里波速被设为 1000m/s。根据上面的关系式，$2av/g = 112\text{m}$，低于水泵的扬程 142m，所以出现了一定的倒流。如果在极个别情况下出现这样的情况，根据具体的动态水力分析，可以考虑设置缓闭止回阀来减

少对止回阀的冲击。

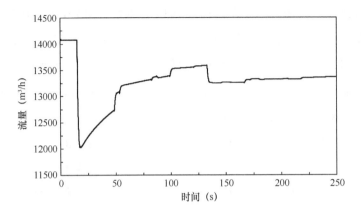

图 8-46　1 号泵站回水泵断电后干管流量的变化

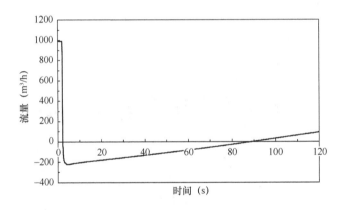

图 8-47　低流速水泵停泵

注：扬程 142m，干管流速 0.55m/s。

3. 旁通管

《城镇供热管网设计规范》（2010 版）中表示"中继泵吸入母管和压出母管之间应设装有止回阀的旁通管"，这样可以"减缓停泵时引起的压力冲击，防止水击破坏事故"。虽然设计规范中有这个描述，但是在现有的文献资料中却鲜有对供热管道中旁通管作用的详细描述与分析。一种常见的解释是为了在泵站断电后保证管道的连通性，让水经过旁通管能继续流动，可以有效地减小水击波。细致地分析这个观点的话，这里面分为两个层面：第一个层面是，假设水泵断电后的确就切断了水泵进出口的水流的话，那么旁通管的存在究竟有多少作用？第二个层面是，水泵断电后水流是否就完全切断了，水流流经断电的水泵究竟有多大阻力？

　　为此，在这里给出一个简单的单管管道，管径为 DN500，供回水管道各 5km，共 10km。波速为 1251m/s，水泵扬程为 101m，流量为 1574t/h。由于这种情况下压力波动比较大，因此为了在算例中看到完整的压力波，算例的定压为泵前定压 300mH$_2$O。水泵断电后迅速关闭水泵出口处阀门。图 8-48 中展示的是上述模型水泵断电后的计算结果。可以看出由于水的断流，水击波有接近 300mH$_2$O，远远大于实际运行中遇到的水击波。图 8-49 中展示的是加了等径旁通后的结果，当泵前压力高于泵后压力时，止回阀打开，不仅降低了泵前压力，也提高了泵后压力，可以显著缓解水击波。但是当泵后压力大于泵前压力时，旁通则起不了什么作用。所以如果水泵断电后水泵进出口的水流也被切断的话，那么旁通管的作用是非常明显的。当泵后阀门与水泵之间设置连锁，水泵故障或断电后快速关闭泵后阀门的话，则会出现这样的情况。

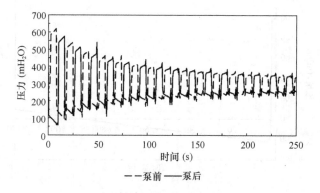

图 8-48　不设旁通管，水泵断电同时水泵也
不流通的情况下的水击波动

　　但是，如果水泵断电后，不采取任何主动操作话，水流依然会流经水泵。利用图 8-43 中的案例，当 1 号泵站回水泵在 10s 时全部断电，在不设置旁通管的情况下，泵站进出口压力如图 8-50 所示。由于系统中存在 7 级水泵，所以一级水泵停运对系统的流量影响并不大，较大的流量通过水泵后，会出现明显的阻力，使得泵站出口压力比入口压力低约 10m。然而，设置旁通管以后，当入口压力高于出口压力时，旁通管打开，大部分水流经旁通管，消除了水泵前后的压差。所以旁通管的存在只是消除了水泵阻力导致的水击波的增大，从图 8-50 中的案例来看，则是将停泵后的供水压力提高了 5m，回水压力降低了 5m，如图 8-51 所示。所以，在这

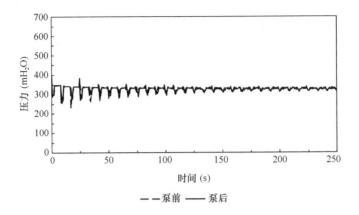

图 8-49　设旁通管，水泵断电同时水泵也不

流通的情况下的水击波动

种情况下，旁通管虽然对减小水击有一定作用，但是作用已经非常小了，而其主导的依然是停泵本身造成的水击问题。

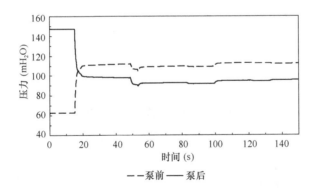

图 8-50　不设旁通管，1 号泵站回水泵断电

后泵站进出口压力波动

　　另一方面，从水泵本身来说，设置旁通管后，当水泵停泵后，大量的水将从旁通管通过，而不是强行从水泵内部通过，如图 8-52 和图 8-53 所示。从保护水泵电机和变频器来说，起到了一定的作用。

　　4. 补水泵

　　供热系统中，当管道内压力下降时，通常可以通过补水泵进行补水来稳定压力。所以在动态安全的讨论中，当由于水击而造成失压的情况下，补水泵是否能够起到稳压保压的作用？补水泵的作用究竟有多少？也是讨论的热点问题之一。

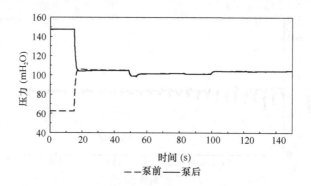

图 8-51 设旁通管，1 号泵站回水泵断电
后泵站进出口压力波动

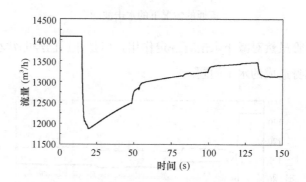

图 8-52 不设旁通管，1 号泵站回
水泵断电后通过水泵的流量

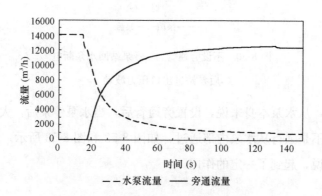

图 8-53 设旁通管，1 号泵站回水泵断电后
通过水泵和旁通管的流量

生产运行中，补水泵在定压点压力满足要求的情况下是不运行的，当定压点压力低于设定值以后才开始启动补水泵。水击波产生后，以 1km/s 左右的速度在管道中传播，如果事故泵站距离定压点 20～30km，则在半分钟内压力就传递到定压点处。水压下降速度则更加迅速，从稳态运行的压力降低到压力最低值的时间往往不超过 5s。所以补水泵是很有可能来不及开启的。

不过，通过改变系统运行方式，或者建立相应的自控系统，也是可以保证在水击波到达定压点时，补水泵处于开启状态的。泵站发生断电事故后，控制系统检测到停泵信号和泵站出口水击波以后立刻启动补水泵，由于补水泵功率不大，所以可以让补水泵在半分钟之内启动。另外，再退一步，不考虑电耗和影响水泵寿命的话，可以将补水泵一直开启，在不需要补水时保持零流量状态。那么，在补水泵开启的状态下，补水泵对负水击波的影响。如图 8-54 所示，图中显示的是图 8-43 中的系统 1 号泵站回水泵全部断电后定压点压力的变化，从图中可以看到，补水泵的投入可以使水击波幅度减小 5m 左右，虽然有作用，但是作用并不大。这主要是由于补水泵的流量太小而造成的，如图 8-55 所示，如果采用足够容量的定压水箱，水箱的瞬时补水量要达到 3500t/h 左右，而补水泵流量只能达到 500t/h 左右，所以是远远不能满足瞬时补水需求的，因此对水击波的缓解作用也非常有限。

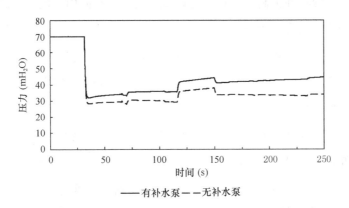

图 8-54　1 号泵站回水泵断电后补水泵对定压点压力的影响

从上面的分析可以看出，水击并没有通用的解决方法，有些方法效果有限，并不能根本上解决问题，有些方法虽然能解决局部问题，但是可能会引发其他问题。所以，水击问题只能具体问题具体分析，没有有效方法时就通过多设泵站，减小水泵扬程来保证管道的安全性。

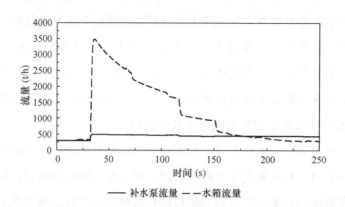

图 8-55　1 号泵站回水泵断电后补水泵与定压水箱补水量对比

8.6.3　大高差直连系统介绍

系统中存在大高差时，一般会设置隔压换热站，而设置隔压换热站的主要目的在于隔开静压。然而，当管道运行起来以后，水在管道内流动的阻力会在一定程度上消耗高差带来的静压，如果再配合一定的水泵与节流，对运行压力进行有目的的调整，则可以有效保证在运行状态下大高差系统各点不超压。所以，如果系统是一直运行着的，即使存在大高差，也是可以直连的，这与高山上流下来的小溪河流类似，不会由于高差的存在而导致下游超压。但是，在系统停运时，由于高差的存在，低地势的管网会出现超压，因此在系统停运时，必须将水压隔开。所以，从理论上来说，大高差系统是可以直连的，但是这个系统需要能够在运行的过程中实现联网与断网的切换。

本节给出了直连系统的一种形式，如图 8-56 所示。系统的启动过程分成如下几个步骤：静止状态时，截止阀 3 和截止阀 4 处于关闭状态，截止阀 1 和截止阀 2 处于开启状态，此时两侧管网处于隔断状态；两侧的管网分别启动、运转起来以

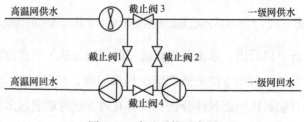

图 8-56　直连系统示意图

后，调节两侧的水泵和阀门，使得截止阀 3 和截止阀 4 两侧的压力相等；然后再打开截止阀 3 和截止阀 4，将两侧的管道连通起来；最后再将截止阀 1 和截止阀 2 关闭，两侧的管网则并为了一个管网。系统的停运过程则将启动过程按照相反的顺序操作即可。

瑞光长输管道直连方案简介：太原市瑞光长输管道总长 8161m，电厂标高 876.6m，热力站标高 784.4m。由于电厂地势较高，并且循环泵设置在电厂，所以导致长输管道整体压力偏高。长输管道地势标高和水压图如图 8-57 所示。

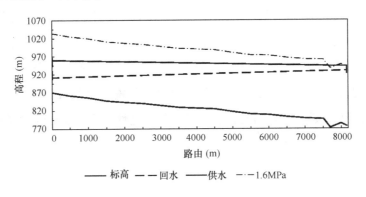

图 8-57　瑞光长输管道现状运行水压图

如图 8-58 所示，由于长输管道比摩阻较低，靠高差即可保证供水压力，所以取消电厂循环泵，并且在瑞光隔压站增设循环泵，在隔压站内增设转换阀门和止回阀，在电厂内设置定压蓄能水罐。

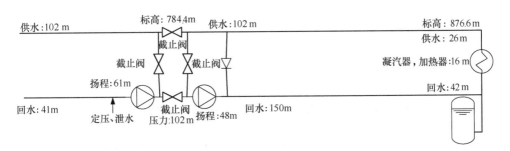

图 8-58　取消隔压站方案

静止时，将干管上的截止阀关闭，旁通管上设置的截止阀开启，瑞光片区市内一次网通过瑞光隔压站定压，长输管道利用设置在电厂的水罐定压。瑞光隔压站设置泄水，长输管道通过阀门泄漏到一次网的热网水在隔压站泄掉。

启动时，首先，阀门保持与停运状态一样，将水泵缓缓开启达到正常运行状态，使得关闭的截止阀前后压力相等。其次，将干管上关闭的截止阀开启，旁通管上的截止阀关闭。

系统正常运行时，干管上的截止阀开启，旁通管上的截止阀关闭。在设计状态下，瑞光隔压站供回水管道上截止阀所在的位置压力相等，均为102m，而在需要调节循环流量时，允许这两个压力不相等，但是在准备停运时，需要保持这两个压力相等。

停泵时，调节水泵，保证截止阀所在的位置压力相等。打开旁通管上的截止阀，关闭干管上的截止阀，将管道分为两个系统。两个系统各自缓慢停运。

中继泵站断电后管道内压力随时间变化如图 8-59 所示，图中，0 位置点为原隔压站的回水点，8161m 位置点为电厂，8161m 位置点到 16322m 位置点为电厂到原隔压站的供水管道。可以看出，长输管道的安全性是可以保证的，同时市内压力也均未超过管道承压能力。

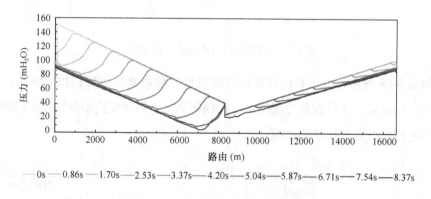

图 8-59　隔压站断电后压力随时间变化

8.6.4　长输管道经济性的保证：经济流速与热损失分析

保证长输管道的经济性，不但需要利用大温差技术提高热网水的热量输送密度，还需要考虑管道的经济流速并且减小散热损失。

本节通过建立简单模型来估算经济流速，计算长输管道的经济性。

管道及其附件及施工成本与管径可以简单地看成正比关系（见图 8-60），记为 cDL，其中 c 为比例系数。

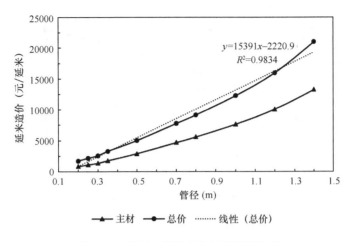

图 8-60　直埋双管道造价与管径的关系

管道沿程阻力可通过达西公式计算出 $H = \lambda \dfrac{L}{D}\dfrac{v^2}{2g}$，根据管道阻力和流量，可以得到水泵功率为 $W = \dfrac{\pi \lambda \rho L D v^3}{4\eta}$，设电价为 e 元/度，供暖天数为 M，N 年的水泵运行成本为 $6MNe\,\dfrac{\pi \lambda \rho L D v^3}{1000\eta}$，则输送单位流量所消耗的总成本为 $\dfrac{L}{D}\left(\dfrac{c}{6MN\pi v} + \dfrac{e\lambda \rho v^2}{1000\eta}\right)$，当 $\dfrac{1}{2}\dfrac{c}{6MN\pi v} = \dfrac{e\lambda \rho v^2}{1000\eta}$ 时取到极值，可得到经济流速为 $v =$

$\sqrt[3]{\dfrac{\eta c}{1.2 \times 10^{-2} MN\pi e\lambda \rho}}$。

以太原为例，$c = 19500$ 元/m（考虑财务成本），$e = 0.5$ 元/kWh，$M = 151$d，$N = 10$ 年（考虑动态折旧），$\rho = 958$kg/m³，$\eta = 0.7$，可算得经济流速如图 8-61 所示。

以济南为例，$c = 19500$ 元/m（考虑财务成本），$e = 0.4$ 元/kWh，$M = 120$d，$N = 10$ 年（考虑动态折旧），$\rho = 958$kg/m³，$\eta = 0.7$，可算得经济流速如图 8-62 所示。

从经济流速的表达式和上面的案例计算中都能看出，经济流速不仅与管径、管道泵站造价、电价有关，也与地域（供热天数）也有很大的关系，对于 DN1400 的管道，经济流速为 2.7～3m/s 之间，不同地区需要进行进一步核算。

另一方面，保温层厚度的确定对于长输管线非常重要，应根据经济性和管道制

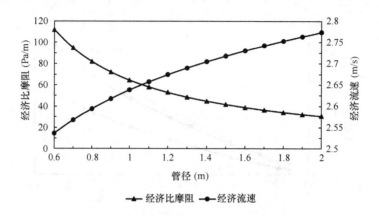

图 8-61　经济流速与管径的关系（太原数据）

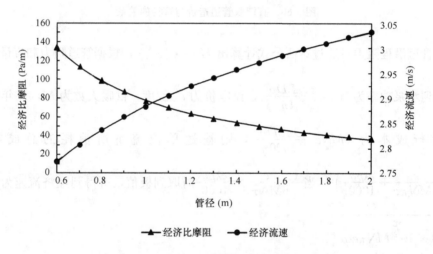

图 8-62　经济流速与管径的关系（济南数据）

作工艺、实施条件综合考虑。从理论上分析，由于供水管道保温不仅影响热量损失，而且降低的供水温度会影响大温差换热机组的驱动效果，进而影响回水温度的降低。因此，保温层经济厚度不仅要考虑散热损失，还应考虑对回水温度的影响，经济保温层厚度计算如图 8-63 所示。

从上文可以看出，运行年限按 20 年计算时，保温层经济厚度为 100mm。但目前 DN1400 和 DN1200 大口径保温管保温层厚度普遍为 60～80mm。这里的计算并没有考虑热能的㶲价值，如果考虑这方面的因素，保温厚度更加大一些才更好。但是对于大口径热力管道，当保温层厚度增加后，对管道三位一体效果影响很大，因此保温层厚度不能单纯地增大，还要考虑对管道整体受力的影响，在具体工程中还

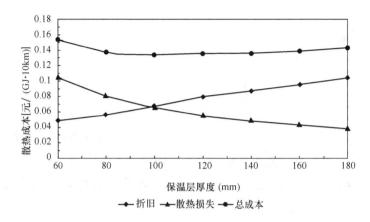

图 8-63 保温厚度与散热成本之间的关系

需要具体分析。

确定了经济流速和经济保温，则可以对长输管道的输送成本进行简单估算。如图 8-64 所示，管径越大，管道的输送能力越强，输送成本越低。对于目前广泛使用的 DN1400 管道，如果采用大温差技术，供回水温差达到 100℃，则输送 10km 的成本约为 2.5 元/GJ，具有非常好的经济性。

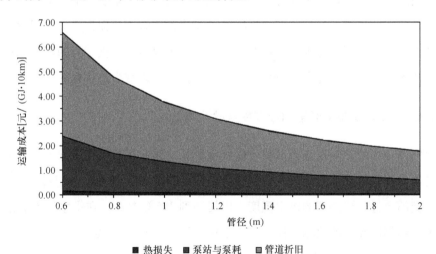

图 8-64 不同管径下最小运输成本及其构成

此外，在经济流速附近的区间内，输送成本对经济流速的变化并不太敏感，受影响的是管道投资与泵站投资＋水泵电耗的比例，如图 8-65 所示。这个特征可以给长输管道设计带来很大的灵活性和选择性。

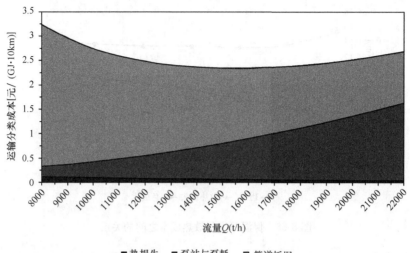

图 8-65 流量与运输成本的关系 （$D=1.4m$）

除了加大保温厚度之外，为了保证长输管道的经济性，还需要尽量减小局部散热损失。例如直埋管道中所用的阀门可以采用工厂预制保温，一次性补偿器采用补偿器专用热熔套现场发泡保温等。而对于架空管道，由于架空管道直接暴露在空气中，并且架空管道存在很多支架热桥损失，相比直埋管道热损失更大，因此架空管道的选择和局部热损失处理更加重要。架空管道不仅需要根据工程的特点选择合适的保温材料和保护壳，还需要重视绝热支座的设计，以减少热桥散热。

8.6.5　回水温度对长输的经济性与设计的影响

热网循环水的热输送能力取决于供回水温差。目前供热管道的保温材料普遍采用的是硬质聚氨酯。而目前大部分硬质聚氨酯能承受的温度上限不超过 130℃，再考虑一定的余量，严寒期的供水温度可以提高到 125℃左右。在供水温度有限制的情况下，热网循环水的热输送能力取决于回水温度。基于大温差技术，可以将回水温度降低到 25℃以下，供回水温差提高到 100℃以上，提高循环水的热输送能力，提高长距离输送的经济性。

与此同时，降低回水温度还可以减小长输管道的散热损失，回水温度升高，散热导致的损失分为两部分：第一部分是管道总散热的提高。由于回水温度的上升，会加大回水管道的散热量，加大长输管道的总散热量。第二部分是散热量占输热量比例的提高。即使管道的总散热量不变，但是由于回水温度的提高，导致供回水温差的减小，则管道的总输热量降低，因此，散热量占输热量的比例升高，从而导致了输送成本的提高。综合这两方面，如图 8-66 所示，当回水温度从 25℃ 提高到55℃ 时，散热损失提高了接近一倍，是非常明显的。

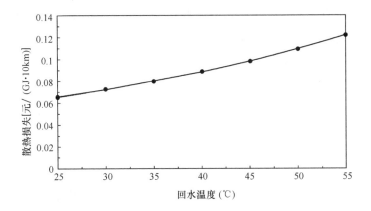

图 8-66　散热损失和回水温度之间的关系

结合散热损失，可以得到输送成本和回水温度之间的关系。由于回水温度的提高导致循环水的热输送能力下降，相同管道、相同流量所能输送的热量降低，但是所付出的成本却没有变化，这就导致单位供热量输送成本的上升，如图 8-67 所示。

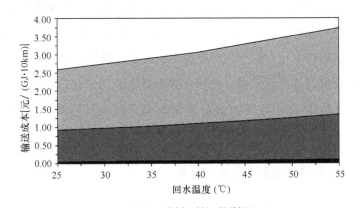

■热损失　■泵站与泵耗　□管道折旧

图 8-67　输送成本和回水温度之间的关系

当然，相比于常规供热系统，大温差供热系统为了保证低回水温度，也需要进行一定的投入。而根据分析与测算，这部分投入实际上可以通过降低热源的供热成本全部回收。因此，大温差供热系统的良好经济性的重要保障因素之一是电厂的低售热价。如果不考虑这部分因素，仅靠长输管道输送成本的降低来回收大温差机组的投资，则非常困难。

以供水温度为 125℃ 为例，设常规热力站回水温度为 50℃，大温差热力站回水温度为 25℃。随着大温差改造比例的上升，总回水温度逐渐下降，这个过程并不是一个线性的关系，如图 8-68 所示。

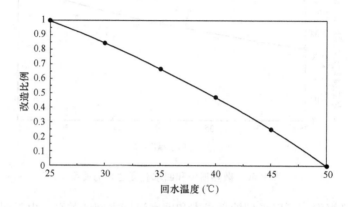

图 8-68 大温差改造比例与回水温度的关系

随着大温差改造比例的上升，回水温度随之下降，虽然大温差机组的投资提高，但是长距离输送的成本在下降，以上文 DN1400 管道的算例为例，当输送距离到达 80km（含长输和市内一次管网）时，降低回水温度而降低的输送成本与大温差改造的成本基本持平，而这个临界距离不受改造比例的影响。

此外，从管道设计方面来说，低回水温度意味着回水管道热膨胀幅度的减小，对管道无补偿直埋的设计与应力分析非常有利，减少补偿器的设置，也可减少投入。

8.6.6 太古长输管道简介与运行分析

太古长输管道设计供水温度为 130℃，回水温度为 25℃，总长度为 37.8km，高差为 180m。两路 DN1400 管道，总循环流量为 30000t/h，设计供热面积（含调峰）为 7600 万 m²。系统中设置了六级加压泵站，每套系统每个泵组有 4 台泵并联，水泵额定流量为 4300t/h，如图 8-69 所示。首站循环泵、2 号泵站供水泵和中继能源站回水泵扬程均为 90m，1 号泵站和 3 号泵站回水泵扬程为 70m，2 号泵站回水泵扬程为 100m。运行到设计状态时，长输管道输送费用约为 20 元/GJ（含折旧）。

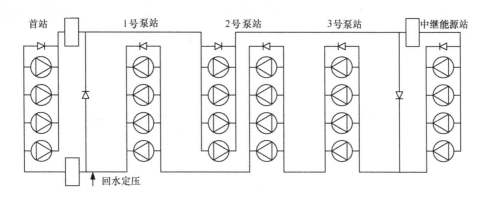

图 8-69 太古长输管道系统图

太古长输管道工程直埋管道和架空管道基本各占一半，对于直埋管道，在加厚保温的基础上，在施工时对现场保温的质量严格把关，以减少保温接口的局部散热。此外，为了减少局部热损失，直埋管道中所用的阀门采用工厂预制保温，一次性补偿器采用补偿器专用热熔套现场发泡保温。

对于架空管道，管道直接暴露在空气中，并且存在很多支架热桥损失，相比直埋供热管道热损失更大，因此架空管道的选择和局部热损失处理更加重要。

经过详细的比选研究，在架空管道部分全部采用了大口径预制镀锌钢板外护架空保温管，其热损失要小于岩棉管壳和离心玻璃棉管壳的保温管。并且，预制镀锌钢板外护架空保温管由工作钢管、螺旋咬口热镀锌钢板制外套管以及钢管和外套管之间灌注的聚氨酯硬质泡沫塑料保温层紧密结合而成。三位一体式的结构使得工作钢管和外护管通过保温层紧密地结合在一起，形成一体式保温管。

对于架空管道，支架产生的热桥损失是供热管道的主要热损失之一，为了减少支架热损失，最终设计使用了预安装分体式绝热支座。

架空管道支架有主固定支架、次固定支架、滑动支架、导向支架，其中滑动支架数量约占 80％，故该工程大部分支架热桥损失来自滑动支架。为了降低冷桥散热，供回水管滑动支座、导向支座均采用预制绝热支座，即支座为成品"保温管＋管托＋聚四氟乙烯块组底座"的形式。此外，由于供水温度较高，热损失较回水大，供水管次固定支座采用预制保温次固定管节，以减小局部冷桥散热损失。

最终，太古长输供热工程的实际运行效果也基本达到了设计预期。表 8-26 和表 8-27 中展示的是 2017～2018 年供暖季某日的实际运行参数与分析，从实际运行数据来看，实测的管道阻力比理论计算阻力略大一些，总体上是符合预期的。将实际运行的压力点与理论计算水压图对比，吻合得很好，如图 8-70 所示。

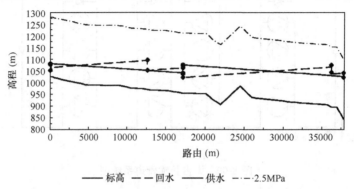

图 8-70 太古长输管道理论计算与实际运行压力对比

太古长输管道运行压力表　　　　　　　　　　　　　表 8-26

	进口（MPa）	出口（MPa）	压差（MPa）
首站	0.27	0.54	0.26
1 号泵站	0.80	1.22	0.42
2 号泵站供水	0.83	1.17	0.34
2 号泵站回水	0.67	1.07	0.40
3 号泵站	1.45	1.74	0.29
中继能源站	1.74	1.93	0.19

太古长输管道运行流量与阻力分析　　　　　　　　表 8-27

流量	10745t/h
总阻力	1.8MPa
理论比摩阻	23.2Pa/m
实际比摩阻	23.8Pa/m
误差	2.8%

太古长输管道供水管道设计温降为 5℃，根据实际运行情况，如图 8-71 和图 8-72所示，从电厂首站到中继能源站的供水平均温降为 1.2℃，回水平均温降为 0.38℃，明显低于设计温降。

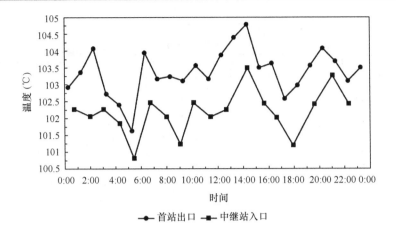

图 8-71 太古长输管道供水管道温降

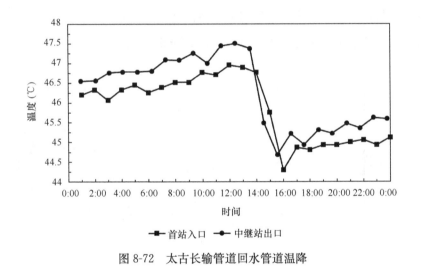

图 8-72 太古长输管道回水管道温降

8.6.7 西柏坡长输管道简介与运行分析

西柏坡长输管道设计供水温度为 130℃，回水温度为 15℃，总长度为 27km，高差为 50m。两路 DN1400 管道，总循环流量为 22000t/h，设计供热面积（含调峰）为 8500 万 m²。系统中设置了三级加压泵站，两套系统共用一个首站，首站内设 4 台泵并联，每台水泵额定流量为 6200t/h，扬程为 105m。每套系统的中继泵站供回水各设 4 台泵并联，水泵额定流量为 3300t/h，供水泵扬程为 80m，回水泵扬程为 110m（见图 8-73）。近期大温差改造工作未展开，回水温度为 50℃。

表 8-28 和表 8-29 中展示的是 2017～2018 年供暖季某日的实际运行参数与分

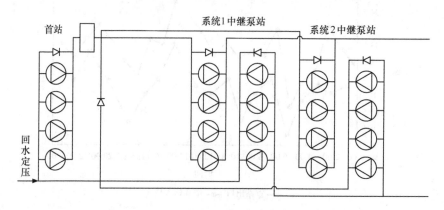

图 8-73 西柏坡长输管道系统图

析，从运行数据来看，实测的管道阻力比理论计算阻力略大一些。将实际运行的压力点与理论计算水压图对比，吻合得很好，如图 8-74 所示。

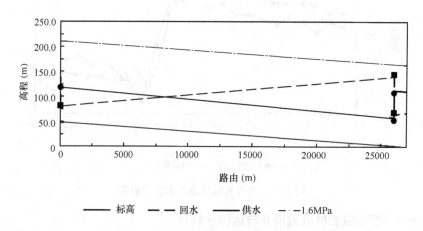

——— 标高 —— 回水 ——— 供水 ——— 1.6MPa

图 8-74 西柏坡长输管道理论计算与实际运行压力对比

西柏坡长输管道运行压力表 表 8-28

	入口 MPa	出口 MPa	压差 MPa
首站	0.34	0.69	0.36
2 号泵站供水	0.52	1.06	0.54
2 号泵站回水	0.67	1.43	0.76

西柏坡长输管道运行流量与阻力分析 表 8-29

流量	10596t/h
总阻力	1.26MPa
理论比摩阻	22.53Pa/m
实际比摩阻	23.35Pa/m
误差	3.6%

西柏坡长输管道供水管道设计温降为3℃，根据实际运行情况，如图8-75和图8-76所示，从电厂首站到中继能源站的供水平均温降为0.32℃，回水平均温降为0.066℃，明显低于设计温降。

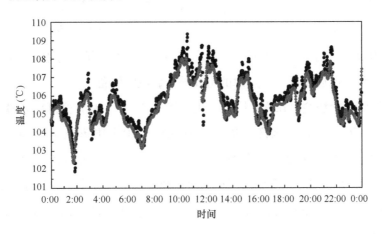

图 8-75 西柏坡长输管道供水管道温降

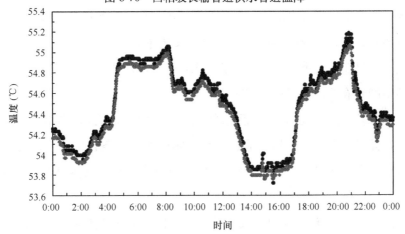

图 8-76 西柏坡长输管道回水管道温降

8.7 海水淡化与水热同输技术

8.7.1 海水淡化与水热同输技术介绍

从国际平均水平看，我国水资源较匮乏，时空分布不均，人均亩均较少，尤其是北方沿海地区水资源短缺问题日益突出，规划用南水北调中线、东线工程解决，但南水北调并未实质性增加水源多样性，北方地区水源安全没有得到根本性的保障。并且南水北调的明渠工程，会对当地生态产生一定影响。为缓解水资源危机，我国在大力节水的同时，积极开发利用海水等非常规水资源。海水淡化作为有效的淡水补充途径，已逐步成为水资源的重要补充和战略储备。

根据国际脱盐协会（IDA）统计数据，到 2013 年 8 月，全球海水淡化设备装机容量 8090 万 m^3/d，淡水产量以沙特阿拉伯等中东国家及美国为首。以色列 70% 饮用水来自海水淡化，海水淡化供水量 5.9 亿 m^3，占以色列总供水量超过 20%。截至 2014 年年底，我国已建成海水淡化工程产水规模 92.69 万 t/d，全年供水量 3.38 亿 t，仅占全国总供水量的 0.05%，与世界上缺水国家海水淡化规模相比差距很大，还有很大发展空间。

海水淡化主要分为反渗透法（膜法）和蒸馏法（热法）两大类。反渗透法主要消耗电能，利用半透膜分离淡水。蒸馏法利用电厂余热，通过多次梯状的蒸发和冷凝，实现淡水分离。常规的蒸馏法分离出 30℃ 左右的淡水及蒸汽，冷却后再作为产品输出。如果在供暖季，不冷却产品淡水，进一步加热升温后输送出去，就实现淡水和热量同时输送，即"水热同输"。

"水热同输"是进一步降低远距离输水输热成本的新模式，利用电厂余热进行海水淡化，并对淡水升温。热力输送与水力输送共用一条管道，管道输送高温淡水。高温淡水在末端需求侧释放热量，用做城市供热。淡水放热降温后，进入水处理厂处理，最终作为城市用水。

"水热同输"在大温差输热方式的基础上，保证末端放热大温差的同时，由双管循环水系统改为单管输送，单位热量输送成本和水泵能耗降低近一半；在长距离输水的基础上，"水热同输"需要增加的能耗和经济成本不多，并且水热可以共同分摊成本，进一步降低淡水及热量的市场价格。

8.7.2　水热同输系统原理

本节介绍的水热同输系统的原理，如图 8-77 所示。沿海热电厂的水热同输系统将海水淡化技术和余热利用技术结合在一起。淡水（海水淡化产品）作为热载体可将热量从热电厂输送到城市集中供热系统中。

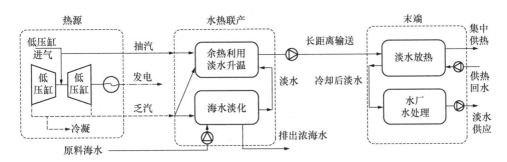

图 8-77　沿海电厂的水热同输系统原理图

水热同输系统可以分为三个部分：高温淡水制备、长距离输送和末端热量析出。高温淡水制备部分包括海水淡化单元和余热利用单元。机组的热电联产提供汽轮机抽汽和乏汽作为能量输入，以产生高温淡水。长距离输送部分包含一根单向长距离保温管道，用于将高温淡水从热源输送至末端。末端热量析出部分即城市地区的换热系统，用于从高温淡水中吸收热量，热量用于城市集中供热，冷却后的淡水送至水处理厂用于城市供水。

1. 高温淡水制备

常规的利用低温多效蒸馏技术（MED）的海水淡化源侧原理示意如图 8-78 所示，70℃低压缸抽汽（或排汽），与预热后的海水进入 MED 系统，产生 29℃淡水、34℃浓海水及 34℃低温蒸汽。常规 MED 产生的低温蒸汽往往需要进入凝汽器，利用冷却海水吸收热量，转换为淡水，而排放其热量。

而水热同输系统的热源部分（水热联产），在供暖季可以利用电厂中压缸排汽（150℃），采用吸收式热泵的方式来提取 MED 产生的低温蒸汽中的热量，在供暖季对产品淡水进行加热，取消凝汽器，回收了低温蒸汽（34℃）余热。但会由于增加抽汽（150℃）而减少生产淡水量及发电量。

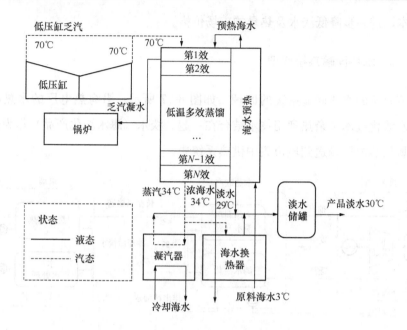

图 8-78　电厂 MED 海水淡化原理示意

供暖季时，在水热联产方式运行下，机组按照高背压运行（背压温度 70℃）低压缸排汽直接进入 MED（见图 8-79）。以 350MW 的火电机组为例，若满负荷生产淡水，淡水产量为 3600t/h，发电量为 311MW。采用水热联产的方式，淡水产量为 2400t/h，发电量为 293.5MW，供热量为 230MW。

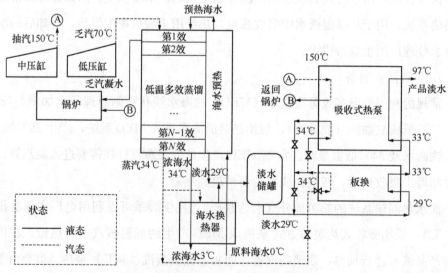

图 8-79　电厂水热联产原理示意（供暖季）

非供暖季时，在水热联产方式下，系统不需供热，仅生产淡水，低压缸正常运行，低压缸的乏汽进入凝汽器后回到锅炉（乏汽 35℃）。抽取中压缸排汽（150℃）、MED 末级蒸汽（34℃）进入吸收式热泵作热源，加热预热后的海水，产生 70℃蒸汽，进入 MED 第 1 效蒸馏器。与供暖季不同的是，吸收式热泵产生的70℃蒸汽在第 1 效蒸馏器中凝结出的淡水不需要回到锅炉，而是作为产品淡水输出如图 8-80 所示。

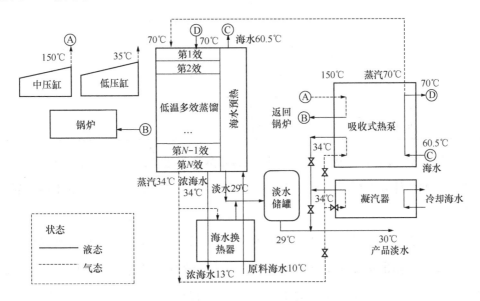

图 8-80 电厂水热联产原理示意（非供暖季）

设计 MED 的供暖季与非供暖季供水规模稳定，及全年淡水产量保持不变。水热联产供暖季与非供暖季在运行上的区别主要有三点：（1）供暖季产品淡水需要加热至 97℃，非供暖季不需加热，30℃输出。（2）供暖季时，背压运行低压缸（70℃）作为 MED 驱动蒸汽。非供暖季时，抽取的中压缸排汽（150℃）和 MED末级蒸汽（34℃）作为 MED 驱动蒸汽。（3）供暖季时，发电量减少是由于增加抽汽量（150℃）及高背压运行（背压 70℃）。非供暖季时发电量减少仅由于增加抽汽量（150℃）。

按照水热联产方式，非供暖季 350MW 机组发电 312MW，生产淡水 2400t/h。供暖季 350MW 机组发电 293.5MW，生产淡水 2400t/h，供热量 230MW。非供暖季造水比（淡水产量/MED 驱动蒸汽量）约为 6.2，供暖季造水比约为 6.5，如表

8-80 所示。水热联产方式供热 COP（供热量/供暖季供热造成的减电量）约为 7（系统中吸收机 COP 在 0.7 左右）。

水热联产供暖季、非供暖季运行比较　　　　　表 8-30

	非供暖季运行	供暖季运行
火电机组额定功率	350MW	350MW
减电量	35.5MW	56.5MW
耗抽汽量（150℃）	215t/h	188t/h
耗乏汽量	155t/h（34℃） 来自 MED 末级蒸汽	368t/h（70℃） 来自低压缸排汽
造水比	6.2	6.5
生产淡水	2400t/h	2400t/h
温度	30℃	97℃
供热量	0MW	230MW

非供暖季，MED 末级蒸馏器产生的 34℃蒸汽无法全部用于海水换热器、吸收式热泵，剩余部分需在冷凝器中经海水冷凝成淡水，再与淡水储罐中的水混合后输送出去。

对于水热联产方式，非供暖季产生 1m³ 的 30℃淡水，需消耗抽汽（150℃）90kg；供暖季当供水温度设计为 97℃时，水热同输系统产生 1m³ 的 97℃淡水，需消耗抽汽（150℃）78kg，低压缸排汽（70℃）155kg。

2. 长距离输送

水热同输系统的长距离输送部分采用单管管道输水。早年的输水工程，大多利用天然地形，采用明渠开挖的形式，随着气候变化及环境污染的加重，明渠不能保证给水量，且易受环境污染。现代输水工程多采用长距离封闭式的专用管道输水模式。例如呼和浩特引黄供水工程，总长 82km，规模 40 万 t/d。相比于长距离供热采用的双管循环，长距离输水管道技术成熟度高，且规模更大。

单管输水方式的水头损失等于沿程阻力加上两地高差，因沿海电厂海拔基本为零，所以一般水头损失为沿程阻力加上末端城市的海拔。对于 DN1400 的管道，按照沿程阻力 30Pa/m 估算，200km 管道沿程阻力损失约为 6MPa，约等于 600mH_2O，水头损失需再加上两地高差。

因管道输送高温淡水，在设计时需考虑汽化问题。并且应进行管道水锤防范设计，确保管道不会因内部压力骤变而损坏，输水工程在水锤防范的问题上有大量工程实践经验，比循环管更成熟。在安全性方面，单管输水与长距离供热的双管循环水系统区别不大。

单管输水的投资主要包括管道材料、工程建设费用、中继泵站费用，运行费用主要包括中继泵电耗。单管输水的投资及运行费用约为双管循环水系统的 1/2。对于长 200km 的 DN1400 单管管道建设，管道初投资约 20 亿元，工程建设费考虑地域因素波动较大，在 10 亿元左右，沿途需 5 座中继泵站，投资共约 5000 万元。考虑平均流速为 2m/s 时，管道输水流量约 11000t/h，年输水量约 9700 万 t，200km 输热过程中水泵总功率 30000kW，年耗电量约 26500 万 kWh，按照 0.8 元/kWh 电价，运行费用约 2.1 亿元/a，折合吨水输送费用为 2.2 元/t。

3. 末端热量析出

在末端（水、热需求侧），换热站吸收长距离输送的高温淡水热量，为城市集中供热系统供热，将冷却后的淡水输送至水处理厂，用于市政供水。与传统的集中供热系统不同，水热同输系统没有回水管路。降低换热站的出水温度，可以从高温淡水中提取更多热量，这对提高输送效率至关重要。初末寒期与严寒期用户参数不同，考虑系统供热调峰为 25%，长距离输送高温淡水承担 75% 供热基础负荷。

在 75% 以下负荷时，95℃高温淡水通过板式换热器将热量传递给一次网循环水，温度降至 20℃以下，进入水处理。一次网 90℃热水通过吸收式换热和电动热泵能够把一次侧温度降低到 15℃，此时末端热用户循环水参数为供水 40℃，回水 35℃，如图 8-81 所示。

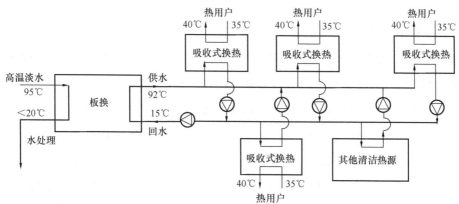

图 8-81　初末寒期末端取热流程示意

当负荷大于 75％后，将一次网热水温度提升至 115℃，一次侧回水温度 20℃。二次网供水温度提高到 47℃，回水温度提高到 40℃。这时，统一用天然气直燃吸收机对长距离输送淡水进行制冷，进一步把零级网水温降低到 15℃，如图 8-82所示。

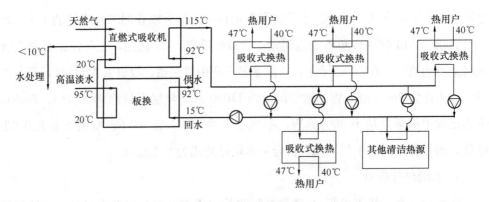

图 8-82　严寒期末端取热流程示意

8.7.3　案例分析

本节通过雄安新区的案例研究，结合 AP1000 型核能机组，对水热同输系统的供热、供水能力进行估算，分析其能效和经济成本。雄安新区是 2017 年 4 月国务院设立的国家级新区，可容纳 220 万～250 万居民。每年生活用水缺少约为 4 亿 m³，供暖峰值负荷为 2400MW。假定沧州海兴规划建设的核电机组利用水热同输系统，为雄安新区供水。海兴核电距离渤海海岸线 17km，位于雄安新区以东 210km。

海兴核电计划 2020 年规划建造两座 AP1000 机组（1100MW），核电机组存在大量余热可供利用，一台 1100MW 核电机组余热量超过 1700MW。根据核电机组热平衡图，机组参数见表 8-31。对 1 台 AP1000 核电汽轮机进行水热同输改造，供暖季高背压运行，将凝汽器出口热网水温度提高到 70℃，需抽取中压缸排汽。非供暖季，机组正常运行，抽取中压缸排汽（150℃）用作吸收式热泵驱动热源，抽汽量约为低压缸进汽量 38％，为保证全年供淡水量稳定，设计全年淡水产量相同。

表 8-32 列出了水热同输系统的一些关键设计参数。一台 AP1000 型号核电机组，供热能力可达 1415MW，供水能力达 13477t/h，按照机组全年运行时间 7500h

（核电机组需检修），供暖季4个月122d计算，全年供热量1500万GJ，全年供水量达1.01亿t。

水热同输系统所需初投资超过63.5亿元（见表8-33）。长距离输送部分费用由供水供热共同承担。

热平衡图参数　　　　　　　　　　　　　　　　　　　表 8-31

设计参数	数值
主蒸汽量（t/h）	3700
主蒸汽压力（MPa）	0.3104
主蒸汽焓值（kJ/kg）	2114
最大抽汽限制比例	65%
最大抽汽量限制（t/h）	2900
抽气压力（MPa）	0.0036
抽气焓值（kJ/kg）	2161
低压缸发电量（MW）	402

水热同输系统方案关键参数　　　　　　　　　　　　　表 8-32

水热同输系统参数	冬季	非冬季
造水量（t/h）	13477	13477
供热量（MW）	1415	0
原发电量（MW）	1029	1029
水热联产发电量（MW）	793	891
减电量（MW）	236	130
产水耗抽汽量（150℃）（t/h）	0	1200
产水耗乏汽量（t/h）	2090（70℃） 来自低压缸排汽	840（34℃） 来自MED末级蒸汽
加热耗抽汽量（150℃）（t/h）	1050	0
加热耗乏汽量（t/h）	813（34℃） 来自MED末级蒸汽	0

水热同输系统的设计参数和经济性参数 表 8-33

部分	设备	参数	设计参数	经济性投入（百万元）
高温淡水制备	低温多效蒸馏	造水能力	14000t/h	2300
	余热利用单元（吸收式热泵＋板换）	换热量	1400MW	266
长距离输送	管道	管径	DN1400	2100
		长度	210km	
		供水温度	97℃	
末端热量析出	换热器	换热量	1400MW	75
	直燃式吸收机	换热量	420MW	100
	吸收式换热器	换热量	1800MW	472
工程建设费用	工程建设			1200
整体系统	源侧供热量		1415MW	6350
	供水量		13477t/h	

按照厂区上网电价 0.42 元/kWh，长距离输送电价 0.8 元/kWh 计算，得到该案例中水热同输系统产热产水成本价格如表 8-34 所示。在输送 210km 的长距离下，若按照淡水成本 6 元/t，则供热成本 35.69 元/GJ；若按照供热成本 30 元/GJ，则供水成本 6.84 元/t。实际上价格低于原来水平。

水热同输系统水成本、热成本计算结果 表 8-34

项目	区分	参数	费用（亿元/a）
弥补减电量	供热季	6.9 亿 kWh	2.90
	非供热季	5.9 亿 kWh	2.49
长距离输水电耗		2.89 亿 kWh	2.31
海水淡化电耗		1.2 亿 kWh	0.504
设备折旧	折旧年限 20 年	63.5 亿元	3.18
供热季运行费（4 个月）			4.90
非供热季运行费（8 个月）			6.48
总计运行费			11.39
全年供热量	0.149 亿 GJ	供热季产水量	0.34 亿 t/a
		非供热季产水量	0.67 亿 t/a
		全年产水量	1.01 亿 t/a
供水成本 6 元/t		供热成本 30 元/GJ	
热成本	35.69 元/GJ	热成本	30.0 元/GJ
水成本	6.0 元/t	水成本	6.84 元/t

国内有一部分机构对我国部分海水淡化工程的出水水质进行监测，并与自来水标准作对比。在国家海洋局天津海水淡化与综合利用研究所发表的文章和中国疾病预防中心环境与健康相关产品研究所发表的文章中，指出低温多效蒸馏出水的 15 个常规水质参数，全部满足我国饮用水标准（见表 8-35）。也就是说，本方案中使用的低温多效蒸馏淡化方式（MED）未出现超标指标，并且由于水热同输系统输送的是 97℃高温淡水，还可杀灭水中残留微生物，进一步保障水质。而反渗透法海水淡化方式则出现水中硼的浓度过高，需进一步处理的情况。

我国 15 个海水淡化项目水质监测对比   表 8-35

	最小值	最大值	饮用水标准
色度	可忽略	5	15
pH	6.5	7.91	不小于 6.5，且不大于 8.5
溶解性固体（mg/L）	<10	334	1000
总硬度（以碳酸钙计，mg/L）	<1	99.6	450
钠（mg/L）	0.20	162	200
铝（mg/L）	<0.025	0.36	0.2
铁（mg/L）	<0.002	0.05	0.3
铜（mg/L）	<0.002	0.03	1
氯化物（mg/L）	0.53	229	250
硫酸盐（mg/L）	0.1	65.8	250
硼（mg/L）	<0.020	1.5	0.5
氯化物（mg/L）	<0.01	0.205	1
浑浊度 FTU	<0.01	0.35	1
砷（mg/L）	<0.005	<0.005	0.01
硝酸盐（mg/L）	可忽略	3.26	10

低温多效蒸馏产生的淡水纯度较高，含矿物质较少，可能不宜直接用于农业灌溉，但是作为饮用水，全部指标符合标准，表现出较好的品质。

8.7.4 应用前景

我国北方沿海地区几乎是我国缺水最严重的地方，从地区水资源总量上来看，天津、北京、河北、山东、山西等 9 个地区水资源总量不超过 300 亿 m^3。天津、北京、山东、山西、河北等 9 个地区人均用水量不超过 $300m^3$/人，如图 8-83 所示。从数据可以看出，北方地区（北京市、天津市、河北省、山西省、内蒙古自治区等）水资源各项指标均处于全国末位，水资源严重缺乏。

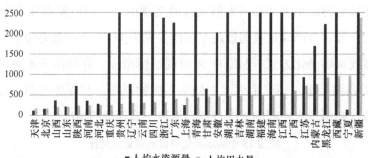

图 8-83　2016 年我国人均水资源总量及用水总量情况❶

另一方面，随着我国城镇化的发展，由供热所带来的环境问题愈发地引起人们的关注。在过去的很长一段时间里，无论独立供热还是集中供热，燃煤锅炉都作为主要的一次能源，占比超过 50%，由于锅炉的效率以及燃烧的方式等因素，燃煤锅炉所产生的诸多污染物对环境和人类健康造成了一定的危害。但当燃煤锅炉逐渐被淘汰后，我国北方地区，尤其是沿海地区将出现严重缺少热源的情况。

水热同输可以同时解决城市的热需求和水需求。我国北方地区城市供暖与城市用水需求之间存在地理上的相关性。环渤海、黄海、北京、天津、河北、辽宁、山东等地，清洁热源不足，同时面临缺水问题。这些省份地区容纳了 2.55 亿人，预示着水热同输系统有广阔的应用前景。

8.8　烟气余热回收技术

烟气余热回收技术包括燃气烟气余热回收与燃煤烟气余热回收两种类型，近年来均有成熟的设备与系统应用。

8.8.1　燃气烟气余热回收技术

天然气的主要成分为甲烷（CH_4），烟气中含有大量水蒸气，目前天然气供热

---

❶　资料来源：《中国统计年鉴（2016）》

系统排烟温度普遍较高（一般 80～100℃），烟气余热回收潜力巨大。通过降低排烟温度、充分回收烟气余热（显热＋潜热），可实现能源利用效率的大幅提高。

现有天然气锅炉的效率采用一种基于燃气低位发热量的计算方法，计算公式如下：

$$\eta = \frac{Q_r^d + H_g + \alpha H_g - H_f}{Q_r^d}$$

式中　Q_r^d——低位发热量，kJ/Nm³；

　　　H_g——进锅炉燃气单位体积焓值，kJ/Nm³；

　　　H_a——空气带入锅炉焓值，kJ/Nm³；

　　　H_f——单位体积燃气排烟焓值，kJ/Nm³。

燃气锅炉的热效率随着排烟温度的变化曲线如图 8-84 所示。

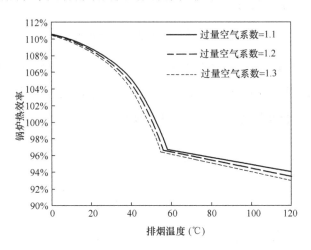

图 8-84　锅炉热效率随排烟温度变化

当排烟温度从 110℃降低到 58℃，锅炉热效率提升了 4％（显热回收阶段）；而排烟温度从 58℃降低到 24℃（潜热回收阶段），锅炉热效率提升了 10％。在显热回收结束之后，锅炉尚有大量低温余热可供回收，同时，锅炉热回收进入潜热阶段时，热回收效率随排烟温度的降低提升显著。

常规的烟气余热回收技术包括利用热网回水与烟气换热、利用空气与烟气换热，或者采用二者组合的方式，该类系统中常采用间壁式换热器作为直接换热设备（见图 8-85），但受限于热网回水温度高、空气比热容小等因素，排烟温度难以降至 50℃以下。以锅炉初始排烟温度为 100℃，冬季环境空气温度为 0℃，含湿量为 1.3g/kg 作为计算基准，在热网回水 50℃的情况下，这种余热回收方式可以将排烟温度降低至 52℃，系统的余热回收率可以达到 48%。这类余热回收方式不能彻底回收烟气余热的根本原因是缺少更低温度的冷源与烟气换热。

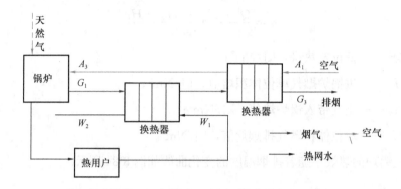

图 8-85　间壁式换热器换热机理

为了获得低温冷源，可以在系统中加入吸收式热泵（见图 8-86），利用热泵制取低温冷却水，从而达到深度回收余热的目的。热泵产生烟气与锅炉产生的烟气进行掺混之后进入间壁式换热器和制取的低温冷却水进行换热，从而深度回收烟气余热。

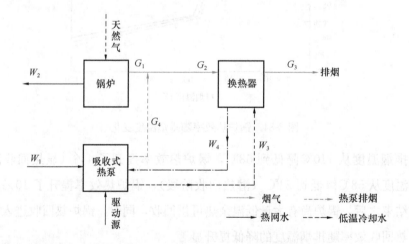

图 8-86　吸收式热泵烟气余热回收系统原理图

该系统可以采用不同类型的热泵形式（按照驱动分为热水驱动、烟气驱动以及燃气驱动；按照类型分为开式循环、吸收式以及压缩式），均有广泛的应用。在热网回水50℃的情况下，这种余热回收方式可以将经济排烟温度降低至20℃，系统的余热回收率可以达到80％。

当烟气进入深度余热回收阶段之后，出现大量的酸性冷凝水，会对设备产生腐蚀，换热量较大时，较大大换热面积会造成间壁式换热器造价昂贵。因此，在实际工程中一般使用直接接触式喷淋塔代替间壁式换热器（见图8-87），可以有效降低腐蚀带来的影响，降低设备成本，减少传热传质阻力，提高换热效率。

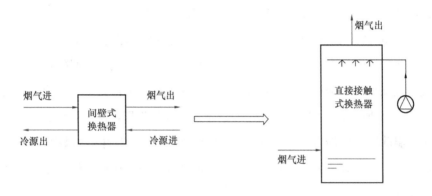

图 8-87　直接接触式喷淋塔流程图

将上述烟气余热回收技术的主要过程在焓湿图上表示（见图8-88），仅用间壁式换热器的余热回收过程为1-2，由于换热器另一侧的热水温度较高，系统仅能完成显热回收，无法实现烟气潜热的完全回收；采用间壁式换热器与吸收式热泵相结合的系统，其余热回收过程为1-2-5-4，在1-2-5段中，间壁式换热器仅发生显热传热过程，在5-4段中，烟气进入潜热回收段，实现烟气的降温冷凝过程；使用直接接触式换热器与吸收式热泵相结合的系统，其余热回收过程为1-3-4，烟气在直接

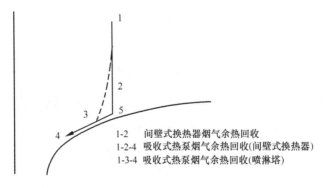

图 8-88　不同余热回收系统烟气在焓湿图上的变化

接触式换热塔中逐渐降温除湿。总体来看，使用吸收式热泵的系统可以降低冷源温度，可以更深度地回收烟气余热。

使用直接接触式喷淋塔与吸收式热泵相结合的烟气余热回收系统已经大面积应用，以北京市某 20t/h 的燃气热水锅炉为例，采用该技术的项目，其新增设备主要包括吸收式热泵、喷淋塔、循环水泵等，总投资约为 200 万元，可回收 1.5MW 的烟气余热，全供暖季可回收余热量 1.47 万 GJ，每年可节省天然气 47.1 万 Nm^3，静态回收周期为 2 个供暖季。截至 2018 年年底，该技术已经在北京、天津、山西、山东、河北等 11 个省市获得大规模应用，余热供热面积超过 1100 万 m^2。

除了降低冷源温度，提高烟气露点温度也可以实现烟气潜热回收，即基于"烟气空气全热交换"的烟气余热回收技术。该系统的核心部件是三个直接接触式喷淋塔，如图 8-89 所示，锅炉产生烟气（G_1）经过"1塔"降温除湿以后进入"2塔"，进一步降温除湿之后排出（G_3）；空气（A_1）经过"3塔"升温加湿以后作为助燃空气进入锅炉。"2塔"和"3塔"之间有一股循环水不断循环，作为介质协助烟气与空气换热。

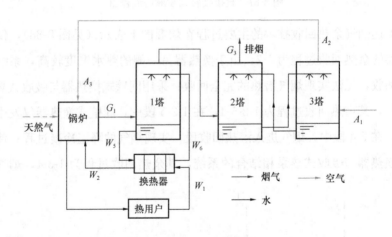

图 8-89　基于气水循环的烟气余热回收系统原理图

通过"2塔"和"3塔"实现烟气和空气的全热交换，锅炉进口助燃空气焓湿量增加，烟气的露点温度提高，从而在较高温度热网回水条件下就可以回收更多的烟气余热。这种余热回收方式可以将经济排烟温度降低至 23℃，系统的余热回收率可以达到 73%。

该系统中的"2塔"和"3塔"也可用一个热回收转轮来代替，系统形式如图8-90所示，不仅可以很大程度上减少设备的占地面积，同时还可以减少"2塔"和"3塔"在换热过程由于气体饱和线非线性造成的能量耗散，提高热回收效率。

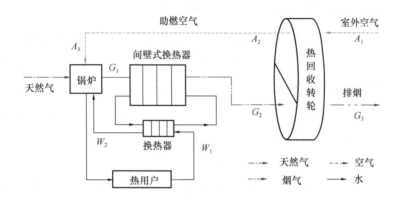

图 8-90　热回收转轮烟气余热回收系统原理图

将上述不同余热回收系统的核心部件以及最终排烟温度等参数汇总对比，如图8-36所示。

不同烟气余热回收技术对比　　　　　　　　　　　　　　　　表 8-36

技术名称	核心部件	核心思想	最终排烟温度	系统热回收效率
间壁式换热器直接回收烟气余热技术	间壁式换热器	未经处理的冷源与烟气直接换热，降低排烟温度	52℃	48%
吸收式热泵与直接接触式换热相结合的烟气余热回收技术	吸收式热泵；直接接触式喷淋塔	降低冷源温度，深度回收烟气余热	20℃	80%
基于烟气空气全热交换的烟气余热回收技术	直接接触式喷淋塔/热回收转轮	提高烟气露点温度，深度回收烟气余热	23℃	77%

8.8.2　燃煤烟气余热回收

目前燃煤锅炉仍是我国北方供热的主要热源形式。为了治理冬季雾霾，我国北方地区供热正在进行燃煤锅炉的超低排放改造，而湿法脱硫系统是目前燃煤烟气净化的一种主要方式，锅炉出口烟温约 110℃，经过湿法脱硫塔后，被绝热加湿为接近饱和状态的 50℃左右湿烟气，此时烟气所蕴含的热能与脱硫前几乎相当，直接排放不但损失了大量余热，而且造成大量水资源的浪费。

对于不同的煤种，由于其成分不同，所能回收的烟气余热量也有所不同，以烟煤、无烟煤、贫煤三种常用煤种为例（其成分见表 8-37），在 6％的氧含量，湿法脱硫入口烟气为 110℃，出口烟气温度为 50℃情况下，随着回收热量的增加，对锅炉本身效率的提升如图 8-91 所示，将烟气温度从 50℃降低至 20℃时，能够提高锅炉热效率 7％以上，具有良好的节能效果。

不同煤种成分　　　　　　　　　　　　　表 8-37

| 煤种 | 元素成分（%） | | | | | | | 发热量 |
	Mar	Aar	Car	Har	Oar	Nar	Sar	(kJ/kg)
无烟煤	6.2	24.1	63.74	2.48	2.14	0.80	0.54	23431
贫煤	5.6	21.7	64.77	2.73	1.67	0.97	2.57	20363
烟煤	8.69	19.1	58.53	3.96	7.56	1.06	1.14	23129

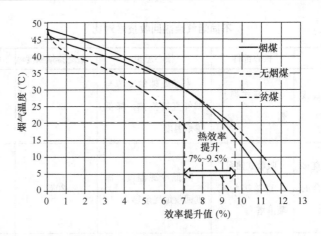

图 8-91　燃煤系统排烟温度与利用效率的关系

现有较为成熟的燃煤烟气余热回收技术主要以"湿法脱硫的烟气余热回收与减排一体化技术"为主，其原理如图 8-92 所示。以吸收式热泵制取低温冷源作为喷淋塔的循环冷却水，经过脱硫塔之后的烟气在喷淋塔中进一步降温之后排出，烟气在喷淋塔中进行了二次洗涤，进一步脱除 SO_2、NO_x 等污染物，烟气冷凝水可以作为脱硫塔的补水。

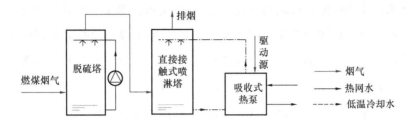

图 8-92　湿法脱硫的烟气余热回收与减排一体化技术流程图

该技术在燃煤蒸汽锅炉和燃煤热水锅炉中均有应用。

以某 300t/h 的蒸汽锅炉为例，项目回收烟气余热用于加热锅炉补水，节省原本加热锅炉补水的部分蒸汽。该项目投资共计 1200 万元，全年可回收热量 15.3 万 GJ，能够节省蒸汽 3.6 万 t/a，节省的蒸汽向外供出，按照该厂供出蒸汽价格 208 元/t 核算，每年可增加供汽收入 748.8 万元，整个系统全年运行电耗和碱液消耗费用为 55.1 万元，项目静态投资回收期在 2 年以内。

以某 610t/h 燃煤热水锅炉为例，项目回收烟气余热用于供暖，只在供暖季运行。该项目投资共计 2880 万元，系统全供暖季可以回收热量 19.1 万 GJ，按照对外供热价格 46 元/GJ 核算，则整个供暖季收益为 890 万元，整个系统全年运行电耗和碱液消耗费用为 149.4 万元，项目静态回收周期 3.9 个供暖季。

截至 2018 年年底，天津、济南、陇西、黑河、青岛等地已经建成多个大型示范工程。

8.9　中深层地热源热泵供热技术

我国中深层地热资源丰富，目前普遍采用水热型地热资源直接利用的形式，通过开采 4000m 以浅、温度大于 25℃ 的热水和蒸汽，可直接利用，或结合电驱动热泵技术用于北方地区供暖、旅游疗养、种植养殖、发电和工业利用等方面。水热型地热能直接利用的形式，一方面受资源禀赋的限制，一方面存在尾水回灌难的问题，对其发展带来了一定的限制。2017 年 1 月，《地热能开发利用"十三五"规划》提出在发展地热资源时，需要采用"采灌均衡、间接换热"的工艺技术，实现地热资源的可持续开发。开展井下换热技术深度研发。在"取热不取水"的指导原则下，进行传统供暖区域的清洁能源供暖替代。

近年来，采用间壁式换热的方式，提取中深层地热能用于供暖的技术在陕西等地率先建成，并逐渐建成多个技术示范项目（下称中深层地热源热泵供热技术）。该技术采用换热介质，通过地埋管换热的形式获取 2~3km 中深层地热能，在整个利用过程中处于封闭循环系统。地上结合电驱动热泵技术，用于末端供暖，真正实现"取热不取水"。一方面避免了地热水直接利用可能带来的地下水污染问题，另一方面相比于常规浅层地源热泵供热系统，运行性能更高，运行稳定性更强，目前已经实现市场化（常规浅层地源热泵运行情况分析可见《中国建筑节能年度发展研究报告 2015》）。

8.9.1 中深层地热源热泵供热技术简介

中深层地热源热泵系统结构示意图如图 8-93 所示。由中深层地热能密闭地埋管、热源侧水系统、热泵机组和用户侧水系统组成。

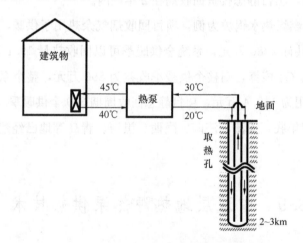

图 8-93 中深层地热源热泵系统示意图

中深层地热能热泵供热系统与常规地源热泵系统相比，最主要的区别在于其采用钻孔、下管、构建换热装置等技术措施，通过间壁式换热的方式，从地下 2~3km 深、温度在 70~90℃甚至更高范围的岩石中提取蕴藏其中的地热能作为热泵系统的低温热源，即图 8-93 所示的中深层地热能密闭地埋管。通过地埋管换热装置提取热能，无需提取地下水，对地下水资源无影响。同时，地埋管管径小，对地下土壤岩石破坏小，因此该技术对地下环境基本无影响。其次，由于该技术热源侧取热点较深，基本不受当地气候环境影响，适用于我国各个气候区。

作为系统技术核心的中深层地热能换热装置，通常采用套管结构：换热介质在循环泵的驱动下从外套管向下流动与周边土壤和岩石等换热，到达垂直管的底部后，再返到内管向上流出换热装置。换热介质在外套管向下流动过程中，一方面通过外管管壁与土壤岩石等进行换热，另一方面也会通过内管管壁与向上流动的换热介质进行换热。而从内管向上流动返回的被加热的换热介质在流动中又会被向下流动的换热介质冷却，使其温度降低。由于采用密闭换热装置才能对地下环境产生最小的影响，并保证系统长期稳定运行，因此其换热装置的密闭性与稳定性要求较高。

根据对已投入运行的实际系统实测，冬季中深层地热能换热装置出水温度可以稳定在30℃以上，一些工程甚至更高，具体与换热装置设计和性能，以及地埋管实际地质条件有关。对于热源侧水系统，由于中深层地热能取热装置管路长、流动截面积小，为避免过大的水泵电耗，通常热源侧设计循环温差为10K左右。此外，由于中深层地热能温度较高，只用于冬季供暖需求，不能作为夏季供冷需求，这也是与常规浅层地源热泵系统的区别。

除此以外，中深层地热源热泵技术与常规地源热泵技术相似，都是通过热泵机组将热源侧的热量进一步提升到较高的温度水平，再释放至用户侧，为建筑物供暖。用于居住建筑，其室内末端搭配地板供暖较好，因为地板供暖所需供水温度较低，热泵机组效率高。如果建筑物内采用常规散热器或风机盘管等末端形式，需要的供水温度要高于地板供暖系统的供水温度，这就会使系统的能效有所降低。

陕西省以及我国北方部分城市已经建成多个中深层地热源热泵供热系统，并从2013年冬季起投入使用。表8-38为所调研项目的基本信息，均位于陕西省西安市及其周边地区。

中深层地热源热泵系统项目基本信息 表8-38

项目	A	B	C	D	E
建筑功能	居住建筑				
建筑面积（m²）	20600	43500	56000	133400	37800
实际供热面积（m²）	6000	18700	38000	53360	7560
地埋管个数	1	3	5	8	2

续表

项目	A	B	C	D	E
地埋管深度（m）	2000	2000	2000	2500	2000
用户侧设计水温（℃）	45/40				
热源侧设计水温（℃）	30/20				
末端换热形式	辐射地板				
运行模式	连续运行			间歇运行	

对这5个投入实际运行的项目在严寒期进行48h以上的连续监测，得到测试期系统平均运行性能，并对项目D在2017年供暖季运行情况进行连续监测，得到供暖季平均运行性能。下面分别从地埋管换热性能、热泵系统运行性能等方面展开探讨，总结中深层地热源热泵供热系统技术特点。

8.9.2 热源侧出水温度高，供暖季运行稳定

严寒期5个项目热源侧水温实测结果如图8-94所示（48h平均值），可以看到，热源侧出水温度均高于20℃，其中项目D出水温度最高，达到34.7℃。热源侧水温高于常规热泵供热系统，有利于热泵机组的高效运行。然而，不同项目之间仍然存在着差别，这主要与换热装置换热性能、运行策略以及地埋管所在地实际地质、地热条件有关。

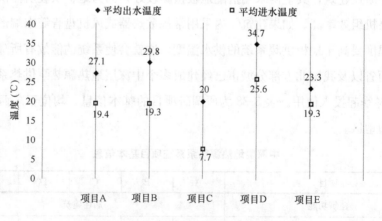

图8-94 典型工况热源侧水温监测值

项目D供暖季热源侧水温监测情况如图8-95所示，可以看到，供暖初期，热源侧出水温度超过35℃。随着系统的运行，出水温度逐渐降低，稳定运行后维持

在 30℃左右。而在供暖末期,随着末端供热负荷的降低,取热量逐渐减少,出水温度又出现上升的趋势。整个供暖季热源侧出水温度平均值达到了 33.0℃,为热泵供热系统提供了一个高温、稳定的热源,有利于系统的高效运行。

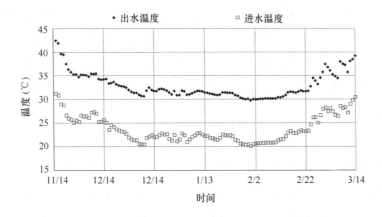

图 8-95　项目 D 供暖季热源侧水温监测值

8.9.3　热源侧取热量大,占地面积小,开采位置选择灵活

表 8-39 显示 5 个项目严寒期单井换热情况,该技术地埋管深度多为 2～3km,单个地埋管循环水量为 12～30m³/h 时,热源侧最高出水温度能达到 35℃,单个地埋管的取热量可达到 122～288kW,平均每延米取热量可达到 61～144W/m,相比于浅层地埋管(深度 100m,单位延米取热量 40W/m),该技术地埋管单位延米取热量提升 53%～260%。换言之,一根 2000m 深的中深层地热源地埋管的取热量,相当于 30～70 根浅层地埋管取热量。在相同取热量的情况下,采用中深层地热源地埋管很大程度上减少了横向占地面积。

中深层地埋管取热量分析　　　　　　　　　　　　表 8-39

项目	A	B	C	D	E
地埋管深度（m）	2000	2000	2000	2500	2000
进水温度（℃）	19.4	19.3	7.7	25.6	19.3
出水温度（℃）	27.1	29.8	20.0	34.7	23.3
循环水量（m³/h）	28.8	12.9	20.1	25.5	26.3
单井取热量（kW）	258	158	288	273	122
单位延米取热量（W/m）	129	79	144	109	61

由此可见，该技术热源侧地埋管纵深较大，但横截面积较小，包括回填区直径仅为 0.25m 左右，与普通下水道井大小相似，开采位置灵活，方便在建筑红线内或地下室进行开采。对于一根地埋管，配合一台额定制热量为 400kW 左右、压缩机功率小于 100kW 的模块化热泵机组，就能承担 12000㎡ 左右建筑物的供热。在居住小区中，利用该系统热源侧换热装置占地面积小的特点，可以将传统的集中能源站的形式改为半集中式供热系统，就近输配供暖循环水，降低了用户侧输配能耗，还能够很大程度上缓解庭院管网漏热严重以及水力不平衡的问题，使得该技术具有更好的推广性。

与此同时，需要关注中深层地热源地埋管的换热特性和影响因素。对比项目 A 和项目 B 可以看到，在进水温度、井深以及运行模式相同的情况下，前者循环水量为 28.8m³/h，远大于后者的 12.9m³/h，使得项目 A 单井取热量达到 258kW，取热量相比于项目 B 增大 63.3%。对比项目 A 和项目 C，虽然项目 C 的循环水量更低，但由于其进水温度更低，使得单井取热量达到 288kW，相比于项目 A 增大 11.6%。对比项目 A 和项目 D，项目 D 进水温度更高、循环水量更低，但得益于地埋管深度更大，使得单井取热量达到 273kW，相比于项目 A 提升 5.6%。但单位延米取热量仅为 109W/m，低于项目 A。对比项目 A 和项目 E，进水温度及循环水量基本相同，但项目 E 由于末端热负荷较少，热泵机组启停频繁（占空比仅为 0.6），使得地埋管平均取热量仅为 122kW，远低于地埋管连续运行的取热量。

通过上述分析可以看到，地埋管尺寸、循环水量以及进水温度对取热量都有很大影响：循环水量增大、进水温度降低、地埋管深度增大均有利于单井取热量的增加。而对于运行模式，相比于连续运行，间歇运行会降低单井取热量。由此可见，对于中深层地热源地埋管的准确设计与高效运行，是整个供热系统的关键所在。在设计之初，首先需要明确项目所在地地质环境和地热条件，结合施工难易程度、经济性分析确定地埋管尺寸。而在应用过程中，则可以根据实际需求，选取不同运行参数搭配，实现相应的取热量。

8.9.4 中深层地埋管可实现间歇运行

如前所述，地埋管运行控制对取热量有较大影响，鉴于实验操作难度大、耗时过长，笔者采用模拟分析的方法对不同运行模式下的地埋管换热性能进行了对比研究。

图 8-96 对比了供暖初期和末期连续运行（浅色线）和间歇运行（运行 12h，停机 12h，深色线）模式下取热量情况。上述工况对应进水温度 20℃，循环水量为 21.6m³/h。以 2500m 深地埋管为例，单井内外管总含水量达到 42.1m³。对于间歇运行工况，系统停机后，地埋管中热源水仍然在从周围土壤中吸热，水温不断升高，使得下一阶段开机时，出水温度相比于停机前明显升高，进而使得瞬时取热量大幅度增加。表 8-40 对比了不同运行模式下取热量情况。

不同运行模式取热量分析　　　　　　　　表 8-40

项目	平均出水温度 （℃）	24h平均取热功率 （kW）	24h总取热量 （GJ）
连续运行	30.3	261	22.5
开 3h 停 3h	35.3	193	16.7
开 6h 停 6h	34.7	185	16.0
开 12h 停 12h	34.4	181	15.6
开 14h 停 10h	33.5	199	17.2

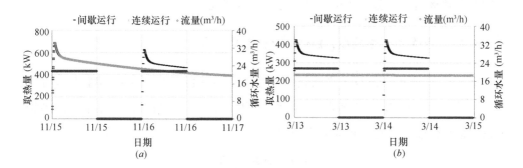

图 8-96　地埋管不同运行模式下取热量对比

（a）供暖初期对比；（b）供暖末期对比

通过上述分析可以看到，间歇运行相比于连续运行，运行周期内单井平均取热量降低。且随着占空比的增加，运行时间相比于停机时间越长，取热量越大。即使占空比相同，运行周期越小，即停机时间越短，取热量越大。结合循环水量和进水温度对取热量的影响情况，在间歇运行时，可以通过增大循环水量，降低进水温度的方式，使得取热周期总取热量与连续运行相当。

由此可见，利用中深层地埋管的蓄热特性，搭配用户侧蓄热水箱，可以根据末端实际需求实现间歇蓄热运行。对于公共建筑，结合各地夜间谷价优势，开启系统蓄热，白天峰价阶段，利用蓄热水箱供热，可大幅度降低运行费用。对于居住建筑，间歇蓄热运行同样可以满足连续运行需求。蓄热阶段（例如夜间 22：00 至次日 7：00），通过增大循环水量或降低进水温度，提高单井取热量，通过搭配更大容量的热泵机组与蓄热水箱，同蓄同供，满足末端连续的供热需求。另一方面，从整个供暖季分析，在供暖初期，末端供热负荷小，热源侧取热需求少，此时可以适当降低用户侧供水温度，提高热源侧进水温度或减小热源侧循环水量，在满足末端供热需求的前提下提升热泵系统运行性能。而对于严寒期，则可以通过降低热源侧进水温度，或提高热源侧循环水量，实现更大的取热量，进而满足末端高负荷的供热需求，通过自身换热特性起到调峰作用，无需加装其他设备。

结合中深层地埋管占地面积小、安装灵活的特点，对于没有市政集中供热条件的新建项目或既有改造项目，建议采用该技术。当应用面积达到一定水平时，统一采用间歇运行模式，夜间集中运行，可以起到一定平衡电网负荷的作用。如果发展到一定区域水平，可以结合冬季风力发电特性，在冬季夜间采用风力发电驱动该区域热泵蓄热运行，为缓解冬季弃风问题提出可能性。

8.9.5　热泵运行性能高，但仍然存在提升空间

如表 8-41 所示，得益于高温热源，中深层地热源泵供热系统机组 COP 接近 6.0，热源 EER 在 4.0～4.8 之间，系统 EER 接近 4.0，高于常规热泵供热系统。但系统运行性能仍然存在较大的提升空间。

热泵系统运行性能　　　　　　　　　　　　　　表 8-41

项目	A	B	C	D	E
用户侧水温（℃）	41.8/38.3	39.5/35.7	39.2/33.8	41.5/37.7	40.9/36.6
热源侧水温（℃）	27.1/19.4	29.8/19.3	20.0/7.7	34.7/25.6	23.3/19.3
热泵机组 COP	5.64	4.71	4.35	4.82	5.70
热源侧输送系数	32.4	56.6	46.1	25.0	26.1
热源 EER	4.80	4.35	4.01	4.07	4.64
用户侧输送系数	18.5	13.5	39.5	17.3	25.7
系统 EER	3.81	3.28	3.61	3.66	3.51

对于热泵机组，其冷凝温度基本运行在 44℃以下，蒸发温度基本运行在 17℃

以上（除项目 C 为 5℃ 左右外），根据其冷凝、蒸发温度计算出来的逆卡洛循环理论 COP 基本在 12 左右，考虑到当前技术水平下，热泵机组实际运行 COP 应该达到 7 以上，但实际运行性能仅为 5～6，部分甚至低于 5，存在较大提升空间。对于中深层地热能提供的高温热源，热泵机组实际运行压比小于常规热泵机组，因此需要针对该运行特性研制更加高效的热泵机组。目前部分研究机构已经开展相关工作，例如陕西四季春清洁热源股份有限公司与珠海格力电器股份有限公司联合研发的永磁同步变频离心热泵，实验室测试供热 COP 能达到 8 左右（对应热源侧进水温度 29℃，用户侧供水温度 40℃），上海中金能源投资有限公司研发的磁悬浮变频离心热泵，实测供热 COP 达到 8.5 左右（对应热源侧进水温度 37℃，用户侧供水温度 52℃）。对于用户侧和热源侧水泵，需要进行精细化选型与调控，将两侧输送系数提升到 50 以上。通过上述高效设备的研发与合理的运行调控，使得中深层地热源热泵供热系统 EER 由现在的 4.0 提升至 6.0，将大幅度提升系统运行性能，降低供热能耗，进一步提升经济效益，对推动建筑节能、高效清洁供热具有更好的应用前景。

中深层地热源热泵供热技术充分利用高温热源，为系统提供了稳定高效的运行环境，在节能减排、清洁高效方面具有显著特点和优势，因此短短几年时间里，在陕西、山东、天津、河北、山西、安徽等地均有这一技术的示范工程建设。但必须也要看到这一技术和系统的复杂性和特殊性，特别是在系统设计、设备选型以及运行管理等方面仍然需要大量细致的工作，需要引起工程设计、施工、运维人员的高度重视，既需要各级政府的支持鼓励，又切不可盲目快上。同时，在运行过程中，也存在常规热泵供热系统的典型问题，这部分内容在《中国建筑节能年度发展研究报告 2017》第 4.6 节做了充分的讨论，此处不再赘述。但瑕不掩瑜，如果通过各方共同努力，使得这一由我国工程技术人员自主创新发展的中深层地热源热泵供热技术得到健康发展，不仅可以推进我国北方城乡清洁高效、低能耗供热，改善冬季热电匹配，平衡电网负荷，还能对缓解北方冬季弃风问题起到一定作用。而且未来在"一带一路"沿线国家和地区也有广阔的应用前景。

8.10　供热计量收费技术路线调整

供热计量收费是我国"热改"的一项重要政策措施。分户供热计量收费即"用多少热、交多少费"，其目的一方面是使用户参与主动调节、减少开窗行为，减少"过量供热"所增加的供暖能耗；另一方面是让耗热量低的建筑能够从节能效果中获得经济回报，回收在围护结构上的投资，促进"建筑保温"等节能改造工作，使之在市场机制下能够得到更好的推广。

截至2013年，我国官方统计安装供热计量收费装置面积达15亿 m^2，其中有9.91亿 m^2 实现计量收费，居住建筑为7.76亿 m^2，公共建筑为2.15亿 $m^{2[6]}$。这一政策措施推广实施十多年来，得到多方面政策支持和财政补贴，中央和地方财政投入近300亿元。在国家推动下，地方政府也相继出台相关政策，实施供热计量价格和收费办法的地级以上城市117个，占北方供暖城市的95%。虽然供热计量收费已经推行十余年，但现实状况仍存在诸多问题。

第一，目前我国大部分中央与地方政策所推行的供热计量方式都是分户计量。我国住宅的状况是以大型公寓式为主，同一建筑内不同位置的用户实际耗热量差异很大。住在边角、底层和顶层的用户，由于外墙较多，达到同样供暖效果的实际耗热量高。此时，分户计量的（如边角户和中间户）实际耗热量数据相差能达到2～5倍。因此根本无法按照按户表计量的数据来进行收费，无法体现计量收费的"公平性"。

实际供热时，还存在"报停"的住户，由于户间墙体传热会使邻室住户耗热量大幅度增加。而按照现有分户计量收费方式和许多地方政策，报停用户可以仅支付面积公摊费，远小于实际热量消耗费用。部分地区甚至出台政策取消"报停费"，这一做法损害了实际用热用户的利益，严重违背了公平性原则。有文献对北方某城市已安装计量热表的10个低入住率小区（入住率32%～73%）进行测试发现（见表8-42），实际供暖能耗为45.15～62.75W/ m^2，比设计供暖能耗（33.2W/ m^2）增加了36%～89%[7]。而入住率较高的小区（11号小区入住率为85.6%）实际供暖能耗则与设计值接近。从图8-97也可以看出实际供暖能耗与报停率呈正相关关系。

北方某城市部分热计量小区入住率对实际供暖能耗影响[7] 表 8-42

小区编号	面积 （万 m²）	入住率 （%）	实供热量 （GJ）	实际供暖能耗 （W/m²）
1	5.6	32	21825	45.92
2	7.68	39	37291	57.21
3	7.13	42	28445	47
4	6.7	43	25677	45.15
5	5.17	44	24009	54.71
6	2.52	38	13421	62.75
7	2.02	41	7884	45.98
8	3.56	49.7	14380	47.59
9	11.92	62	46642	46.1
10	11.79	73	48655	48.62
11	11.99	85.6	33251	32.75

通过模拟计算也发现，北京的节能建筑理论供暖能耗为 $0.19GJ/m^2$，但当用热率为 63% 时，实际用热用户的供暖能耗升至 $0.26GJ/m^2$。而且即使通过控制手段对供热用户实施分时段调节，也只能降低 $0.01 \sim 0.02GJ/m^2$ 的耗热量[8]。

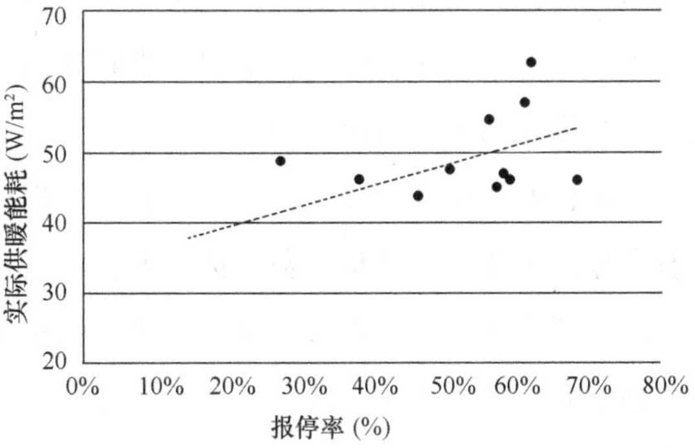

图 8-97 实际供暖能耗与报停率的关系

以上讨论均是在户表数据精确和稳定的基础上。在户表的实际运行中，由于小温差和小流量不好测量，户表的可靠性和可维护性都较低。对部分北方城市所安装的户表调研发现，热力公司均反映表的质量良莠不齐，寿命期仅有 3～6 年不等，许多表都陆续出现按键失灵、计量数据偏差较大和数据无法存储上传等问题。部分城市要求 3 年就对户表进行一次标定，需要将表进行拆卸和再次安装并送到标定公司，而标定一次的费用在 600 元左右。还有部分地区不合格的热表是由建筑开发商提供并施工安装，在没有通过第三方或热力公司进行合格验收的情况下就交付给用户，后期对于这些不合格热表标定检修的费用却是由热力公司或者用户承担，这一做法也严重挫伤了热力公司和用户采取热计量收费的积极性。因此，为保障户表能够有效可靠的成本是非常高的。

由于以上户间传热、用户报停、户表质量等实际问题难以解决，也就导致了现在虽然装表近 20 亿 m^2，相关投入数百亿元，却几乎没有真正按照分户的方式进行计量收费。很多号称根据计量收费的地区，其计量的数据很大部分也都是人为编造。甚至在一些地区还出现了有一部分公司将热计量表出租，安装后并不使用，仅用于应付地方的建筑节能改造检查工作，之后又将热表回收的荒谬现象。

第二，对于同一个城市或区域，由于建造年代与建造成本的原因，建筑保温性能差异势必存在。按照目前的建筑状况，2000 年后修建的房屋保温性能较好，建筑需热量低，以北京市为例，其供暖能耗约为 $0.2GJ/m^2$。但 20 世纪 80 年代左右的建筑年代久远，墙体屋面传热系数大，供暖能耗在 $0.3\sim0.5GJ/m^2$。

住在热耗高的老旧建筑中的居民，于 20 世纪 70、80 代选择住宅时，供热仍然是福利事业，尚未推行供热计量收费，这部分群体不会意识到房屋会与之后供暖缴费的多少挂钩。而在北欧国家，住房出售与租赁公司都会把清晰的建筑能耗标识展示给用户，让用户能了解到住宅包括供暖在内的所有能耗信息，同时这些公司也会将房屋的能耗水平与房价挂钩。

我国目前住在这部分供暖能耗高的老旧建筑中的往往都是低收入群体，若按照建筑实际供暖能耗来计量收费的话，就会出现低收入群体需要缴纳更多的供暖费，而高收入群体缴费少的现象。这样会严重激化社会矛盾，不利于社会安定，也不符合实现十九大报告"城乡区域发展差距和居民生活水平差距显著缩小，基本公共服务均等化"的基本原则。

由于上述原因，多数试行分户计量的地区施行"上封顶，下不保底"收费政策，超过按面积收费的标准不多收，而小于按面积收费标准却少收。此时节能改造后的保温好的建筑按照热量收费少缴费，而保温差的建筑仍然按照面积收费，热力公司最终必然亏损。这既不符合通过"热改"节能的初衷，又使供热企业利益受到损失，完全与"热改"的基本原则相矛盾。

但是值得注意的是，以上讨论范围均是指典型北方城市。对于陕西、河南中部和南部，以及山东南部地区，分户计量是可行的。这部分地区供暖季室外平均温度在 1℃以上，整个供暖季 0℃以下天数不到一个月。这类地区建筑供暖负荷小，用户的调节意愿较强，户间墙体传热的影响也相对较小，因此这类地区实际运行模式是"部分时间，部分空间"的间歇运行。通过调研发现河南某地采用分户计量的小区中，部分用户供暖季关小或关闭温控阀时间达到 20％以上，供暖能耗最低为 0.18GJ/m²，如图 8-98 (*a*) 所示。而图 8-98 (*b*) 所示的河北某地热计量小区部分用户流量数据，虽然户内安装了温控阀，但几乎所有用户都不进行调节，供暖能耗为 0.25～0.34GJ/m²。

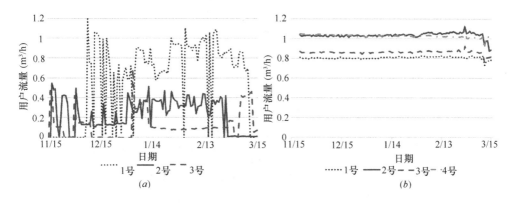

图 8-98　两地热计量小区户表流量调节情况比较

(*a*) 河南省某热计量小区户表流量；(*b*) 河北省某热计量小区户表流量

第三，除了技术手段之外，实际中计量收费价格的不合理也是阻碍供热计量收费的一个重要因素。大部分地区实施的两部制热价包括面积收费价格和计量收费价格。

从两部制热价的定价原理上看，两部分收费中，计量收费应与热力公司从上游购热及输送成本挂钩，面积收费对应的基础热费，应包括供热企业完成输配的全部成本及合理利润：二次侧泵耗、管网维护费、人员工资、税收等，此时意味着热力公司仅承担输配的任务。

而各地现行的两部制热价中，基础热费仅通过与多年未改的面积热费乘以 30％～50％的比例得到，完全不能反映热力公司的输配成本。

以西安市为例，当地的居民面积收费价格为 23.2 元/m²，两部制热价中基础热费为面积收费的 30％，计量收费价格为 30.8 元/GJ，即 6.96 元/m²＋30.8 元/GJ×供暖能耗 （GJ/m²）。西安实际平均供暖能耗为 0.25GJ/m²，如果直接由面积收费过渡到两部制热价收费，可以得到热力公司当前耗热量下当地两部制热价的收费与按照面积收费的差额，如图 8-99 所示，供热公司收费差额为 8.5 元/m²。若按照当前供暖能耗定价，计量热价需定为 65 元/GJ，这反映了当地与计量收费配套的价格政策极为不合理。

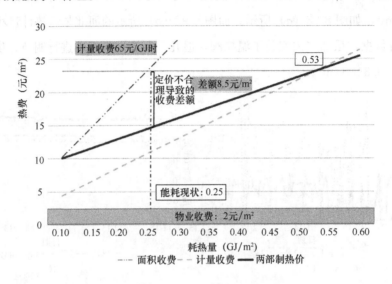

图 8-99 西安市两部制热价分析

从表 8-43 也可以看到价格不合理的现象非常普遍和严重，这也源于现有的热价制定与供热企业和热源企业的供热成本严重脱钩。所以各地在实际执行两部制热价时，当计量热价太低，就要求的面积收费比例高，这与计量供热收费的目标相背；计量热价太高时，前文所述的由于热量不均衡导致的不公平问题产生的矛盾就会更严重。从热价的确定标准出发，各地方部门就不应在原来价格的基础上通过计算与调节比例得到两部制热价，而应该根据定价原理，重新核算各环节成本后再直接确定面积热价和计量热价。

北方城市实际耗热量与收费差额 表 8-43

地点		两部制热价[①]			实际采暖能耗[②] (GJ/m²)	面积收费 (元/m²)	两部制热价收费 (元/m²)	两部制热价与面积收费差额 (元/m²)
省份	城市	面积收费 (元/m²)	计量收费 (元/GJ)	政策文件				
陕西	西安	6.96	30.8	西物价〔2012〕265 号	0.25	23.2	14.7	8.5
天津		7.5	36	津发改价〔2014〕1196 号	0.35	25.0	20.1	4.9
河北	承德	12	32	承价字〔2011〕11 号	0.28	24.0	21.0	3.0
山东	济南	8.01	56	济发改价〔2017〕463 号	0.28	26.7	23.7	3.0

地点		两部制热价①			实际采暖能耗② (GJ/m²)	面积收费 (元/m²)	两部制热价收费 (元/m²)	两部制热价与面积收费差额 (元/m²)
省份	城市	面积收费 (元/m²)	计量收费 (元/GJ)	政策文件				
宁夏	银川	5.7	39	银价发〔2016〕55 号	0.40	19.0	21.3	−2.3
北京		12	44	京政容发〔2010〕98 号	0.32	24.0	26.1	−2.1
内蒙古	赤峰	10.8	42	赤发改价〔2010〕1204 号	0.30	21.6	23.4	−1.8

① 两部制热价来自各地价格文件，统一格式为两部制热价＝面积收费＋计量收费×供暖季耗热量。

② 实际供暖能耗来自近几年的实地调研与文献。

毫无疑问，供热计量收费政策仍然是我国供热节能工作以及"热改"的核心，但目前的供热计量收费体系，无论是从技术手段，还是相关政策和机制来看，都不适合我国北方地区供热实情。供热计量的目的是遏制"过量供热"，推动"建筑保温改造"。同时，无论采用哪种方式与技术手段进行供热改革，都不能违背社会公平化的原则，需要全面考虑和协调所有用户、热力公司以及地方政府的利益。通过总结经验教训，结合我国北方现状，得到以下结论和政策建议：

（1）分栋计量，楼栋内分摊。热改进行十多年，分户计量投入大量人力、财力，但分户计量几乎未见实际收效。这是我国供热发展、城市发展历史和现状共同制约而产生的必然结果。"一户一表"的模式不符合中国国情，因此不可能真正实施落实，也不应该继续在这条不可行的道路上继续投入。

除了陕西和河南的中部与南部，以及山东南部这类采用间歇供暖模式的地区，其他凡是需连续供暖的北方地区都不应采用分户计量，而应该采用"分栋计量，按户分摊"的方式。因为供热计量收费实际是对建筑收取热费，应该以整个建筑为供热计量和收费的单元。推动建筑保温工作也可以只测楼栋入口的热量，而不必测分户热量。

至于楼栋内的各个用户之间分摊结算方式，以及对报停用户的收费，可以通过楼内自行协商来达成共识。根据北欧大部分国家公寓楼采用分栋计量的经验，成立供热服务子公司或业主大会来进行分栋计量，按户分摊，这种方式更加符合集中供热的公共物品属性特点[9]。栋表的安装成本也远低于户表，且易于维护和管理。

（2）建筑改造专项基金"精准扶贫"。建议成立独立的建筑节能改造专项基金，对于 2000 年以前修建的高能耗房屋高出标准的热费，由基金承担。在把"热"商品化的同时，也将供热企业完全推向市场，把对低收入群体的救济支援的功能从供热企业中分离出来。热力公司自负盈亏，不再承担维护社会安定、保证民生的任务。

同时，供热企业也就不能再要求政府补贴，真正实现市场化运作，以提高企业效益为目标追求节能降耗。在此之后保证低收入群体供暖水平的义务，全部让独立的专项基金来承担，之前出于公共事业给予热力公司的补贴则全部转交给基金。基金也就可以在补贴热费与投入建筑节能改造之间权衡，这样就能够根据栋表的数据实现"精准扶贫"，使原有的供热补贴能够完全落在社会低收入或弱势群体上。

（3）科学定价。集中供热作为准公共物品，其福利物品和商品的双重性质导致了定价的难度。但"热改"既然已明确热商品化的必然进程，所以重新制定供热价格体系以及确定各地的具体供热收费价格数值是不可避免的问题。计量收费部分应与热力公司上游购热成本挂钩，并且包括从热源厂到热力站的输送损失与输送电耗；面积收费部分，则需包括供热企业完成输配到热用户的全部成本及合理利润。价格制定需要地方部门在对当地建筑供暖能耗、热力公司运行成本、上游热源甚至燃料成本进行详细调研和核算后，再确定这两部分的收费价格以及相关机制。

本章参考文献

[1] 周胜. 核科学技术——裂变堆工程技术——国际核能发展态势[J]. 中国学术期刊文摘，2007(2)：10-10.

[2] 中国核能行业协会. 2014 年全球核电综述[J]. 中国核工业，2015(3)：60-63.

[3] 苏春河. 核电的安全性及我国核电发展[J]. 物理教师，1991(2)：39-40.

[4] 赵成昆. 中国核电发展现状与展望[J]. 核动力工程，2018(5)：1-3.

[5] 赵金玲. 俄罗斯供热发展历史与现状[J]. 暖通空调，2015，45(11)：10-16.

[6] 住房城乡建设部办公厅. 关于 2013 年北方采暖地区供热计量改革工作专项监督检查情况的通报[EB/OL]. http：//www. mohurd. gov. cn/wjfb/201403/t20140326_217478. html.

[7] 张虹. 承德热力集团供热计量收费管理研究[D]. 北京：华北电力大学，2014.

[8] 罗奥. 入住率对北方住宅供暖能耗的影响[R]，2018.

[9] 清华大学建筑节能研究中心. 中国建筑节能年度发展研究报告 2015[M]. 北京：中国建筑工业出版社，2015.

第9章　北方城镇供暖最佳实践案例

9.1　太原清洁供热规划

9.1.1　太原供热规划方案

2012 年底太原市总供热面积 1.46 亿 m²，热源构成情况如图 9-1 所示，其中集中供热 1.05 亿 m²，20t/h 以下的分散燃煤锅炉供热 4100 万 m²。这部分分散燃煤供热占总供热面积的 28.1%，严重影响大气环境，急需要采用清洁取暖方式替代。更进一步，即便独立供热的大型燃煤锅炉房以及坐落在市中心的大型热电联产电厂（太原第一热电厂），也需要更加清洁高效的方式替代，这些热源占当时总供热面积的 36.2%。另外，随着太原市城市建设的快速发展，年均供热面积增长 1000 万 m² 左右。因此太原市清洁供暖工作面临着热源严重不足的局面。城区内新建燃煤电厂和燃煤锅炉房由于环保限制和控制新增燃煤量，无法落地实施，为此太原市曾经谋划大力实施"煤改气"，建设 8 座大型燃气热电厂，采用燃气热电联产供同样的供热面积，供暖季耗天然气是燃气锅炉的 5 倍，造成供暖成本高昂和用气紧张。太原这种"煤改气"规划方案如果实施，将面临无法保证供热用气的状况，且和燃

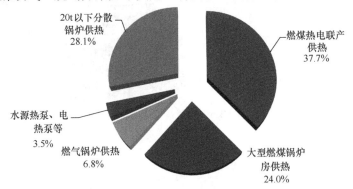

图 9-1　2012 年太原市供热构成情况

煤相比需要增加巨额的供热和发电补贴。

为根治太原市冬季供热带来大气污染问题并解决供热热源短缺问题，一方面要采用污染排放相对较低的大型热源取代小型燃煤锅炉，使新增大型热源远离主城区，另一方面应充分挖掘利用电厂和工业余热废热减少化石能源消费量，引入城市周边 50km 以内的现状热源。在此技术思路的指导下，太原市规划由工业余热＋远郊热电联产承担基础负荷，大温差供热（120℃/20℃），在太原市实现"八源一网"的总体格局（见图 9-2）；辅之以燃气分布式调峰，电力等为补充，现状大型燃煤热源厂为备用热源，通过统一的大热网形成热源统一调配和事故情况下的互为备用，在城市集中供热系统中形成独树一帜的"太原模式"。余热供热在不增加热源能耗的情况下，大幅提高其供热能力，充分发挥各热源的供热潜力。规划 2025 年太原市供热面积 2.76 亿 m²，其中集中供热系统总供热面积 2.68 亿 m²，占 97％。集中供热以热电联产及工业余热为基础负荷，调峰占 20％，总供热量 12546 万 GJ，其中调峰热量占 3.9％，余热占 46.7％，与大型燃煤锅炉供热相比可节约 214 万 tce，如表 9-1 所示。

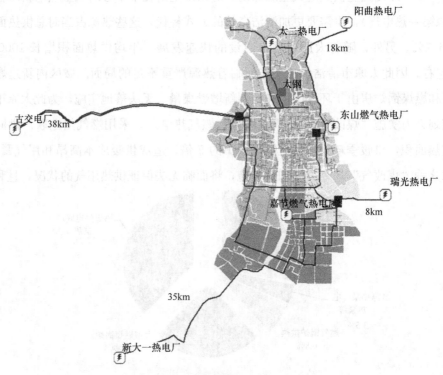

图 9-2　太原市规划供热方案

太原市 2025 年集中供热热源规划   表 9-1

热源	供热能力（MW）	供暖抽汽（MW）	余热（MW）	供热面积（万 m²）	备注
新太一电厂（4×350MW）	1868	1400	468	3525	旧址拆除，异地重建
太二电厂（4×300MW）	1703	1062	641	3213	拆除四五期，新建七期，七期兼顾工业用汽
古交电厂（2×300MW＋4×600MW）	3488	1430	2058	6251	新建三期 2×600MW，新建向市区供热长输管线，考虑热损
太钢	1339	375	964	2526	含自备电厂及工艺余热
嘉节燃气电厂（2×9F）	602	403	199	1136	现状，按 70%负荷率，含烟气余热
瑞光电厂（2×300MW）	934	735	199	1762	现状，向榆次供热 30%，向太原供热 70%
阳曲热电厂（2×350MW）	934	700	234	1762	新建
东山燃气电厂（2×9F）	663	510	153	1251	新建，按 70%负荷率，含烟气余热
调峰燃气热源	2883			5439	
合计	14414	6615	4916	26866	

由于规划方案中大部分燃煤热电联产主热源均选择在远郊，远离主城区，远距离输热对太原主城区不产生当地污染物排放。将规划方案的污染物当地排放量与对比方案（保留现有大部分大型热源厂和热电厂，新建燃煤机组和燃气热电机组）进行比较，规划方案能减少燃煤消耗 249.7 万 tce，燃气消耗 29 亿 m³，减少 PM10、SO_2、NO_x 排放合计约 14021t，减排幅度达到 49%。

规划方案的总投资将达到 147.4 亿元，其中热源厂内需投入改造资金 16.2 亿元，主城区热力站采用大温差技术需投入改造资金 51.5 亿元，古交电厂及瑞光、太一、阳曲新建电厂至主城区的长输管线系统（含隔压站及到城区的主干管线）需投入建设资金 54.7 亿元。除嘉节、东山燃气电厂外，余热供热成本较低，从最终形成的余热供热系统来看，供热系统总成本为 36.2 元/GJ，低于区域燃煤锅炉的供热成本，远低于天然气供热的成本。

9.1.2 规划方案实施情况

按照太原市清洁供热规划实施方案，通过回收第二热电厂、瑞光、嘉节、太钢自备电厂等电厂的乏汽余热，和太钢冲渣水、烧结烟气等工业余热，引入距离太原市38km的古交电厂热源，发展远郊区的大型电厂热源通过大温差运行的长输管线远距离向主城区大热网输配。太原是全国首个大规模利用电厂余热实现大温差长距离输配供热的城市，解决了长距离输送、地形高差、经济输送三大技术难题。城区供热范围内热力站广泛设置吸收式换热机组，并结合燃气调峰发展了燃气补燃型吸收式换热机组，扩大供回水温差，提高了热网的热量输送能力。目前除新太一电厂和阳曲电厂受煤电建设影响未建设外，其他热源均已投用。城区内的城西燃煤热源厂保留备用，城南、小店、东山燃煤热源厂均进行煤改气调峰备用。自2013年开始至2016年逐年新增集中供热扩网面积1200万～2500万m²，包括替代分散小燃煤锅炉和满足新增供热面积供热。自2016年古交电厂余热热源入市后，太一电厂4台300MW机组关停，实现对分散燃煤锅炉的全面替代，替代实施情况对比如图

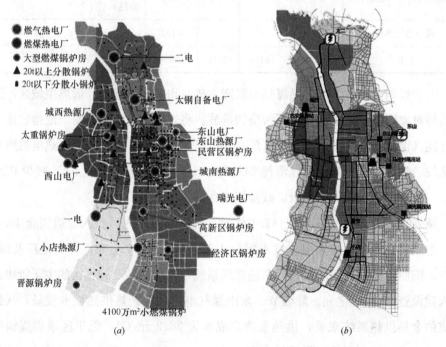

图9-3　太原市2012年和2016～2017年供热热源替代实施情况对比

(a) 2012年；(b) 2016～2017年

9-3 所示。2017 年太原市现状供热面积 2.07 亿 m²，具体热源构成类型如图 9-4 所示，热电联产和工业余热供热比例为 79.2%。太原市 2018 年的空气环境质量与 2013 年相比有较大的好转，具体见图 9-5 和图 9-6 的逐日 AQI 曲线图。

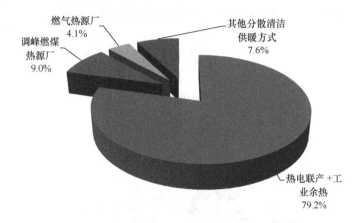

图 9-4　2017 年太原市供热热源构成

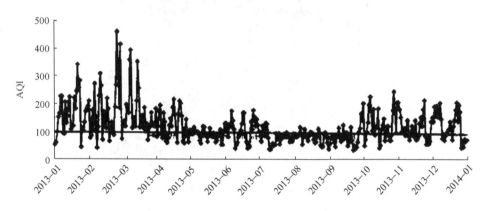

图 9-5　2013 年太原市逐日 AQI 曲线

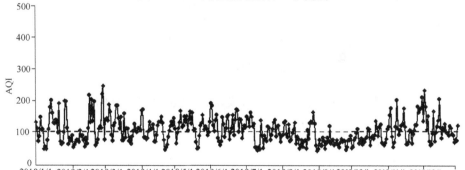

图 9-6　2018 年太原市逐日 AQI 曲线

　　初步统计，2017 年太原市各热力企业已经安装吸收式换热机组的热力站总供热面积达到 6496 万 m²，已改造大温差面积占太原市集中供热面积（17063 万 m²，除太钢电厂和工业余热外）的 38％。已改造热力站的分布如图 9-7 所示。已安装吸收式换热机组的某大温差热力站实际运行温度曲线如图 9-8 所示。

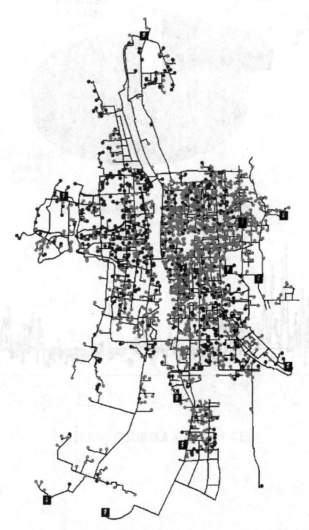

图 9-7　太原市 2017 年已完成大温差改造的热力站分布图

注：图中深色点为已改造热力站。

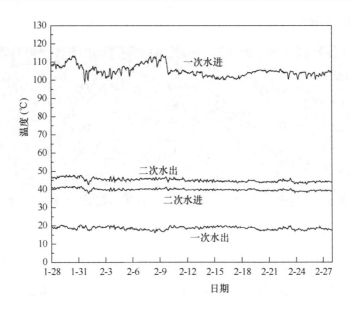

图 9-8　太原市某大温差热力站实际运行参数

9.2　太原（太古）大温差长输供热示范项目

9.2.1　项目概况介绍

太原（太古）大温差长输供热示范工程（以下简称"太古工程"）包括兴能电厂、长输供热管线、太原市河西及河东部分地区的一级热网及热力站。

热源为古交兴能电厂一期 2 台 300MW、二期 2 台 600MW 及三期 2 台 660MW 机组。电厂内部供热系统采用五级凝汽器＋二级尖峰加热器梯级加热，有效回收汽轮机乏汽余热，使古交电厂向太原市区供热达 7600 万 m^2，同时兼顾向古交市区和屯兰马兰煤矿和厂区供热 1700 万 m^2。

长输供热管线主要建设内容：敷设 4 根 DN1400 管线到隔压站，总长度 37.8km，包含 1.3km 的钢桁架、近 16km 的供热隧道及配套工程。如图 9-9 所示，管线自西至东，由兴能电厂开始，途经古交市，沿屯兰河、古交市区汾河、古交市滨河北路及边山公路、汾河河谷段，打隧道穿越西山山区至太原市区，进入中继能源站，全程高差达 180m。管道在隧道部分长度 15.7km，直埋部分长度 19.5km，野外架空管道 2.6km。

图 9-9　古交兴能电厂至太原供热主管线及中继能源站示意图

长输供热管线的泵站设置如图 9-10 所示，设计压力为 2.5MPa，设计热网水流量 30000t/h。热网水从兴能电厂出发，到达 2 号泵站，在 2 号泵站经过供水加压，过供热隧道局部高点后到达中继能源站；在中继能源站进行隔压换热，回水依次经过中继能源站、3 号泵站、2 号泵站、1 号泵站、电厂首站，共五级循环泵回水加压。即长输供热管线总共经过了六次循环泵加压，完成一次循环。中继能源站后的一级网内的热网循环水通过大型板式换热器加热后接入太原市环网，结合太原市区的各供热管网、大温差换热站及常规换热站共同实现向太原市区的供热。

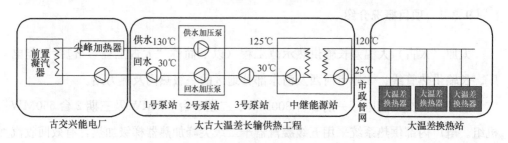

图 9-10　太古大温差长输供热系统示意图

能源站大型板式换热器高温侧（高温网系统）设计供/回水温度 125℃/30℃，市区一级网侧设计供/回水温度 120℃/25℃，下游的热力站进行大温差换热改造，并设置燃气调峰热源。

该项目通过一系列创新技术的应用，克服了复杂地形等不利因素，在世界上首次实现了大温差长输供热工程，并创造了多项世界领先的指标：

（1）单体供热规模大：截至 2018～2019 年供暖季，已实现供热规模 6600 万

m²，2020 年达到 7600 万 m²；

（2）长输热网供回水温差大：设计供/回水温度 130℃/30℃，已实现一次网回水温度最低 33℃，长输热网最低回水温度 37℃；

（3）供热能耗低：充分利用低温的热网回水，供热机组余热多级串联梯级加热，实现余热供热比例 70%，供热能耗达到 7.7kg/GJ，与常规热电联产相比供热能耗降低约 50%；

（4）供热输送距离远：全长 70km，其中热源至隔压站 37.8km，至城区主网 42km；

（5）高差大：全网高差 260m，其中电厂至隔压站高差 180m；

（6）敷设地形复杂：长输热网管线全部沿山峦、河谷敷设，共 6 座穿山隧道，总长度 15.7km，其中 3 号隧道 11.4km，为特长隧道，6 次穿越汾河，在河道河谷敷设长度 11km。

9.2.2 电厂余热回收改造

根据清华大学等单位制定的电厂余热回收改造方案思路，最终实际实施方案为：太原市区热网水分为两路进入 5 号机组、6 号机组凝汽器后，再合并为一路依次经过 4 号机组、3 号机组、2 号机组、1 号机组的凝汽器以及二期和三期的热网尖峰加热器进行梯级加热，如图 9-11 所示。其中一期两台 300MW 机组中的一台更换为背压可达 54kPa 的短转子，全年使用，另一台采用"双转子互换"高背压供热改造，背压可达 72.8kPa。

古交电厂向太原市区供热的余热回收系统设计供水温度 130℃，设计回水温度 30℃，电厂供热 3479 万 GJ，其中抽汽 1017.3 万 GJ，凝汽器乏汽余热 2461.7 万 GJ，乏汽余热占总热量的 70.8%，折算抽汽供热及乏汽余热供热影响机组发电 25.3kWh/GJ，古交电厂热网循环泵的扬程 110m，水泵供暖季电耗为 4069 万 kWh。折算单位 GJ 耗电 26.5kWh，如图 9-12 所示。机组影响发电和水泵耗电按各机组 THA 工况的发电煤耗计算，折算最终单位 GJ 供热煤耗 7.7kgce/GJ，古交电厂的供热煤耗当抽汽全部退出时最小，具体如图 9-13 所示。而古交电厂若采用抽汽直接供热，二期抽汽折算单位 GJ 供热等效电 71.0kWh，折算单位 GJ 供热 20.4kgce，电厂余热回收供热相比二期抽汽供热节能 62.4%。古交电厂机组进行

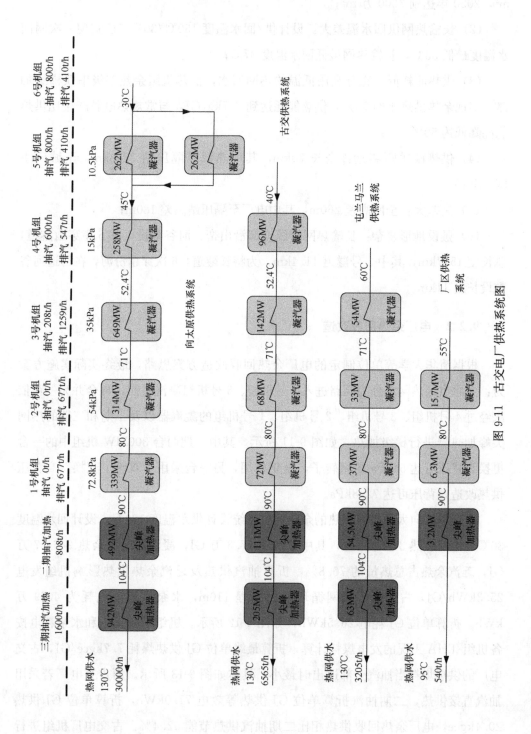

图 9-11　古交电厂供热系统图

供热改造，按照"热电变动法"进行评价，减少发电量 92087 万 kWh，增加供热量 3479 万 GJ，供热改造工况的等效 COP 为 10.5。

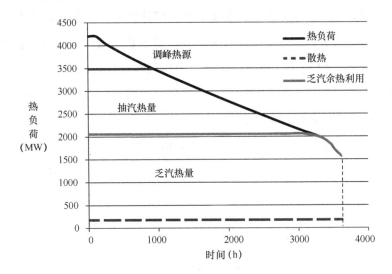

图 9-12　古交电厂向太原市区供热系统热量分配图

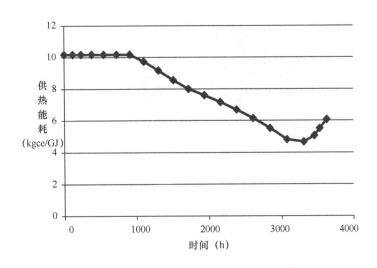

图 9-13　古交电厂供热煤耗延时曲线图

9.2.3　一级热网运行情况

太古长输项目中继能源站通过西中环一组 DN1400 管线、西外环高速一组 DN1400 管线及北中环一组 DN1200 管线将古交热量输送至其供热区域，同时在隔压站后单独分出一支，用于解决太原市西部西山地区高程较高区域的供热，该区域规划供热面积总计约700万m²。太古供热项目建成投运后，主要考虑替代太一电厂全部热负荷，城西、城南热源厂及嘉节热网部分负荷，太原热力二供暖现状部分供热负荷以及解决上述区域中替代社会燃煤供暖锅炉、城中村改造及扩网需求等。其供热区域如图9-14所示。按设计长输高温热网对应区域的一级网的总热网水流量与长输高温热网相同，为30000t/h，一级网回水温度25℃。2018年12月1日和2019年1月31日长输高温网系统1的热网水总流量两个系统的总热网水流量分别为23051t/h和25464t/h，一级网水总流量分别为24895t/h和25820t/h，具体运行参数如表9-2所示，其中2018年12月1日系统1一级网的回水温度已低至32.86℃。

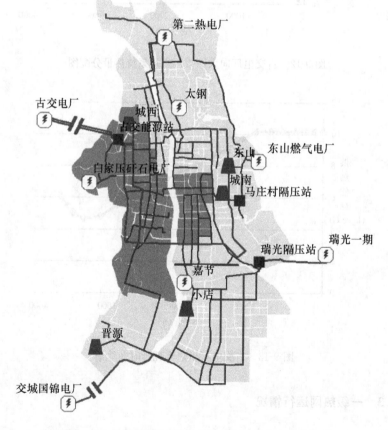

图9-14　古交兴能电厂长输供热项目太原市区供热范围

2018～2019 年供暖季太古长输热网的实际运行数据   表 9-2

时间	项目	系统 1		系统 2	
		流量（t/h）	温度	流量（t/h）	温度
2018 年 12 月 1 日	长输高温网	11564	97.96℃/37.56℃	11451	98.23℃/42.14℃
	低海拔一级网	10880	90.16℃/32.86℃	11974	90.68℃/36.04℃
	高海拔一级网	2041	79.03℃/36.22℃		
2019 年 1 月 31 日	长输高温网	12990	110.75℃/43.29℃	12474	110.47℃/46.87℃
	低海拔一级网	11075	106.22℃/37.06℃	12550	105.3℃/39.78
	高海拔一级网	2195	98.48℃/40.9℃		

古交电厂长输供热系统 2016 年投入运行，实现供热 2700 万 m²，大温差改造比例 10% 左右，一级网回水温度 48℃。2017 年实现供热 4000 万 m²，大温差改造比例 50% 左右，一级网回水温度 40℃。目前该区域总供热面积为 6669 万 m²，已完成大温差改造的热力站共有 360 座，供热面积 4007 万 m²，占本区域供热面积的60% 左右。实际已经投入运行的大温差热力站 323 座，总供热面积 3494 万 m²，占本区域总供热面积的 52%，一级网回水温度实际在 32～40℃，如图 9-15 所示。长期的跟踪观察及监测表明，这些已经完成改造的大温差热力站及所安装的吸收式换热机组都能够在各种工况下稳定、安全运行，各项性能指标均达到设计要求。图9-16 所示为太古长输供热范围内某改造大温差热力站的实际运行参数。

图 9-15　2016～2018 年逐年不同大温差投运

比例对应的一级网回水温度

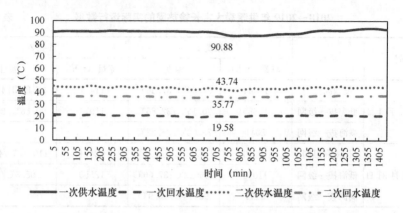

图 9-16 2018 年 12 月 11 日太古长输供热范围内
某大温差热力站运行参数

9.2.4 长输热网运行情况

古交电厂长输供热系统的运行参数如图 9-17 所示，2017 年长输高温网回水最低 43℃，一级网回水温度最低 38℃，2018 年高温网回水温度最低 37℃，一级网回水温度最低 32℃。

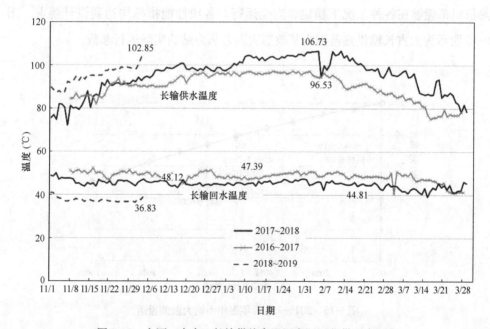

图 9-17 太原（太古）长输供热高温网实际运行供回水温度

管道的保温体系主要由管道本体保温、管道间补口保温、管道阀门保温、管道补偿器保温、管道支座保温等部分组成，太古长输项目在以上各个环节均采取了相应保温措施，有效地降低了长输管道输送热损失。太古长输高温水管线在流速 2.3m/s，供水温度约 97℃ 时，实际平均温降仅为 0.9℃，保温结构单位面积平均热损失 70.9W/m²，低于规范限制值，整体温降控制效果良好。

9.2.5 经济性

古交电厂供热改造投资 5.7 亿元，长输管线供热工程投资 48 亿元（含长输管线、隧道工程及中继能源站隔压换热部分），末端吸收式换热改造计划投入 13.6 亿元，全部工程规划总投资 67.3 亿元（不含一级网），折合单位供暖面积投资 89 元/m²。长输热网从古交电厂购入价 15 元/GJ，城市热网入口供热成本为 27.89 元/GJ，其中电厂购热 55.1%，初投资折旧 26.9%，水、电动力费 9.9%，人员、修理及管理费 8.1%。考虑热力站大温差改造投资和燃气调峰后折算到中继能源站出口供热成本为 36.34 元/GJ。

古交电厂长输供热系统供热成本远低于燃气和电供热成本，与在市区内的大型燃煤锅炉供热成本相当。需要指出的是，虽然该项目供热成本高于本地供热区域内的燃煤热电厂（27.5 元/GJ），但太原市近郊已无现状电厂可以利用，市区内新建燃煤热电厂无法实施。因此，古交兴能电厂至太原市区长距离供热是适合太原市当前实际情况，并且经济上可行的方案。另外，上述比较未考虑其他方案也需要改造城区内一级热网的投资，如考虑该部分投资，太古长输供热项目将更具优势。

9.2.6 节能环保效益

该工程通过大温差供热技术降低热网回水温度，使古交电厂采用梯级串联加热方式可以大幅度地利用乏汽余热，从而取得较好的节能效益，最终折算单位 GJ 供热煤耗 7.7kgce/GJ，古交电厂余热回收供热相比大型燃煤锅炉供热节能 80%，该工程每供暖季供热总量 3479 万 GJ，折合每供暖季可节约 120 万 tce。自 2016 年古交兴能电厂余热热源入市后，太原第一热电厂 4 台 300MW 机组关停，减少燃煤 216 万 tce/a，并实现对 1640 万 m² 分散燃煤锅炉的全面替代，减少 60 万 tce/a。合计减少 276 万 tce。停运燃煤设施将节省大量的占地面积（锅炉房、煤场、渣场及附属建筑物用地），这些节省下来的用地可用于开发建设或绿化等用途。小燃煤锅炉临近居民将不再遭受粉尘及噪声的影响，以及原料运输对交通和环境的影响。

与该工程相同的供热面积，若采用燃煤热电联产方式，需新建 10×300 MW 机组的燃煤电厂，全年增加 PM_{10}、SO_2、NO_x 等大气污染物排放 18818t；若采用大型燃煤锅炉供热，需新建 4028MW 燃煤锅炉，全年增加大气污染物排放 11075t；若采用燃气热电联产方式供热，需新建 8 套 $2 \times 9F$ 机组，全年增加大气污染物排放 12172t。该工程是利用现状电厂余热的长输供热方式，对太原市区的大气污染物可认为"零排放"。

9.2.7 推广前景

目前北方地区清洁取暖改造工程的最大困难是寻找经济可承受的清洁热源，目前可行的热泵热源方式初投资高在 100 元/m^2 以上，如果考虑电网增容的改造费用，大多数都高于 200 元/m^2。而利用城市周边电厂余热改造投资通常可控制在 100 元/m^2 以内。我国北方城市在 100km 半径以内基本都可找到电厂余热资源，而长输管线敷设的地理条件一般都比太古项目要简单。目前国内以太原为首、石家庄、济南、郑州、银川、呼和浩特等省会城市以及河北张家口、山西晋城等地级市均正在推进或论证引入城市周边的电厂热源，涉及供热面积超过 11 亿 m^2。长输供热方式的推广应用，迫切需要从技术应用条件、参数、经济性、安全可靠性、新旧体制机制等方面进一步理顺，从节能减排和经济角度实现清洁高效的北方城镇供热新模式的落地和实践。同时需要强调的是，长输供热只有和大温差相结合，才能充分体现出其相对于其他清洁供热方式的经济、节能和环保方面的优势。

太原（太古）大温差长输供热项目为北方类似地区高效清洁远距离供热技术的应用提供可复制、可参考、可推广的经验，推动低品位余热利用和长距离热网输送等供热创新技术的发展和落地。若将此新模式推广至我国整个北方地区，按既有供暖面积中的 50%（即 70 亿 m^2）计算，则可实现节能 7000 万 tce/a，可替代中心城区、管线沿线县市及乡镇现状小型燃煤热电厂及燃煤锅炉耗煤量超过 1 亿 tce/a，相应减少大气污染排放、改善雾霾天气，对缓解城市密集区燃煤产生的环境影响，实现节能减排有重大意义。

9.3 济南燃煤烟气余热回收

9.3.1 项目背景和概况

燃煤锅炉排烟中蕴含的热量可达燃料热值 10% 左右，随着排烟温度的降低，尤其是在低于露点温度之后，烟气显热和潜热段深度回收的余热量显著增加。湿法脱硫后烟气降温增湿，近似等焓过程，但脱硫过程氧化反应热使得烟气蕴含热量有所增加，若将排烟温度降低至 20℃，则可以提高锅炉热效率 7%～9.5%，如图 9-18 所示。回收低温烟气余热技术路线和应用研究主要需要面临两个关键问题：一是获得温度足够低的冷源，二则是要解决与燃煤烟气换热过程中的腐蚀、脏堵问题。

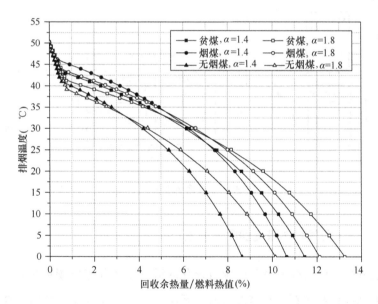

图 9-18 余热回收量与排烟温度关系

该案例采用基于喷淋换热的烟气余热回收与减排一体化技术的烟气余热回收系统新流程，如图 9-19 所示，设置直接接触式喷淋换热器和吸收式热泵，通过吸收式热泵制取低温水与脱硫后烟气直接接触换热，将锅炉排烟温度降低到露点温度以下。主要优势在于：

（1）喷淋换热器无换热面，解决换热腐蚀问题，同时通过对换热后的水进行多重沉淀、加碱处理，避免了设备的腐蚀和脏堵；

（2）喷淋式换热器显著提高换热效果，换热端差可达到2℃以内，比传统换热端差（5℃）降低60%；

（3）喷淋式换热器仅为间壁式结构的20%～50%，大幅度降低换热体积及造价；

（4）烟气余热深度回收，烟气冷凝水回收循环利用，减少向大气排放水雾，并对烟气进一步洗涤处理，降低PM、SO_2和NO_x排放，达到节能、节水、减排和消白多重目的。

该系统在济南热电北郊热电厂进行了工程应用，通过对完整供暖季的系统测试和分析，表明该系统具备显著的节能、减排和经济效益。

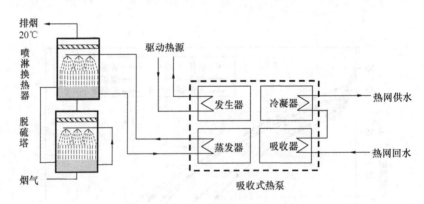

图9-19　系统流程图

9.3.2　燃煤烟气余热深度回收系统流程

济南北郊热电厂内有1台220t循环流化床锅炉和3台130t煤粉炉，其中220t/h锅炉单独配套一套石灰石—石膏湿法脱硫系统，3台130t/h锅炉共用一套石灰石—石膏湿法脱硫系统。两套系统脱硫后的全部烟气，进入同一座烟囱后排入大气。

系统主要由吸收式热泵、直接接触式换热器以及蓄水池构成，如图9-20和表9-3所示。在脱硫塔后新增一个直接接触式换热器，烟气在经过脱硫处理之后，温度为45～50℃的低温湿烟气，进入直接接触式换热器，由吸收式热泵制备的冷水进行接触式换热，吸收式热泵采用多级蒸发/吸收、多级发生/冷凝和多分体模块化结构形式，制取 30℃/37℃ 低温循环水直接接触换热，能够将烟气温度降低到 39℃，回收余热量 16MW。在换热过程中，烟气中的部分 SO_2、NO_x 以及粉尘也会溶入水中，为了避免设备腐蚀以及脏堵，换热升温后的循环水进入蓄水池，在蓄水池中经过多重沉淀以及加药处理后，上层的清水返回吸收式热泵蒸发器作为低温热源。在汽轮机 0.7MPa 供热抽汽量 39.3t/h 的驱动下，热泵将循环水中回收的热量传递给热网水至 73℃ 进入供热系统进一步加热。而蓄水池底部沉淀产生的污水则进入压滤系统进行压滤除污，处理之后的清水再返回蓄水池。

针对湿法脱硫之后的燃煤烟气含尘、含硫、低温高湿的特点，采用大口径涡旋喷嘴、耐腐蚀喷淋层与除雾器，通过喷淋粒径、换热高度、汽水比等各种因素对换热性能影响的分析，设计了直接接触式换热器，低温水雾化为细小微粒的液滴与烟气接触换热，不仅大大增加了传热系数，而且由于不需要换热面，有效地避免了换热设备的腐蚀。烟气在降温的过程中，伴随着其内部水蒸气的冷凝，产生大量凝结水，这部分冷凝水来自于上游脱硫塔内浆液的蒸发，该冷凝水在回收处理后可以作为脱硫塔补水利用，补充脱硫过程失水量。

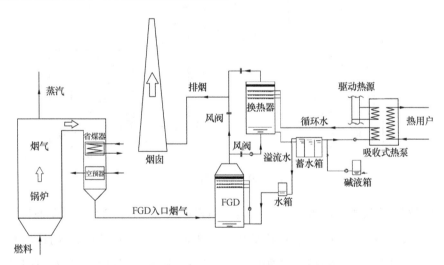

图 9-20 燃煤烟气余热深度回收系统流程图

余热深度回收设计参数 表 9-3

参数	增加阻力 (Pa)	排烟温度 (℃)	回收热量 (MW)	循环水流量 (t/h)	低温水温度 (℃)	驱动蒸汽压力 (MPa)	耗汽量 (t/h)	热网水流量 (t/h)	热泵出口水温 (℃)
数值	220/260	39	16	1800	30/37	0.7	39.3	2400	73

9.3.3　系统测试及性能分析

对系统进行了实验测点布置并在供暖季期间测试和鉴定，如图 9-21 所示。在测试期间，系统平均回收余热量为 16.7MW，其中，卧式换热器回收余热量5.9MW，立式换热器回收余热量10.8MW，如图 9-22 所示。对于两个换热器，烟气的出口温度均在 39℃ 左右，热网水温从 60℃ 加热到 80℃，系统总供热量为45.4MW，其中，除了回收的烟气热量16.7MW之外，热泵驱动蒸汽提供的热量约 28.7MW，可计算得到系统 COP 为 1.58。

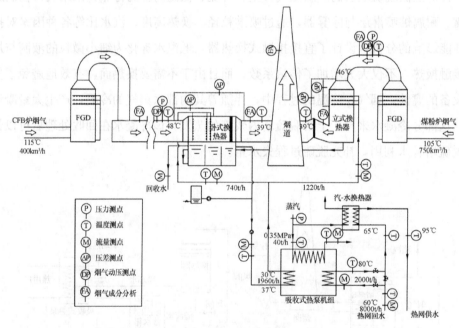

图 9-21　实验测点布置

该案例最终排烟温度为 39℃，对应提高锅炉热效率为 3.2%，若能够将锅炉排烟温度降低至 20℃，则可以提高锅炉热效率9.5%，如表 9-4 所示。前述的其他省煤器回收余热方式只能提高锅炉热效率不足 2%，相比之下该系统具有更明显的节能效果，显著提高了热电厂的供热能力。

排烟温度与锅炉热效率提高值之间的关系　　　　　　　　　　　　表 9-4

排烟温度（℃）	40	35	30	25	20
回收热量（MW）	13.75	25.06	34.01	41.17	46.95
锅炉热效率提高值（%）	2.8	5.1	6.9	8.4	9.5

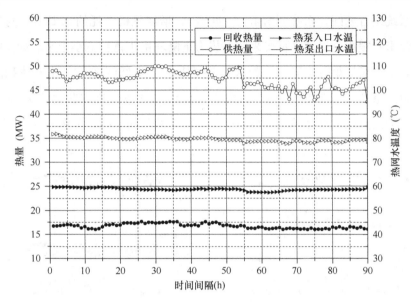

图 9-22　系统回收余热量与供热量变化

　　两个喷淋换热器冷水入口和烟气出口的温差，可以看出，不论是卧式换热器还是立式换热器，该差值均小于 2℃（见图 9-23），相较于间壁式换热器一般 5℃ 的换热端差，直接接触式换热器端差缩小了 60%。在直接接触式换热器中，低温水雾化显著增加了气-水换热的换热面积，同时增大了传热系数，因而提高了换热效率。换热端差的减小能够抬高吸收式热泵的蒸发温度，提高热泵的性能系数。

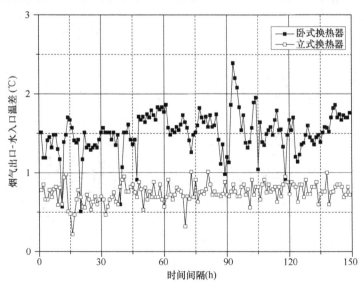

图 9-23　喷淋换热器换热端差

在系统运行期间，系统新增阻力＜400Pa，增加风机电耗约 3.1kW，对原锅炉烟风系统影响很小，温度降低带来的自拔力下降和由于体积减小带来的烟囱阻力减少相当，不会对排烟带来影响。若烟气温度从 50℃降低到 25℃，由于体积减小造成烟囱阻力减小为原来的 75％，而由于密度增加导致烟囱自拔力下降为原来的 80％，阻力的降低完全抵消了自拔力的下降带来的负面影响，如图 9-24 所示。

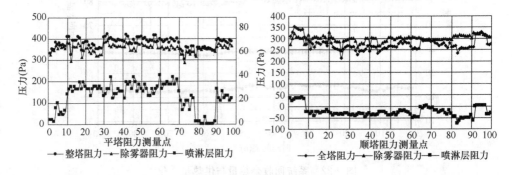

图 9-24　喷淋换热器阻力测试

随着余热回收系统的投运，排烟中 SO_2 浓度与 NO_x 浓度均有不同程度的降低，SO_2 浓度降低更为明显，由 41mg/Nm³ 减小为 16.8mg/Nm³，减少幅度约为 59％，NO_x 浓度由 60mg/Nm³ 变为 54.7mg/Nm³，降幅约为 8.8％，如图 9-25 所示。

该项目的工程总投资为 2880 万元，包括设备投资，安装以及施工费用。回收

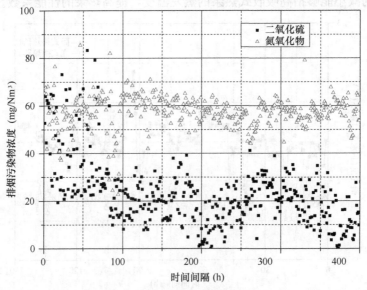

图 9-25　污染物排放浓度变化

余热后年净收益约为 740 万元，系统的静态投资回收期约为 3.9 年，如表 9-5 所示。

系统经济性分析 表 9-5

分项	单位	数值
工程总投资	万元	2880
新增电耗	MWh/a	967
电价	元/kWh	0.8
购电费用	万元/a	77.4
耗碱量	t/a	240
碱液价格	元/t	3000
购碱液费用	万元/a	72
回收热量	万 GJ/a	19.1
热价	元/GJ	46
年收益	万元/a	890
年净收益	万元/a	740
静态投资回收期	a	3.9

9.4 未来城燃气电厂余热回收

9.4.1 原设计方案及烟气余热回收方案介绍及比较

1. 原设计方案和烟气余热回收方案介绍

未来科技城燃气热电厂选址在小汤山镇土沟村及其周边地区，为未来科技城园区供热，该园区建筑面积为 764 万 m^2，结合实际情况，该园区综合热指标为 53W/m^2，因此总热负荷为 405MW。该园区供热方案采取燃气热电联产＋燃气锅炉房调峰的方式，燃气热电联产承担园区的基础热负荷，燃气锅炉房承担调峰热负荷。

其中，燃气热电厂工程建设规模为 200MW 级天然气联合循环供热机组。装机方案为：一套"E"型燃机组成的燃气—蒸汽联合循环供热机组。该系统的蒸汽轮机组抽汽进入汽水换热器加热热网回水至供热设计温度。该燃气热电厂的系统图如图 9-26 所示，各主要参数如表 9-6 所示。

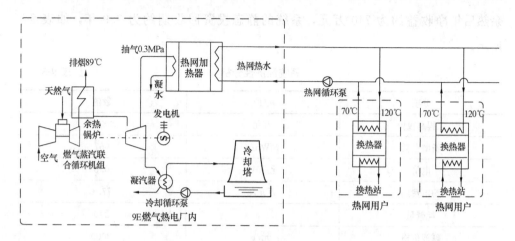

图 9-26 原常规燃气热电集中供热系统

燃气热电厂主要技术参数　　　　　　　　　　　　　　　　表 9-6

参数	单位	数量
燃气耗量	Nm³/h	54856
发电量	MW	220
发电效率	%	44.1
供热量	MW	202
供热效率	%	40.5
能源总利用效率	%	84.6
抽汽压力	MPa	0.3
抽汽温度	℃	168
排烟温度	℃	89
热网供/回水温度	℃	120/70

注：燃气热值按照该电厂燃气热值 32.72MJ/Nm³。

　　燃气热电厂供热量为 202MW，则调峰燃气锅炉房供热量为 203MW。在供暖季的初末期，热负荷较小，此时燃气热电厂运行，承担全部热负荷。在供暖季的严寒期，热负荷较大，此时燃气热电厂承担部分热负荷，其余热负荷由燃气锅炉房承担。因此，在整个供暖季，燃气热电厂基本处于稳定运行状态，燃气锅炉房随热负荷的变化而逐步投入或退出。燃气热电厂的热负荷延续时间图如图 9-28（a）所示。

　　该热电厂存在着前述常规燃气热电厂中所提到的供热效率低、烟气排放温度高、换热环节不可逆损失大等缺点。

根据上述问题和解决途径，对该燃气热电厂进行改造。在热力站内，利用吸收式换热技术，采用吸收式换热机组代替板式换热器，考虑热网的实际供水温度为120℃，则可以实现热网回水温度25℃，由于未来科技城园区入驻企业对于各换热站的建设要求不同，近期难以实现对全部换热站的大温差改造，所以近期计划对50％的换热站进行改造，热网回水温度按43℃计算，远期按照换热站全部进行改造，热网回水温度按照25℃计算。以回水温度25℃为例，回收烟气余热的燃气热电厂系统图如图9-27所示。

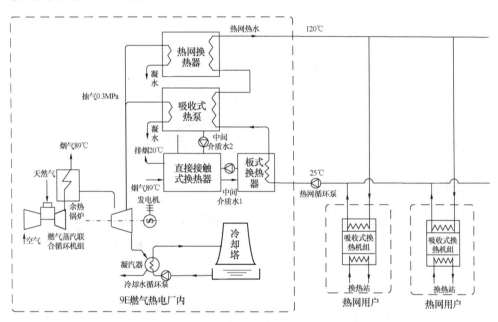

图9-27 回收烟气余热的燃气热电厂集中供热系统图（回水温度25℃）

另外，近期方案和远期方案中，系统的相关参数如表9-7所示。

回收烟气余热的燃气热电厂主要技术参数   表9-7

参数	单位	近期	远期
供热量	MW	250	280
供热效率	％	50.1	56.2
能源总利用效率	％	94.2	100.3
排烟温度	℃	33	20
热网供/回水温度	℃	120/43	120/25

回收烟气余热的燃气热电厂的近期和远期供热量为 250MW 和 280MW，则调峰燃气锅炉房供热量分别为 155MW 和 125MW。随着热负荷降低，调峰燃气锅炉房逐渐退出使用，当热负荷继续降低，可逐渐减少抽汽量，当供暖季处于初末期时，仅有烟气余热和部分抽汽来承担热负荷。回收烟气余热的燃气热电厂的热负荷延续时间图如图 9-28（b）和图 9-28（c）所示。

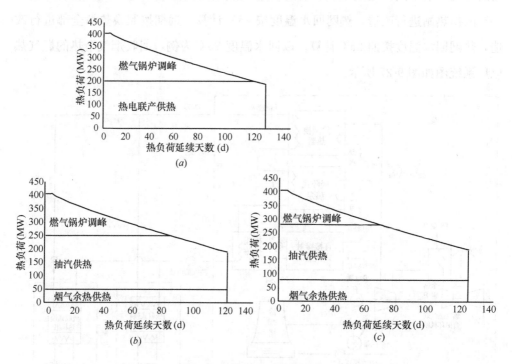

图 9-28   热负荷延续时间图

（a）原燃气热电联产方案；（b）基于吸收式换热的近期方案；（c）基于吸收式换热的远期方案

2. 节能性比较

如图 9-28 所示，承担相同的热负荷，原系统中燃气调峰供热量为 93 万 GJ，燃气热电联产供热量为 211 万 GJ。采用烟气余热回收后的系统中，近期方案下，燃气调峰供热量为 53 万 GJ，抽汽供热量 201 万 GJ，低温烟气余热供热量为 51 万 GJ；远期方案下，燃气调峰供热量为 34 万 GJ，抽汽供热量 188 万 GJ，低温烟气余热供热量为 82 万 GJ。

近期方案下，年减少燃气调峰供热量 40 万 GJ，减少抽汽供热 10 万 GJ，减少的供热抽汽可用于发电，经过计算，相当于增加 583 万 kWh 发电量；远期方案下，年减少燃气调峰供热量 59 万 GJ，减少抽汽供热 23 万 GJ，相当于增加 1305 万 kWh 发电量。由于基于吸收式换热的燃气热电联产系统需要新增耗电设备，经过计算，近期方案下，年增加耗电量约为 610 万 kWh，远期方案下，年增加耗电量约为 697 万 kWh。则基于吸收式换热的燃气热电联产系统相对于原燃气热电联产系统的节能性比较如表 9-8 所示。

节能性比较 表 9-8

参数	单位	近期方案	远期方案
增加供热量	MW	48	78
提高供热效率	%	23.8	38.6
年回收余热量	万 GJ/a	51	82
减少调峰燃气量	万 Nm³/a	1320	1937
年增加发电量	万 kWh/a	583	1305
年增加发电量折合燃气量	万 Nm³/a	128	287
年增加耗电量	万 kWh/a	610	697
年增加耗电量折合燃气量	万 Nm³/a	134	153
折合年净节约燃气量	万 Nm³/a	1314	2071

注：调峰燃气锅炉供热效率按照 94% 计算，燃气电厂发电效率按照 50% 计算。

如表 9-8 所示，采用基于吸收式换热的燃气热电联产系统后，近期年节燃气耗量 1314 万 Nm³，远期年节燃气耗量 2071 万 Nm³，节能效益巨大。

另外，由于烟气温度降低，烟气中的水蒸气大量冷凝，该冷凝水水质较好，经过处理后可作为电厂补水等用途，近期方案中，年回收冷凝水量约为 11 万 t；远期方案中，年回收冷凝水量约为 18 万 t。

3. 环保比较

采用该系统后，近期年减少燃气年节燃气耗量 1314 万 Nm³，相当于年减少 CO_2 排放 2.5 万 t；远期年节燃气耗量 2071 万 Nm³，相当于年减少 CO_2 排放 4.0 万 t，具有良好的环保效益。

另外，由于烟气中的水蒸气大量凝结，烟气中的 SO_2，NO_x 等污染物也会溶于冷凝水而随冷凝水排出，有益于减少大气中的污染物排放。

4. 经济性比较

基于吸收式换热的燃气热电联产同原方案相比，需要对热力站及电厂内均进行改造，因此需要增加投资。调峰锅炉房燃气耗量降低，因此运行费用降低，系统发电量有所增加，发电收益增加，另外系统增加电耗，增加了运行费用。基于吸收式换热的燃气热电联产方案的经济性计算如表9-9所示。

经济性比较 表9-9

参数	单位	近期方案	远期方案
增加投资	亿元	1.3	2.0
年减少调峰燃气量	万 Nm³/a	1320	1937
年减少燃气费用	万元/a	3010	4417
年增加发电量	万 kWh/a	583	1305
年增加发电收益	万元/a	408	914
年耗电量	万 kWh/a	610	697
年增加电费	万元/a	426	488
年净运行收益	万元/a	2992	4843
静态增量投资回收期	a	4.3	4.1

注：燃气价格按照 2.28 元/Nm³，厂内用电价和发电电价按照 0.7 元/kWh。

如表9-9所示，该系统同原系统比较，近期和远期方案静态增量投资回收期分别为 4.3a 和 4.1a，具有较好的经济效益。

9.4.2 未来科技城燃气热电厂烟气余热回收项目建设过程

未来科技城项目 2013 年中完成可研、立项及深化设计，2013 年底开始施工，至 2014 年 11 月，主体工程完工，并于 12 月完成系统调试工作，进入系统试运行，按照电厂机组目前负荷率，首先建设了近期方案中 4 台 12MW 热泵中的两台，具体进度如下：

2013 年中，完成可研、立项、深化设计；

2013 年 11 月，完成设备工程招标、接口预留；

2013 年底，正式进场施工；

2014 年 11 月，主体施工工程完工；

2014 年 12 月，完成系统调试工作，进入系统试运行。

具体施工现场及竣工效果如图 9-29 所示。

图 9-29　未来科技城项目施工现场及竣工效果

9.4.3　第三方检测报告及分析

1. 检测目的和内容

2015 年 4 月，华北电力科学研究院对北京未来科技城电厂进行了烟气余热深度回收项目性能试验，对余热回收机组性能、系统供热效率的提升等进行了详细测试。测试内容包括热泵组的 COP、吸热量、阻力及烟气余热深度利用系统的供热量如余热回收系统吸热量、供热量、蒸汽耗量、管道阻力、系统热损失等，用以评价当达到既有边界条件最大出力时余热利用系统的性能指标。

烟气深度余热利用热力系统试验结果如表 9-10 所示。

试验结果一览表　　　　　　　　　　　　表 9-10

序号	名称	单位	数值
1	热网水流量	t/h	1466.614
2	热网回水温度	℃	58.208
3	热网出水温度	℃	79.095
4	热网回水压力	MPa	0.410

续表

序号	名称	单位	数值
5	热网出水压力	MPa	0.256
6	热网水阻力	MPa	0.154
7	热网水能增	MW/h	35.592
8	热泵进汽流量	t/h	31.237
9	热泵进汽压力	MPa	0.273
10	热泵进汽温度	℃	141.150
11	热泵疏水温度	℃	75.177
12	热泵进汽蒸汽能降	MW/h	21.075
13	1号热泵入口中介水压力	MPa	0.885
14	1号热泵出口中介水压力	MPa	0.851
15	2号热泵入口中介水压力	MPa	0.828
16	2号热泵出口中介水压力	MPa	0.758
17	1号热泵中介水阻力压损	MPa	0.034
18	2号热泵中介水阻力压损	MPa	0.070
19	试验热网水热增量	MW/h	35.59
20	试验驱动蒸汽放热量	MW/h	21.08
21	试验热泵组回收热量	MW/h	14.52
22	试验热泵组	COP	1.69

2. 试验结果分析

（1）热泵机组性能的验证

本次实际运行工况的现场试验结果如下：投运两台热泵时，热泵组的 COP 为 1.69，回收热量为 14.52MW。

（2）烟气余热量的核定

1）从热网水侧

以开启两台热泵时段为例，在该运行时段内，进入热泵机组的热网水总流量为 1466.61t/h，热网水回水温度为 58.21℃，通过热泵机组后加热至 79.10℃，按照热量核算可知，热泵机组供热量为 35.63MW，按照实际运行工况的现场试验结果，热泵机组 COP 为 1.69，则回收烟气余热量约为 14.52MW。

2）从烟气侧

在该运行时段内，烟气流量为 605.5t/h，同时烟道进口烟气温度为 100.66℃，烟道出口烟气温度为 37.61℃，按照烟气焓值计算得到烟气所释放的余热量约为 13.82MW。

从上述分析可知，系统中的余热回收机组运行基本达到设计工况，烟气侧降温明显，机组回收烟气余热量按照从热网水侧和烟气侧分别求值相差不到 7%，基本满足精度要求，同时热泵 COP 达到设计值，系统具有良好的节能效果。

（3）电厂供热效率的提高

测试时段内，电厂余热供暖系统热网加热器未开启，通过热泵回收烟气余热用于供热，供热功率为 35.62MW，对应抽汽功率为 21MW，烟气余热功率为 14.5MW。因此在此部分负荷工况下，通过回收烟气余热等效提高抽汽供热效率约 68%。随着机组负荷的增加，蒸汽轮机抽汽量增大，同时机组余热量增加，系统满负荷运行时，远期能够提高电厂供热效率约 37.7%。

（4）余热回收的减排效果

电厂烟气余热回收由于采用直接接触换热的方式，因此在回收余热的同时能够吸收烟气内的 NO_x，起到一定的减排效果。

试验过程中，对进出口烟气的参数进行了测试，具体结果如表 9-11 所示。

烟气参数测试 表 9-11

名称	单位	数值
换热器入口		
氧量	%	15.3
CO	ppm	0
NO_x	ppm	6
NO_2	ppm	0.30
NO_x（实测）	mg/m³	12.3
NO_x（15%氧量）	mg/m³	12.5
NO_2	mg/m³	0.63
烟气温度	℃	100.7

续表

名称	单位	数值
换热器出口		
氧量	%	15.4
CO	ppm	0
NO$_x$	ppm	5
NO$_2$	ppm	0.25
NO$_x$（实测）	mg/m^3	10.3
NO$_x$（15％氧量）	mg/m^3	10.6
NO$_2$	mg/m^3	0.53
烟气温度	℃	40.2

由此可以看到，经过冷凝换热器后，烟气中的 NO$_x$ 浓度和 NO$_2$ 浓度均有所降低：两个工况下，换热器出口 NO$_x$ 浓度较入口降低 16％，出口 NO$_2$ 浓度较入口降低 16％。因此，烟气余热深度利用技术在回收余热的同时具有良好的减排效果，若配合脱硝技术，则能够大幅降低燃气电厂氮氧化物的排放。

3. 小结

通过上述试验及结果分析，验证了余热回收系统机组性能能够达到设计指标，燃气电厂确实存在大量烟气余热可回收用于供热，余热回收系统能够有效提高电厂的供热效率，同时具有良好减排效果。

9.4.4　未来城项目评价

1. 供热效率提升

未来城燃气电厂烟气余热深度利用工程在增加烟气余热深度利用后，近期能够将烟气温度降低至 33℃，回收烟气余热 48MW，将全厂供热量提升至 250MW，提升供热效率 23.8％；远期进一步将烟气温度降至 20℃，回收烟气余热 78MW，将全厂供热量提升至 280MW，供热效率提高近 38.6％，有效解决北京市供暖热源紧张问题。

2. 经济性评价

近期方案，项目总投资约为 1.3 亿元，项目净收益约为 2991 万元，静态投资回收期为 4.3a；远期方案，项目总投资约为 2.0 亿元，项目净收益约为 4843 万元，静态投资回收期为 4.1a，项目经济性良好。

3. 节能环保评价

近期方案，相当于年减少燃气耗量 1314 万 Nm^3/a，回收冷凝水 11 万 t/a；远期方案，相当于年减少燃气耗量 2071 万 Nm^3/a，回收冷凝水 18 万 t/a。

另外，通过测试，烟气中的 NO_x 浓度和 NO_2 浓度均有所降低；换热器出口 NO_x 和 NO_2 浓度较入口均降低约 16%。

9.5 迁西工业余热

9.5.1 工程背景

迁西县位于河北省东北部，距离唐山市 75km，全县总面积 1439km²，人口 39 万人。迁西县属温带大陆性的季风气候，年平均气温 10.1℃，7 月份平均气温 25℃，1 月份平均气温 −7.8℃。目前县城的供热面积为 360 万 m²，供热负荷约为 180MW。到 2020 年，迁西县城的总供热面积预计将增至 450 万 m²，到 2030 年，最终的供热面积将达到 700 万 m²。相应的，总热负荷将分别增长至 245MW 和 370MW。在工业余热示范项目实施前，县城供热主要由多个区域燃煤锅炉房负责。

图 9-30 为迁西县城供热管网示意图，县城西北部 4km 和 9km 处分别有万通和津西两座钢铁厂，总年产钢量 800 余万吨。实际工艺过程中存在大量的中低品位工业余热无法直接就地利用，如铁渣冲渣水余热、烧结烟气余热等，只能排放到环境中，造成能源浪费和环境污染，如图 9-31 所示。

9.5.2 迁西钢铁厂余热资源调研

1. 津西钢铁厂

津西钢铁厂现有炼铁高炉 9 座，炼钢转炉 6 座，年产铁量 600 余万吨，产钢量 650 万 t。津西钢铁厂在生产过程中有大量工业余热未被利用即被排放，这些余热的品位各不相同，主要有较高品位的高炉冲渣水余热、炼钢连铸冷却余热，较低品位的高炉炉壁冷却循环水余热等。津西钢厂现有余热发电机组共 4 台，分别是 2 台 50MW 发电机组，1 台 12MW 机组和 1 台 25MW 机组，其蒸汽来自燃煤气锅炉和轧钢及转炉蒸汽，如图 9-32 和表 9-12、表 9-13 所示。

图 9-30　迁西县供热管网示意图

烧结主排烟道　　　　转炉煤气净化水沉淀池　　　　铁渣冲渣池

图 9-31　钢铁厂生产过程中存在低品位余热的环节

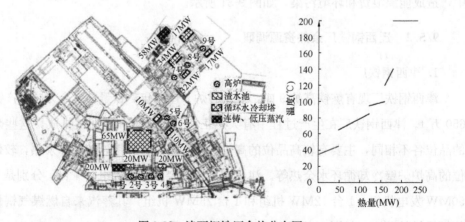

图 9-32　津西钢铁厂余热分布图

津西钢铁厂余热资源（未包含蒸汽热量）　　表 9-12

热源	可回收余热热量（MW）	热源温度（℃）	备　注
冲渣水余热	36.96（闪蒸蒸汽）	95～100	引流换热方式回收
	73.29（渣水余热）	65～85	渣水换热方式回收
炼钢连铸冷却余热	19.7	450～650	密闭缓冷方式
高炉炉壁冷却循环水余热	116.76	35～45	热泵方式（以吸收式热泵方式为佳）
总计	246.71	—	—

津西厂区蒸汽量统计　　表 9-13

蒸汽来源	蒸汽温度（℃）	蒸汽压力（MPa）	蒸汽流量（t/h）	备　注
2×50MW	530	8.8	2×200	高温高压蒸汽流量较稳定
25MW	430	3.35	110	中温中压蒸汽流量较稳定
12MW	165	0.6	80	低温低压蒸汽流量不稳定

2. 万通钢铁厂

万通钢铁厂有炼铁高炉 9 座，工业余热也分为冲渣水余热、炼钢连铸冷却余热及高炉炉壁冷却余热，另有生产工艺中产生的不同压力蒸汽，其特点与津西钢厂基本一致。万通钢厂现有余热发电机组共 3 台，分别是 1 台 6MW 发电机组，1 台 9MW 机组和 1 台 18MW 机组，并有计划新增 1 台 18MW 机组。其蒸气来自烧结烟气锅炉与转炉产生的蒸汽和燃煤气锅炉，如表 9-14 和表 9-15 所示。

万通钢铁厂余热小结（未包含蒸汽热量）　　表 9-14

热源	可回收余热热量（MW）	热源温度（℃）	备　注
冲渣水	12.55（闪蒸蒸汽）	95～100	引流换热方式回收
	24.84（渣水余热）	65～85	渣水换热方式回收
炼钢连铸冷却余热	6.1	450～650	密闭缓冷方式
高炉炉壁冷却循环水余热	39.87	35～45	热泵方式（以吸收式热泵方式为佳）
总计	83.36	—	—

万通钢铁厂蒸汽量统计　　　　　　　　　　　表 9-15

蒸汽来源	蒸汽温度 (℃)	蒸汽压力 (MPa)	蒸汽流量 (t/h)	备　注
18MW	535	8.83	77	高温高压蒸汽 流量较稳定
9MW	435	3.35	42	中温中压蒸汽 流量较稳定
6MW	167	0.63	49	低温低压蒸汽 流量不稳定

9.5.3　工业余热供热方案

余热调研表明，津西、万通钢铁厂的余热资源均分布在炉壁冷却循环水、冲渣水、连铸和蒸汽。根据梯级换热的思想，最理想的情况是采用：炉壁冷却循环水→冲渣水余热→冲渣水闪蒸余热→连铸余热→低压蒸汽加热的取热流程。钢铁厂的热源点很多，在余热利用的过程中需考虑余热集中采集的问题。从余热采集技术的成熟程度来说，冲渣水余热和蒸汽热量回收的技术较成熟，应优先使用，而冲渣闪蒸蒸汽和连铸钢锭余热尚未有成熟的回收技术，还有待研究，炉壁冷却循环水余热的回收与热网的回水温度有关，回水温度越低，越容易回收，因此循环水余热回收需要配合热网参数的改变进行规划。

结合迁西县的发展规划以及厂区余热回收难易程度，将整个工业余热回收项目分为三期进行，优先回收冲渣水余热以及烟气余热，并利用低压发电蒸汽通过吸收机提取高炉炉壁冷却水的热量，后期再对连铸余热等余热进行回收。每期项目回收的余热资源种类以及回收量等信息汇总如表 9-16 所示。

不同时期工业余热回收项目情况　　　　　　　　表 9-16

时间	回收余热种类	取热参数 (℃)	余热回收量 (MW)	供热面积 (万 m²)
现状	冲渣水余热、蒸汽余热、炉壁冷却余热	45/72	170	360
2020 年	冲渣水余热、蒸汽余热、闪蒸余热、 炉壁冷却余热	37/80	200	450
2030 年	冲渣水余热、蒸汽余热、闪蒸余热、 炉壁冷却余热、连铸余热	30/85	300	700

图 9-33 为一期工程热源取热流程图，主要对冲渣水余热进行回收，承担基础负荷。低压发电蒸汽用于驱动吸收机提取冷却水低温余热。剩余尖峰负荷由蒸汽进行补热。未来二期和三期需要在热源处进行渣池闪蒸蒸汽余热回收和连铸冷却余热回收改造，同时末端新增供热面积采用吸收式换热末端，并对板换末端进行吸收式换热改造，逐步降低一次网回水温度，原县城内调峰锅炉进行补热。以三期工程为例，整体供热方案如图 9-34 所示。

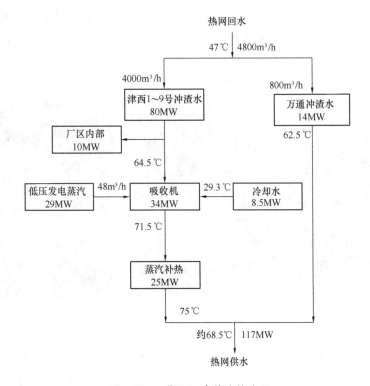

图 9-33　一期工程余热取热流程

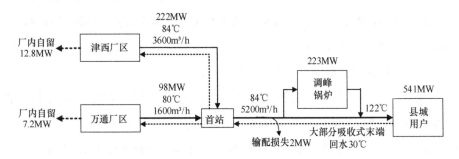

图 9-34　三期工程整体供热方案

9.5.4 实际运行效果

钢铁厂余热回收项目一期工程投入资金25000万元，其中厂内部分投资约7000万元，包括厂内取热管线的铺设以及换热设备的采购安装，近10km的长距离输配管线投资约18000万元。项目从2014年10月正式动工，仅用4个月的时间就完成了所有建设，目前已持续运行近5个供暖季。具体施工现场情况如图9-35所示，从左上到右下依次为：长距离输配管线建造、津西渣水换热器安装、厂内取热管线建造、首站内取热水泵安装、换热器运行调试、工业余热并网运行调试。

图9-35 一期工程现场实施情况

图9-36为2015～2016供暖季示范工程各热源实际供热量。整体来看，渣水换热部分相对稳定，承担基础负荷。而蒸汽补热和吸收机回收冷却水余热稍有波动，承担峰值调节，完全满足供热要求。受到工厂生产的周期性安排，余热回收量呈现一定周期性波动，但总体系统回水温度较为稳定。受到钢铁产量缩减的影响，该供暖季最大余热回收量为150MW，略小于一期工程设计值170MW，但仍可以满足目前县城的供热需求。全年总回收余热量为138.6万GJ。

末端方面，2014～2015供暖季于迁西县东湖湾小区换热站完成了首个楼宇式吸收换热末端的改造。总制热量为520kW，三台机组分别为200kW、200kW、120kW，系统定压1.1MPa，机组承压能力得到检验。严寒期一次网温度为75℃/30℃、二次网为40℃/50℃，初末寒期一次网为70℃/27℃，二次网为37℃/42℃，如图9-37所示。自 2014 年起，已有多个换热站完成了吸收式末端改造，如图 9-38 所示。

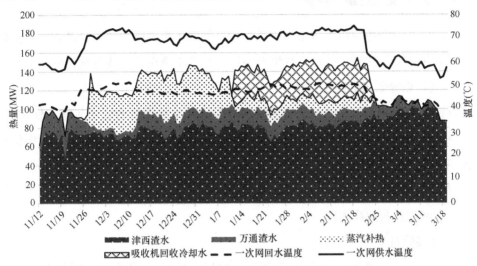

图 9-36　2015～2016 供暖季工业余热系统整体运行情况

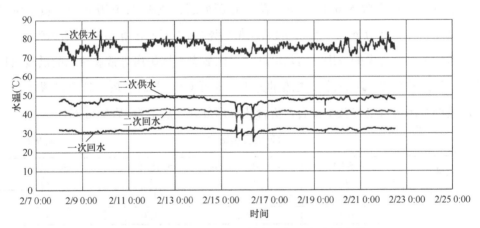

图 9-37　严寒期吸收式换热机组的运行实测参数

图 9-38　楼宇式吸收换热末端安装情况

9.5.5　示范工程综合效益

低品位工业余热应用于城市集中供热项目的实施带来巨大的综合效益，包括缓解热源紧张、显著的经济效益、环境效益以及提高工业企业的能源利用率。

1. 缓解热源紧张的问题

迁西县利用两座钢厂的工业余热供热节能示范工程项目的成功实施，使津西、万通钢厂的工业余热成为重要补充，和锅炉房一起并入城市热网为迁西县集中供热提供热源。目前已实施的一期工程增大了供热能力 150MW，缓解了热源紧张的局面，降低了煤在供热中所占的能源比例。同时，该项目也为我国北方地区集中供热提供了新的途径与解决方案。

2. 经济效益

项目经济效益显著，如表 9-17 所示。2015~2016 供暖季总供暖收费面积为 270 万 m^2，取暖费收入 6210 万元。除去热源处运行成本 2400 万元和人员工资等运行费用（约 800 万元/a）后，实现供热收费 3000 万元，静态回收期约为 8 年。由于节约了供暖燃煤的费用，与热电联产、区域燃煤锅炉房等常规热源的供暖项目相比，经济性理想。项目总回收热量为 138.6 万 GJ，考虑了热源处取热成本、一次网输配水泵运行电费及水费后，折合热源部分综合成本为 17.3 元/GJ。

示范项目供暖收入　　　　　　　　　　　　　　　表 9-17

供暖季	供热天数 (d)	回收工业余热总量 (万 GJ)	节约标准煤 (t)	供热收入 (万元)
2015~2016	120	138.6	58766	3000
2016~2017	120	128.1	54314	3363

3. 环境效益

示范项目运行期间，一方面由于减少了常规热源供热时的燃煤使用，二氧化硫、氮氧化物等气体污染物排放量大幅度降低；另一方面，原本钢铁厂内冷却塔蒸发散热导致的水耗也由于余热的利用而避免，节能减排效益明显，如表 9-18 所示。

示范项目节能减排量　　　　　　　　　　　　　　表 9-18

供暖季	减少 CO_2 排放 (t)	减少 SO_2 排放 (t)	减少 NO_x 排放 (t)	减少粉尘排放 (t)	节水 (t)
2015~2016	155,142	59	59	18	177,737
2016~2017	143,389	54	54	16	178,452

9.6 中深层地热源热泵供热技术实践案例

中深层地热源热泵供热技术通过地埋管间壁式换热的形式获取 2～3km 中深层地热能，在利用的整个过程中处于封闭水循环系统。地上结合电驱动热泵技术，用于末端供热，真正实现"取热不取水"。一方面避免了地热水直接利用可能带来的地下水污染问题，另一方面相比于常规浅层地源热泵供热系统，运行性能更高，运行稳定性更强，目前已经实现市场化。截至 2017 年年底，使用中深层地热源热泵供热技术进行建筑供热的项目面积已超过 500 万 m^2，供热季总供热量接近 150 万 GJ。本节以天津卓朗科技园为例，介绍该技术实际应用情况。

9.6.1 系统概况

天津卓朗科技园位于天津市红桥区，供热末端包含 4 栋办公楼（见图 9-39），设计供热面积为 33160^2。项目总初投资约为 1020 万元，折合单位供热面积初投资为 308 元/m^2。

图 9-39 天津卓朗科技园项目效果图

中深层无干扰地热供热系统示意图及实景图如图 9-40 和图 9-41 所示。

系统设计参数以及热泵机组额定参数如表 9-19 和表 9-20 所示。

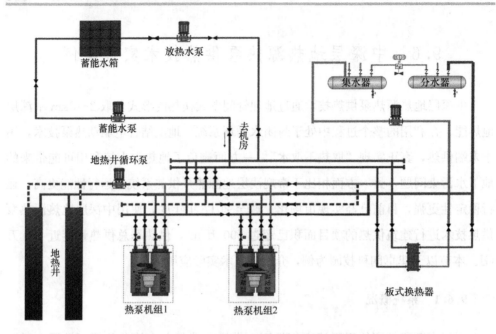

图 9-40　天津卓朗科技园供热系统示意图

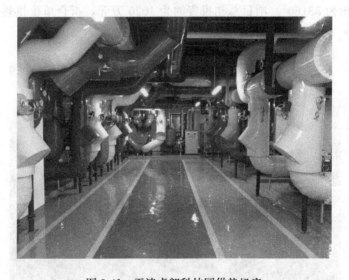

图 9-41　天津卓朗科技园供热机房

系统设计参数　　　　　　　　　　　　　　　　表 9-19

设计参数	数值
设计供热面积（m²）	33160
实际供热面积（m²）	15000

续表

设计参数	数值
用户侧供水回水温度（℃）	45/40
热源侧供水回水温度（℃）	29/22
装机制热量（kW）	2410
供热装机指标（W/m²）	72.7

热泵机组额定参数   表 9-20

制热量（kW）	功率（kW）	COP	台数
1205	151.2	7.97	2

根据该项目的实际情况，供暖热负荷指标取 60W/m²，供暖设计负荷为 1989.6kW。实际装机容量 2410kW，装机指标为 72.7W/m²。用户侧采用风机盘管系统，设计供/回水温度为 45℃/40℃。项目用户侧配置有容量为 380m³ 的蓄热水箱，利用低谷电热泵运行蓄热，最高可蓄至 60℃。

热源侧配置有 2 口取热孔，单孔深度为 2800m。取热孔采用内外套管结构，其外径沿深度方向变径，0～1330m 外管直径为 244.5mm，1330～2800m 外管直径为 177.8mm，内管直径均为 100m。图 9-42 显示了热源侧取热孔分布情况。两孔之间相距 14m，1 号取热孔距离建筑墙面 14m，2 号取热孔距离建筑墙面 17m。

图 9-42 热源侧取热孔分布图

对于输配系统，用户侧设置 4 台循环水泵，2 用 2 备，额定功率 30kW/台，变频运行。蓄热水箱设置2台循环水泵，1用1备，额定功率15kW/台，变频运行。放热水箱设置2台循环水泵，1用1备，额定功率11kW/台，变频运行。热源侧设置4台循环水泵，3用1备，分为额定功率11kW/台、22 kW/台两类，变频运行。

由于末端均为办公类建筑，供热时间为7：00～17：00，针对末端作息时间，设计两种不同运行模式：

（1）在夜间低谷电时段，利用热泵供热系统向蓄热水箱进行蓄热，将蓄热水箱中水温提升至60℃后停机。白天7：00～17：00，蓄热水箱中的热水首先通过板式换热器换热向建筑物供热；当蓄热水箱中的水温降至约45℃时，热泵机组开始工作，将水箱水作为热源，通过热泵机组制取高温热水向末端供热。当水箱中水温将至35℃以下时，热源侧切换至中深层取热孔，由取热孔提供高温热源水。该运行模式充分利用夜间低谷电价进行蓄热运行，可以减少运行费用。同时，白天结合蓄热水箱放热与机组直供联合运行，可以有效降低装机容量以及取热孔开采个数，进而降低系统初投资。但该模式一方面由于水系统切换复杂，一方面由于夜间蓄热时冷凝侧出水温度远高于末端直供需求水温，因而系统运行能效低于末端直供运行。

（2）针对上述问题，该系统通常在白天7：00～17：00直接开启热泵供热系统，向末端直接供热。

9.6.2　2017～2018年供暖季典型工况运行性能分析

2017～2018年供暖季，卓朗科技园项目实际供热面积约15000m²，由于供热面积不到设计的50%，单口取热孔的供热能力仍可满足建筑供热需求，故供热季开启1口取热孔即可满足要求，且未利用低谷电蓄热运行模式。日常供热运行时间段为6：00～17：00。笔者于2018年1月供热高峰期，对该项目进行典型工况测试，取2018年1月19日16：00瞬时工况分析。

表9-21显示了热源侧运行情况，热源侧总出水温度（从井中流出水温）、热源侧总进水温度（进入井的水温）分别为40.7℃、23.1℃，热源侧总循环水量为33.9m³/h，瞬时取热量（单孔）达到了696.8kW，折合单位延米取热量为248.9W/m。

典型工况热源侧运行情况实测结果 表 9-21

参　数	数　值
热源侧总出水温度（℃）	40.7
热源侧总回水温度（℃）	23.1
热源侧流量（m³/h）	33.9
热源侧（单孔）取热量（kW）	696.8
单位延米取热量（W/m）	248.9

表 9-22 和表 9-23 显示了用户侧运行情况和系统运行能耗能效实测结果。可以看到，用户侧总供热量为 813.2kW，折合单位面积供热指标为 54.2W/m²。此时热泵机组、用户侧水泵、热源侧水泵运行功率分别为 116.4kW、13.0kW、12.7kW。热泵供机组实测 COP 达到 6.99，热源能效（COP_{hs}）、系统整体能效（COP_{sys}）分别达到 6.30 和 5.72，均处于良好水平。

典型工况用户侧运行情况实测结果 表 9-22

参　数	数　值
用户侧供水温度（℃）	40.7
用户侧回水温度（℃）	35.7
循环水量（m³/h）	139.4
用户侧总供热量（kW）	813.2
实际供热面积（m²）	15000
单位面积供热量（W/m²）	54.2

典型工况系统能耗、能效实测结果 表 9-23

参　数	数　值
热泵机组总功率（kW）	116.4
用户侧水泵功率（kW）	13.0
热源侧水泵功率（kW）	12.7
热泵机组 COP	6.99
用户侧水泵输送系数 WTF_l	62.4
热源侧水泵输送系数 WTF_s	54.7
热源能效 COP_{hs}	6.30
系统能效 COP_{sys}	5.72

9.6.3 2017～2018 年供暖季系统运行性能分析

2017～2018 年供暖季，卓朗科技园供热系统运行时间为 2017 年 11 月 1 日至 2018 年 3 月 26 日。笔者对整个供暖季运行性能进行详细分析。

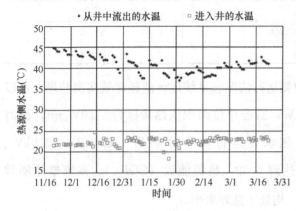

图 9-43 2017～2018 供暖季热源逐日水温

1. 热源侧运行情况分析

图 9-43 所示为 2017～2018 年供暖季取热孔进出水温度情况，全年进水温度基本维持在 23℃左右。出水温度随运行时间及取热量的变化而变化。

为了分析出水温度具体变化情况，对逐月出水温度平均值及取热量进行统计，结果如图 9-44 所示。可以看到，在供暖初期，一方面由于取热需求小 （672kW），一方面系统刚开始运行，热源侧循环水泵降频运行，单孔循环水量基本在 26m³/h 左右，取热孔平均出水温度可以达到 44.1℃。随着系统运行，取热需求逐渐增大，取热孔平均出水温度逐渐降低，到了供热高峰期（2018 年 1～2 月），为了增大取热量，单孔循环水量提升至 38～40m³/h，单孔取热量达到 750～760kW，此时平均出水温度仍高于 39℃。而到了供热末期，单孔循环水量下调至 36m³/h 左右，平均出水温度上升至 40.9℃。整个供热季平均出温度为 40.5℃，单孔平均取热量为 744kW，折合单位延米指标为 265.7W/m。

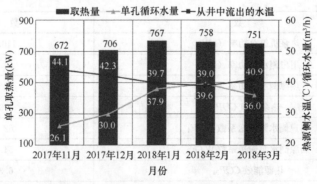

图 9-44 取热孔月均出水温度及取热量

图 9-45 显示了供热高峰期典型周（2018 年 1 月 15～19 日）热源侧运行情况。工作日系统运行时间为 6：00～17：00，得益于间歇运行，系统开机时出水温度可以接近 45℃，瞬时取热量达到 800kW。随着开机后连续运行，热源侧出水温度及取热量逐渐降低，典型周平均出水温度达到 41.0℃，平均取热量达到 667kW。

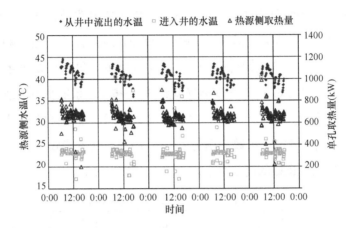

图 9-45　热源侧典型周（2018 年 1 月 15～19 日）运行情况

2. 供暖季运行能耗、能效分析

该项目 2017～2018 年供暖季运行数据统计结果如图 9-46 所示。供热季总供热量为 96.7 万 kWh$_热$，折合 3482GJ，按实际入住面积 1.5 万 m^2 计算，单位面积供热量指标为 0.23GJ/m^2。

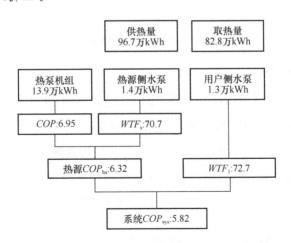

图 9-46　卓朗科技园 2017～2018 年供暖季运行性能

供热系统供热季总能耗为 16.6 万 kWh$_{电}$，单位面积供热电力消耗为 11.1kWh$_{电}$/m^2，折合 3.6kgce/m^2。其中热泵机组耗电量为 13.9 万 kWh$_{电}$，占系统总电耗的 84%。用户侧水泵、热源侧水泵耗电量分别为 1.3 万 kWh$_{电}$，1.4 万 kWh$_{电}$，分别占比 8%、8%。

图 9-47 所示为系统月均能效，可以看到，随着末端供热需求、热源侧取热需求逐渐增大，用户侧供水温度提升，热源侧出水温度降低，使得热泵机组运行能效从供热初期的 7.1～7.2 逐渐降低到 6.7～6.8。热源（包括热泵机组、热源侧水泵）能效从供热初期的 6.5～6.6 逐渐降低到 6.0～6.2。系统整体能效从供热初期的 6.1～6.2 逐渐降低到 5.6～5.7。对于整个供热季，热泵机组平均 COP 达到 6.95，用户侧、热源侧输送系数分别为 72.7、70.7，热源能效达到 6.32，系统能效达到 5.82，体现了良好的能效水平。

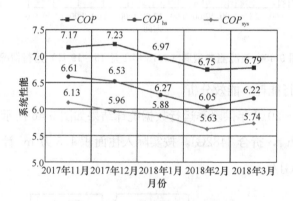

图 9-47　系统月均能效分析

3. 用户侧水温分析

图 9-48 显示了供暖季用户侧供回水温度情况。整个供热季用户侧供水温度控制在 40℃左右，为末端用户提供稳定的供热循环水。

得益于稳定的用户侧循环水温，室内温度也能得到保证。长期监测园区内 3 号楼及 5 号楼部分房间的室内温度情况，工作时间段室温均处于 21～23℃之间，室内舒适性良好（图 9-49 显示了 3 号楼部分房间室内温度监测情况）。

9.6.4　中深层地热源热泵供热技术总结

通过对中深层地热源热泵供热技术实际运行数据的采集和分析，总结出该技术

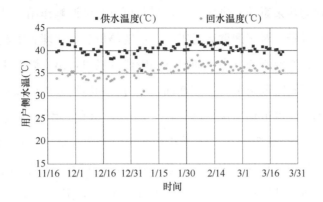

图 9-48 2017～2018 年供暖季用户侧供回水温度曲线

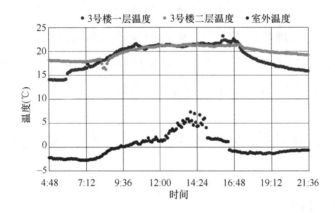

图 9-49 室内外温度对比曲线

热源侧出水温度高、取热量大，系统运行性能高等特点。

《中国建筑节能年度发展研究报告 2017》中对于居住建筑类需要连续供热的系统进行了详细分析。实测结果表明，单个取热孔循环水量为 20 ～ 30m³/h 时，热源侧出水温度能达到 30℃，受取热孔当地具体地质条件及取热孔实际深度的影响，单个取热孔的取量可达到 250～350kW，平均每延米取热量可达到 120～180W/m，个别项目甚至更高。应用中深层地热源的热泵机组制热 *COP* 能达到 5～6，供热系统能效接近 4（包括热源侧循环泵和用户侧循环泵的电耗），具体系统效率取决于系统设计、施工、调适和运行管理水平。

对于公共建筑，末端仅白天工作时段有供热需求。此时可搭配用户侧蓄热水箱间歇运行，一方面利用夜间低谷电价时段蓄热运行，降低系统运行成本；一方面利用蓄热水箱放热与热泵系统直供的形式，自身可以起到调峰作用，进而减少系统装机容量，节省初投资。对于间歇运行工况，系统停机后，地埋管中热源水仍然在从周围土壤中吸热，水温不断升高，使得下一阶段开机时，出水温度相比于停机前明显升高，进而使得瞬时取热量大幅度增加。通过实际案例分析可以看到，间歇运行的系统，供热季热源侧平均出水温度达到 40.5℃，单孔平均取热量为 744kW，折合单位延米指标为 265.7W/m。热泵机组平均 COP 达到 6.95，系统能效达到 5.82，这一方面与项目自身地质、技术条件有关，一方面也得益于间歇运行模式。

对于热泵机组，其冷凝温度基本运行在 44℃ 以下，蒸发温度基本运行在 17℃ 以上，考虑到当前技术水平下，热泵机组实际运行 COP 应达到 7 以上。对于用户侧和热源侧水泵，通过精细化选型与调控，两侧输送系数应运行在 50 以上。通过高效设备的研发与合理的运行调控，使得中深层地热源热泵供热系统能效达到 6.0，充分利用中深层地热源的高温优势，降低供热能耗，进一步提升经济效益，对推动建筑节能、高效清洁供热具有更好的应用前景。

9.7 大连市第七人民医院原生污水源热泵项目分析

9.7.1 项目简介

大连市第七人民医院（以下简称七院）位于大连市甘井子区，始建于 1954 年，是一所市级专科医院。长期以来，大连市第七人民医院一直采用自主供暖，热源为 6t 燃煤蒸汽锅炉。根据大连市人民政府的有关环保要求，这 6t 燃煤蒸汽锅炉在取缔强拆范围内，所以 2017 年实施七院供暖热源改造工程。

结合七院周边再生资源分布现状，提出了采用可再生能源即污水源替代原有低效的小燃煤锅炉的方案，即采用污水源热泵系统为院区内建筑供暖和部分建筑空调。在距离七院现有锅炉房约 130m 的距离有一管径为 DN1000 的污水管网，经现场测试和查询相关历史资料，该污水管内污水水量和水温可以满足七院院区内全部建筑冬季供暖和夏季 2 号、3 号住院楼空调系统对冷热源的需求。

七院院区内需供暖的建筑面积为 30342.23m²，需要空调的面积为 10556.68m²，其中包括 2 号住院楼（4089.79m²）和 3 号住院楼（6466.89m²）。考虑建筑围护结构和患者的实际需求，改造后供暖单位面积平均热负荷指标为 65W/m²，冬季供暖总的热负荷为 1972kW，考虑 10% 的安全余量后冬季采暖设计热负荷为 2191kW。夏季空调单位面积冷负荷指标为 120W/m²，夏季空调设计冷负荷为 1266.8kW。

该项目无辅助热源。在距离该锅炉房（改造为热泵机房）130m 的凌水河污水管道旁建设 1 座容量为 50m³ 的污水池，并安装污水过滤设备和污水泵，通过污水取退水管道将污水输送至热泵机房进行换热，通过污水专用换热器回收原生污水中的热量和冷量。热泵机房内安装热泵机组 2 台（单台制冷量 1272.3kW，压缩机功率 230.7kW；制热量 1173.8kW，压缩机功率 293.7kW）、污水专用换热器 4 台（单台夏季换热量 767kW；冬季换热量 511kW）、冷热水循环泵 3 台（变频）、中介水循环泵 3 台、电子水处理仪 2 台、补水箱 2 个、补水定压装置 2 套、水泵配电控制柜 3 台等配套设备。夏季中介水供/回水温度 25℃/31.8℃，总流量 380m³/h；冷水供/回水温度 7℃/12.5℃，总流量 400m³/h；污水温度 22℃/28.4℃。冬季中介水供/回水温度 9℃/5℃，总流量 380m³/h；热水供/回水温度 55℃/50℃，总流量 404m³/h；污水温度 11℃/7℃。为满足污水源热泵系统用电需求，需将现变电所 400kVA 变压器拆除，更换一台 1000kVA 变压器。

为使建筑内的散热设备同时具备供暖和空调的功能，需要将 2 号住院楼和 3 号住院楼内的现有散热器更换为立式明装风机盘管，更换数量为 467 台左右（含部分管道，并增加凝结水管道）。

9.7.2 系统流程

该项目系统流程如图 9-50 所示。该系统由污水调节池、污水输送管网、疏导式污水专用换热器、热泵机组、水泵及其他敷设设备构成。系统运行时，由设置于污水调节池内的污水泵将污水输送至热泵机房内进行换热，换热后的污水返回至取水点下游；在热泵机房内污水与洁净水（中介水）进行换热，吸收热量的洁净水（中介水）进入热泵机组蒸发器（冬季工况）或冷凝器（夏季工况），为热泵机组提供低品位冷热源，实现热泵机组供热和制冷的功能。

疏导管式换热器结构原理如图 9-51 所示。换热器入口管板处采用流道分离技术对污水进入换热管内的流量进行逐级分配，同级换热管间的污水流动方向相反

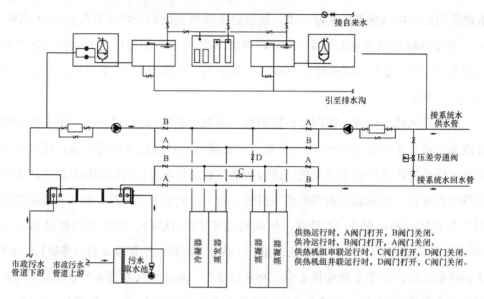

图 9-50　系统流程示意图

接自来水

引至排水沟

接系统水供水管

压差旁通阀

接系统水回水管

供热运行时，A阀门打开，B阀门关闭。
供冷运行时，B阀门打开，A阀门关闭。
供热机组串联运行时，C阀门打开，D阀门关闭。
供热机组并联运行时，D阀门打开，C阀门关闭。

市政污水管道下游　市政污水管道上游　污水取水池

冷凝器　蒸发器　蒸凝器　蒸凝器

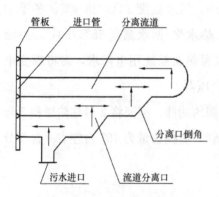

图 9-51　疏导管式换热器工作原理

管板　进口管　分离流道
分离口倒角
污水进口　流道分离口

（成180°），这种设计方法解决了污杂物对换热器的堵塞问题，依据换热器外线尺寸要求，该种设计可分为平面、立体和阶梯多种形式；换热器内换热管为公称直径不小于 DN80 的无缝管，材质可选择 20 号碳钢管和不锈钢管；换热器内设置阴阳极保护措施。换热器外形如图 9-52 所示。

　　该换热器采用立体弧面结构，保证了壳体受力分布均匀，承压能力与圆柱壳体等同，使用寿命长，设计寿命 20 年以上。采用的强制疏导式流动工艺，在保证悬浮物不

图 9-52　疏导管式污水换热器

堵塞同时，也保证了流道过宽带来的悬浮物滞留的问题，污水侧水流分布均匀，杂质不易沉积。内部无焊点，且换热材质与壳体分离，无应力造成的开焊、变形等结构问题，在无缝换热材质的条件下，无漏水和难修复的风险。污水在管内流动，污水侧全部为短管强化换热状态，在污垢更不易沉积的条件下，传热系数大，清洗维护周期长，清洗工作量小。污水侧封门设置了导流结构，清水侧为多孔折流，两侧水阻小，输送能耗低，提高了系统综合效率。工况适应性强，污水侧水流可满足50％的流量变化幅度，即流速可减小到50％而不造成污垢大量沉积，污垢适应性强，避免了部分负荷和实际工况和设计工况偏离时的低流速污垢问题。

9.7.3　项目评价

由于医院的特殊性，大连市第七人民医院的供暖时间需要参照室外天气的变化进行调整，供暖开始时间需要提前，供暖结束时间可能延后，现有集中供热方式无法满足医院使用要求。此外，大连市第七人民医院的 2 号楼（1995 年建）和 3 号楼（1983 年建）为精神心理疾病患者住院楼，长期无空调设备，在夏季炎热季节室内潮湿闷热的环境，不利于患者的治疗和康复，亟需提出相应的空调解决方案。

2016～2017 年供暖季，供暖天数 175 天，污水源热泵系统供暖用电量 119.6 万 kWh，运行总电费 77.74 万元（平均电价 0.65 元/kWh），单位面积运行费用 25.62 元/m² （大连市集中供暖天数为 151 天，非居民住宅供暖价格为 31 元/m²）。污水源热泵系统不但解决了集中供暖无法延长供暖时间，部分建筑需要空调的难题，而且具有较好的运行经济性。

在节能环保方面，根据 2016～2017 年供暖季污水源热泵运行的用电量数据，单位建筑面积的耗电为 39.4kWh/m²，折合单位建筑面积的供暖标煤耗量为 12.2kgce（取全国平均发电煤耗 310gce/kWh）。原有小锅炉的效率按 70％ 计算，单位建筑面积供暖煤耗量约为 27.5kgce。因此，采用污水源热泵后，单位建筑面积供暖节标准煤约 15.3kg，年节省标准煤 464.3t。减排 CO_2 约 1157.5t，SO_2 约 7.7t，NO_x 约 4.4t，烟尘约 7.2t。明显改善了区域环境，实现了废热资源的再生利用。

污水源热泵系统运行性能方面，以其中一台热泵机组，在 2016 年 12 月 31 日至 2017 年 1 月 6 日的实际运行数据为例（前两天每 4～6h 监测一次，后五天每 2h

监测一次，供暖供回水温度、中介水进出口温度从热泵机组上读取，污水进出口温度从污水池上测量），该机组的中介水流量稳定在 $195\sim210\mathrm{m}^3/\mathrm{h}$，供暖循环水流量为 $195\sim205\mathrm{m}^3/\mathrm{h}$。机组运行时的水温、制热量、电耗和热泵机组制热系数如图9-53～图9-55所示。可以看出：（1）系统的设计负荷偏大，热泵机组选型过于保守；（2）疏导管式污水换热器能够长时间较稳定地满足污水的换热要求；（3）通过2台疏导管式污水换热器的工作模式控制，可以实现换热器的自清堵功能，系统的污水流量呈现波浪型周期变化；（4）元旦假期后由于运行管理懈怠，出现了污水流量较明显减小的情况，导致污水取热量减小，在逆流换热下污水出水温度更接近中介水的进口温度。为了避免类似情况的发生，需要提高和完善污水取热系统的自动化运行水平。

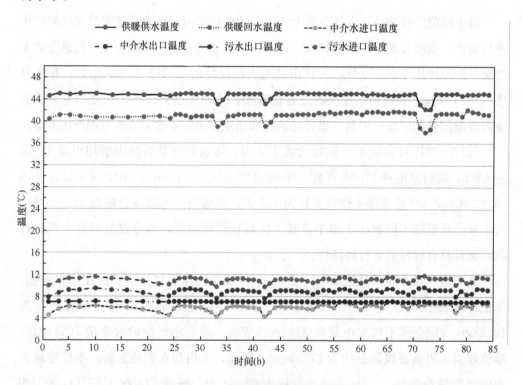

图 9-53 部分供暖期的水温数据

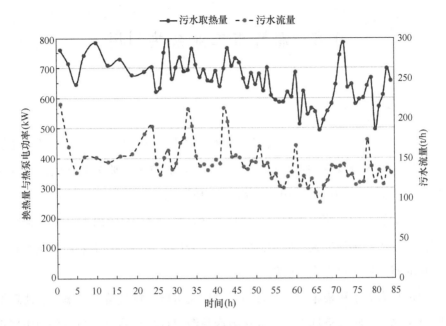

图 9-54 部分供暖期的污水流量与取热量变化

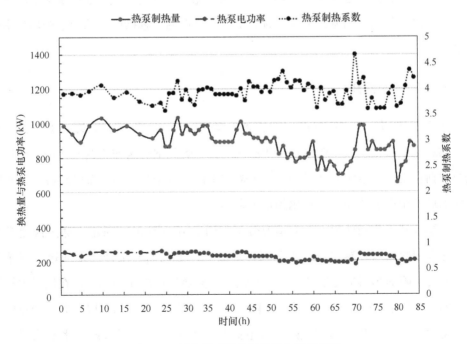

图 9-55 部分供暖期的制热量与性能系数

9.8 淄博市工业余热利用

9.8.1 项目背景

淄博市位于中国华东地区、山东省中部，常住人口 470 万人。项目所在位置为淄博市高新区，区域既有供热面积 480 万 m²，现有热源主要为开泰电厂和环保能源电厂蒸汽，另有 26 万 m² 由分散小锅炉承担供热。

现有的供热区域内蒸汽管网，自建成至今已经运行 10 年以上，蒸汽管网外护和保温性能恶化，热损失大，跑冒滴漏现象十分严重，供热效果差，影响市容的同时，老化的蒸汽管网也存在安全隐患。

淄博市政府为了积极推进大气环境治理以及节能减排政策的实施，淄博环保能源有限公司热源厂将在近期拆除，此区域内热源出现严重缺口。为充分利用现有热源，挖掘周边企业工业余热、废热，补充供热能力，以适应城市建设快速发展的需要，在解决供热问题的基础上优先选择节能、环保的工程措施，选用了余热集中供暖技术。

9.8.2 系统简介

如图 9-56 所示，高新区区域的热源方案采取"3+1"模式，即开泰首站、金晶首站和汇丰石化三大工业余热热源联网运行，燃气锅炉房作为调峰热源。利用的余热包括：山东开泰实业有限公司的丙烯酸生产工业余热、山东金晶科技股份有限公司的玻璃生产余热和汇丰石化的化工余热。

开泰首站工艺和外观、站内情况分别如图 9-57～图 9-59 所示。通过溴化锂吸收式热泵回收山东开泰实业有限公司丙烯酸生产工艺循环水余热来加热热网循环水，配套尖峰加热器提温供热，蒸汽凝结水回到热源厂内循环利用。在供暖季初期和末期，采用余热热泵机组直接为外网供热。在供暖季寒冷期时段，利用余热回收系统将 50℃ 的一次网回水经过热泵机组提温到 76℃ 后，再经首站汽水换热器继续加热至 95℃ 作为一次热网供水。利用厂内低温工业余热循环水约 0.5 万 m³/h，通过热泵技术可提取循环水余热约 40MW。同时完成兰雁大道、万杰路、中润大道

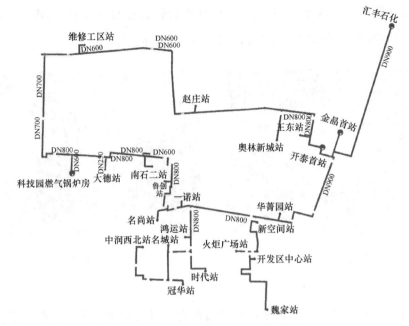

图 9-56 淄博市高新区区域供热系统图

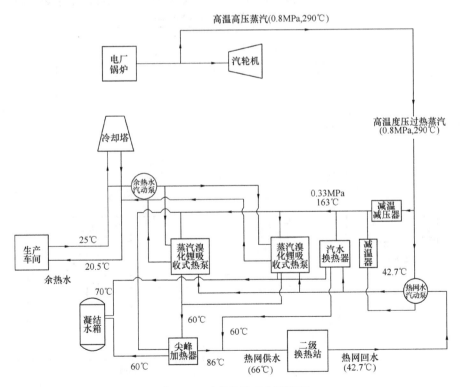

图 9-57 开泰首站工艺流程图

区域的供热管网"汽改水"。建设 2×30MW 吸收式热泵及 4 台 75MW 汽水换热器,尖峰供热能力 150MW,承担约 400 万 m² 供热面积。

图 9-58 开泰首站外观

图 9-59 开泰首站站内

金晶首站工艺如图 9-60 所示,通过山东金晶科技股份有限公司高温烟气余热锅炉产出的低压蒸汽作为热泵驱动热源,提取玻璃窑炉生产线降温水余热,将热量

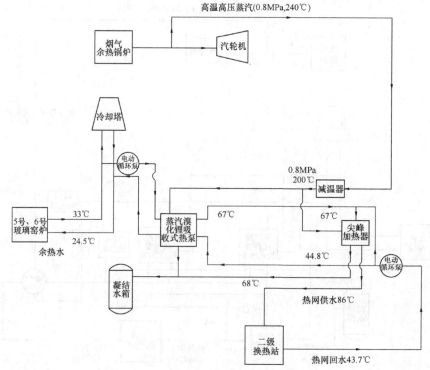

图 9-60 金晶首站工艺流程图

送入供热系统中。热泵作为热网水的一级加热,设置汽水换热器作为热网水的二级加热。建设 1 台 45MW 蒸汽吸收式热泵利用玻璃厂余热,提取热量约 18.5MW,利用厂内绝压 0.80MPa,300℃低压蒸汽尖峰加热(热量约 10.5MW),合计供热能力 55.5MW。蒸汽用量合计约 50t/h,其中金晶玻璃厂余热锅炉提供蒸汽 20t/h,其余 30t/h 由开泰供给。项目建成后可承担约 110 万 m² 供热面积。

汇丰石化高温水是山东汇丰石化集团有限公司建设的余热首站,热力公司购买其首站输出的高温水,2018~2019 年供暖季首次投用。高温水首站通过余热回收热泵技术回收厂内低温余热(约 53MW),配套尖峰加热器加热,实现热水供热的热源,最大供热能力 150MW。此热源最终供热能力可达 400 万 m²。

新建科技园 21MW 天然气锅炉一台作为备用调峰锅炉,可承担约 50 万 m² 供热面积。

9.8.3　运行情况

根据首站 12 月运行记录显示,极寒期开泰、金晶两个首站的供水温度分别在 65℃和 75℃左右波动,供热功率分别在 200GJ/h(约 55.5MW)和 120GJ/h(约 33.3MW)左右波动。两站的回水温度基本稳定在 40~45℃之间,如图 9-61 所示。

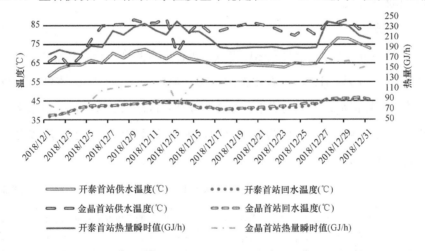

图 9-61　2018 极寒期首站运行图

热力公司通过非供暖季检修技改更换部分换热器,对部分换热器拆洗,提高了换热效率,降低了一网回水温度,有利于提高热泵效率,更多地提取余热,降低成本。部分热力站回水温度如图 9-62 所示。

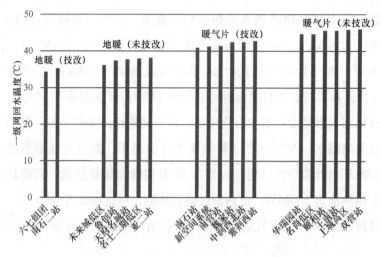

图 9-62　通过技改降低一级网回水温度

9.8.4 经济和环境评价

1. 项目总投资

该项目总投资 15560.9 万元。其中余热首站投资 6128.6 万元，管网建设、改造投资 9432.3 万元。

2. 运行成本

采用 2018 年 12 月一个月实际成本数据进行成本测算。开泰首站和金晶首站购入蒸汽单价为 46 元/GJ；汇丰石化首站高温水单价为 41 元/GJ；该供暖期暂未开启燃气热水调峰锅炉，无燃气成本。综合测算高新区区域的余热购入成本为 38 元/GJ，而淄博市高温水统一单价为 46 元/GJ，因此项目实施后每吉焦热节省 8 元成本，如表 9-24 所示。

2018 年 12 月淄博市高新区区域成本统计表　　　　表 9-24

热源	面积	购入蒸汽		购入高温水		余热	购入成本	淄博高温水单价	差值
	（万 m²）	（万 GJ）	（万元）	（万 GJ）	（万元）	（万 GJ）	（元/GJ）	（元/GJ）	（元/GJ）
开泰首站	—	12.9	592	0	0	3.3	36.6	—	—
金晶首站	—	6.8	313	0	0	2.0	35.7	—	—
汇丰石化	—	0	0	16.1	660	0	41.0	—	—
区域合计	520	19.7	905	16.1	660	5.3	38	46	8

3. 成本回收期预测

未来高新区供热面积达 600 万 m^2，供暖季单位平方米供热量为 0.38GJ/m^2，每供暖期热耗约 230 万 GJ，每供暖季热耗节约成本约 1840 万 GJ。

因二级站均为一补二定压方式，余热首站凝结水利用率为 100%，根据 2018 年 12 月份蒸汽购入量，考虑负荷增长因素，推算单个供暖季凝结水量约为 33 万 t，软化水成本按 15 元/t 计算，则一个供暖季节省凝结水约 500 万元。

综合以上两点，单个供暖季节约成本约 2340 万元，以此推算的成本回收期为 6.6 年。

4. 节能减排量

根据 2018 年 12 月份及上年实际数据，考虑负荷增长率，两个余热首站单个供暖期提取余热量约为 25 万 GJ，折标准煤 8525t。减排二氧化碳 2.2 万 t，氮氧化物 6.3 万 t。

9.9 吉林热力公司低回水温度直供热网

9.9.1 项目概况

吉林市热力集团有限公司目前在网面积 2456 万 m^2，占吉林市集中供热面积的 1/3，热网布置为环状管网，由多个热源联合供热，整个公司根据热源不同分为三个热网，即以国电吉林热电厂为热源的江北热网供热系统；以吉林松花江热电有限公司为热源的哈达热网供热系统，分为东线、西线、新线三线；以吉林市源源热电厂为热源的源源热网供热系统，管网主、支线总长度 93km，有 7 座加压泵站，如表 9-25 所示。

吉林热力公司热源构成情况　　　　　　　　　　　　　　　　表 9-25

热源名称	装机规模（MW）	现状向吉林热力供热面积（万 m^2）	供热量（MW）
吉林热电厂	2×125+1×220	211	100
松花江热电厂	2×125+1×350+2×40+1×50	1925	900
源源热电厂	2×6+1×12+2×25	320	205
合计		2456	1205

目前热网全部为直供供热系统，共 440 座热力站，具体如图 9-63 所示。单个

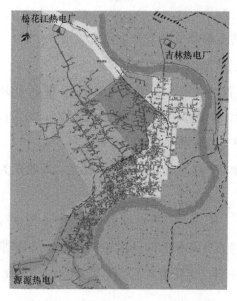

图 9-63 吉林热力公司供热管网图

热力站供热规模均在 20 万 m² 以下，其中 79% 单站供热规模在 10 万 m² 以下，如图 9-64 所示。在热力站设有混水泵等设备，以供水侧混水为主（见图 9-65），各热力站平均电耗为 1.92kWh/m²。热用户户内采取地板辐射供暖末端形式的占 40% 左右，采用散热器末端的占 60%。供热面积中住宅占比 84%，公共建筑占比 16%，节能建筑占比达 70%。

吉林市供热天数为 166d。每年的 10 月 25 日开始，到次年的 4 月 11 日。吉林市的供暖室外计算温度 −24℃，供暖室外平均温度是 −8.5℃。2017～2018 年供暖季单位面积耗热量 0.44GJ/(m² · a)，2017～2018 年供暖季的实际室外平均温度 −7.4℃，按标准气象年折算单位面积耗热量 0.46GJ/(m² · a)。图 9-66 为吉林热力公司的主力热源松花江电厂 2017～2018 年供暖季一次网供回水温度的变化曲线。一次热网最冷天供/回水温度为 91℃/37℃、初末寒期为 61℃/32℃。最冷天一次热网循环水量平均为 11020t/h，折算单位面积一次热网循环水量为 5.7t/(h · 万 m²)。一次热网的运行方式为分阶段质量调节，具体如图 9-67 所示。

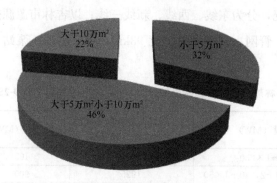

图 9-64 热力站供热面积规模分布情况

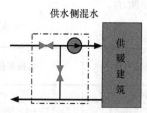

图 9-65 热力站的混水方式

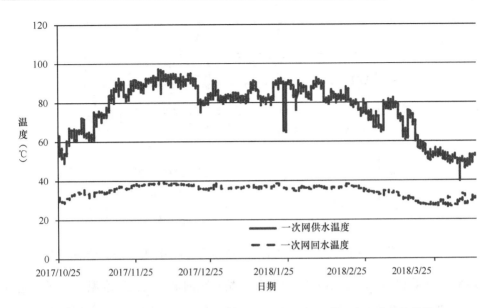

图 9-66 松花江热电厂 2017~2018 年供暖季一次网供回水温度变化曲线

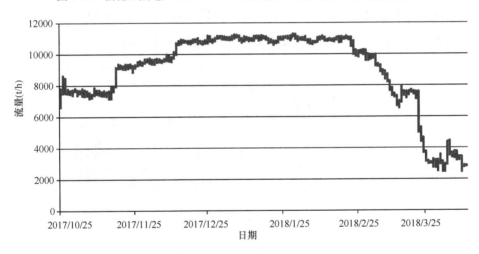

图 9-67 松花江热电厂 2017~2018 年供暖季一次热网流量变化曲线

9.9.2 二次网供热参数情况

2017~2018 年吉林市室外温度最低值发生在 2017 年 1 月 25 日，室外温度平均值是—25.5℃，图 9-68 是该日的 190 个热力站的二次网供回水温度的情况，最冷天该集中供热系统的二次网供、回水温度的平均值分别是 40.8℃和 33.8℃。二次网供、回水温度的最高值分别是 47℃和 43.9℃，二次网供、回水温度的最低值

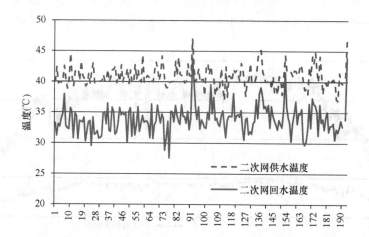

图 9-68   吉林热力公司各热力站 2017～2018 年供暖季最冷天二次网供回水温度

分别是 36.9℃和 27.6℃。图 9-69 是各热力站二次网最冷天供回水温差，76％左右在 5～10℃间，17％小于 5℃，7％在 10～12℃间。表 9-26 是 30 个典型热力站最冷天二次网供回水温度，二次网循环量平均 50t/(h・万 m²)，图 9-70 和图 9-71 是该供热系统中典型热力站的供回水温度在整个供暖季的变化情况。

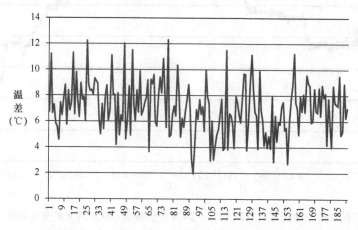

图 9-69   吉林热力公司各热力站 2017～2018 年供暖季最冷天二次网供回水温差

吉林热力公司典型热力站最冷天的二次网供回水温度   表 9-26

序号	热力站代号	供水温度（℃）	回水温度（℃）	末端形式
1	BNL（非节能）	41.9	34	散热器
2	GX（非节能）	41.9	33.1	散热器
3	HBHY（非节能）	45	33.9	散热器

续表

序号	热力站代号	供水温度（℃）	回水温度（℃）	末端形式
4	JCSH（非节能）	52.6	42.5	散热器
5	KM（非节能）	43	36.7	散热器
6	LH（非节能）	42	31.2	散热器
7	TS（非节能）	48.5	40	散热器
8	ZN（非节能）	41.3	37.9	散热器
9	TN（非节能）	42.9	38.3	散热器
10	Z2E（非节能）	42.6	35.2	散热器
11	FYSZ（节能）	41.31	37.61	地板供暖
12	HSSJ（节能）	39	34.5	地板供暖
13	LQ（节能）	40.58	35.74	地板供暖
14	LWR1（节能）	40.07	35.17	地板供暖
15	LD1（节能）	42.99	34.61	地板供暖
16	TYZP（节能）	39.6	32.54	地板供暖
17	WLB（节能）	40	34.75	地板供暖
18	XSLYD（节能）	42.45	35.15	地板供暖
19	XSXL2（节能）	40.27	34.15	地板供暖
20	XSXL3（节能）	40	35.64	地板供暖
21	XSJY（节能）	41.29	35.3	地板供暖
22	XFXY（节能）	42.02	32.6	地板供暖
23	ZZKY（节能）	39.63	35.52	地板供暖
24	ZSMY（节能）	43.94	35.45	地板供暖
25	GYJJ（公共建筑）	41.86	34.5	散热器
26	HD1（公共建筑）	40.14	39.57	散热器
27	HD3（公共建筑）	39.68	35.72	散热器
28	HD4（公共建筑）	44.55	37.67	散热器
29	HD5（公共建筑）	40.03	33.53	散热器
30	RMYY（公共建筑）	41.9	33.9	散热器

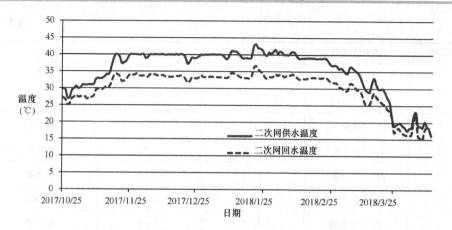

图 9-70　某典型住宅热力站（散热器）二次网供回温度随时间变化情况

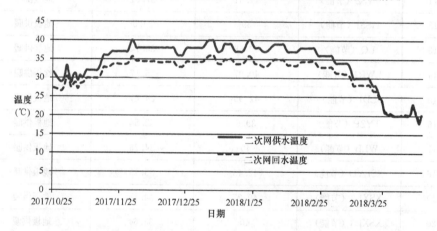

图 9-71　某典型住宅热力站（地板供暖）二次网供回温度随时间变化情况

9.9.3　低回水温度的效果分析

吉林热力公司集中供热的混水直供系统运行取得了良好的效果，减少了系统实施间接换热的阻力，电厂热网回水温度最冷天不超过37℃，初末寒期可低至31℃。较低的回水温度便于热电厂充分利用乏汽余热直接加热热网循环水，使热电厂供热煤耗大幅度降低，并由回收余热满足增长的供热需求。

我国北方地区楼宇之间、楼内不同末端之间由于流量分配不均导致的供热不均匀损失高达20%～30%，二次网形成大流量小温差的运行模式，可以有效缓解流量失调导致的热量不均匀损失。供/回水温度为60℃/40℃，室温20℃时：流量减少到 1/3 时，热量减少 42%；流量增加到 3 倍时，热量增加 23%。供/回水温度为 40℃/35℃，室温 20℃时：流量减少到 1/3 时，热量减少 22%；流量增加到 3 倍时，热量增加 9%。另外，采用地板辐射供暖和多加散热器方式使得末端散热装置传热能力增大，二次网回水温度降低，还会进一步改善过量供热现象。由于某种原因过量供热，使室温升高时，低温供热会使得供暖系统与室温之间的传热温差减小。当热水平均温度为 35℃，室温为 20℃时，室温上升 1℃会使供热量减少 7%，而当热水平均温度为 55℃，室温为 20℃时，室温上升 1℃仅会导致供热量减少 3%。

9.10 CO₂ 复叠式超低温空气源热泵应用案例

9.10.1 案例背景

空气源热泵系统通过热泵技术直接将周围空气环境中的热量转移到供暖热水中。由于在实际运行中取热便捷、效率高、安装方便、初投资相对较小，空气源热泵系统得到了广泛应用，北方各地纷纷视为"煤改电"清洁供热的优选形式。但采用常规冷媒的空气源热泵在北方寒冷地区的应用中还存在问题，如：低温衰减严重、低温工况下效率不高，空气源热泵产热与建筑热负荷不匹配、室外换热器结霜与除霜等。

目前，国内外市场上普遍应用的空气源热泵主要分为两种类型：一种是以氟利昂为工质的氟利昂热泵，另一种是以二氧化碳为工质的二氧化碳热泵。

以氟利昂为工质的空气源热泵，因氟利昂工质的热力学特性限制，在低温环境工况下的制热效率低，热量衰减大，制约了其在北方寒冷地区的推广使用。为此，人们采用了多种技术途径改进氟利昂热泵制冷工艺系统，提高热泵制热性能并取得一定的效果。但是，氟利昂工质多数被国际环保组织限制或限期使用，寻求环保型工质替代氟利昂工质的热泵产品已成为国际上的广泛共识。在各类环保工质中，二氧化碳以其优秀的环保特性和良好的热力学性能成为研究新型热泵采用的主要工质。可以预见，自然工质 CO₂ 将是未来替代氟利昂工质的主要制冷剂工质，二氧化碳空气源热泵将是未来空气源热泵市场的主要产品之一。

目前，欧美国家CO_2的应用主要集中在低温冷冻机组方面，而日本的应用主要集中在单机小匹数的小型热泵热水机上（最大不超过20匹）。在中国铁路设计集团有限公司与爱科德科有限公司合作研发的冷暖超低环温二氧化碳空气源热泵机组推出之前，CO_2热泵热风机组和大型（热量兆瓦级）CO_2热泵热水机组技术和产品在国际上尚属空白领域。

9.10.2　CO_2复叠空气源热泵系统简介

CO_2复叠空气源热泵系统是在复叠制冷系统的基本原理上，结合了CO_2工质的热力学特性而研发的热泵系统。该热泵系统在环境温度较低的条件下，系统 *COP* 的衰减幅度能够小于传统氟的空气源热泵系统，并且系统可成功实现高温供回水。

低温环境工作的空气源热泵，为提高制热效率，制冷系统通常采用两种热力学特性不同的制冷剂工质组成复叠式制冷循环系统或单一工质两级制冷循环系统，其

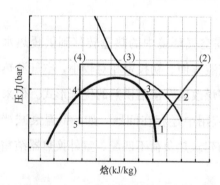

中，CO_2工质在低温侧作亚临界循环。依据对 CO_2 工质的跨临界循环的热力学特性分析，设备产品选择的形式是二氧化碳跨临界循环的 R744/R134a 类复叠式制冷系统。该系统 CO_2 压缩机的排气温度和压力高，在冷凝器与热回水换热制取高温热水。图 9-72 所示为 CO_2 亚临界和跨临界循环的放热过程。

图 9-72　CO_2 亚临界和跨临界循环

其中，CO_2 亚临界热力循环过程为：1-2-3-4-5-1 过程。CO_2 跨临界热力循环过程为：1-(2)-(3)-(4)-5-1 过程。

9.10.3　CO_2复叠超低温空气源热泵机组

中国铁路设计集团有限公司与黑龙江爱科德科有限公司合作研发的CO_2复叠超低温空气源热泵机组的适用的环境温度范围为$-35\sim43℃$，我国东北地区均可以适用。系列产品"超低环温二氧化碳空气源热泵机组"，主要机组类型有：CO_2空气源热泵热风机组、CO_2空气源热泵热水机组以及CO_2空气源热泵风水联供机组。

CO_2空气源热泵热水机组制热量范围：名义工况制热量 $50\sim1200kW$；

CO_2空气源热泵热风机组制热量范围：名义工况制热量 $80\sim500kW$；

CO₂空气源热泵风水机组制热量范围：名义工况制热量100~1200kW。

1. 热水型机组（见图9-73）

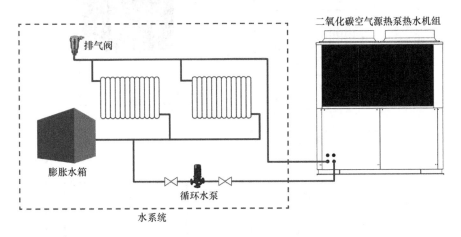

图9-73 热水型机组

热水型机组在环境温度为-12℃、-33℃时制热性能检测结果：检测机组主要性能指标为：-12℃名义工况下，制热水温度>60℃时，COP>2.6。

2. 热风型机组（见图9-74）

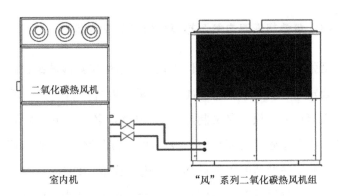

图9-74 热风型机组

热风型机组在环境温度为-12℃、-27℃时制热性能检测结果：检测机组主要性能指标为：-12℃名义工况下，制热风温度>45℃时，COP>3.0。

3. 热风水型机组（见图9-75）

热风水型机组在环境温度为-37℃时制热性能检测结果：检测机组在-30℃严寒天气下仍可高效制取>60℃热水和热风时，COP>2.4。

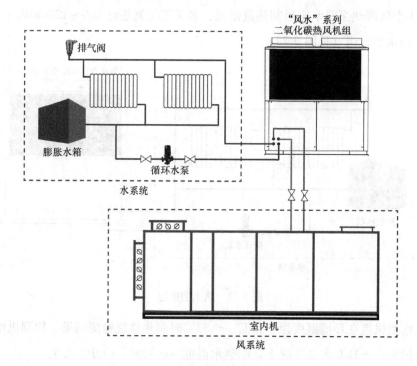

图 9-75　热风水型机组

9.10.4　CO₂复叠超低温空气源热泵机组实际应用案例

新建北京至张家口铁路的沙城站位于张家口市怀来县沙城镇，由中铁工程设计咨询集团有限公司承担建筑设计。站区热泵机房内含两台复叠式 CO_2 热泵机组，型号为 ARSCO2H1200，设备名义制热量 1193kW，名义 $COP=2.49$，通过既有房屋热负荷核算，机组总容量可满足整个沙城站区房屋的冬季供暖负荷，总供暖面积约 19860m²。目前，沙城站的主体站房尚未施工完成，2017～2018 年供暖季，两台 CO_2 热泵机组仅为站区既有房屋供热，实际供暖面积约为 10220m²。站区房屋的末端换热器为暖气片，设计供水温度 65℃，回水温度 55℃。2017 年 10 月 20 日设备进场调试，2017 年 12 月 1 日开始供热，停止供热时间为 2018 年 4 月 1 日，供暖期共计 120d，设备实际运行时间为 2017 年 12 月 1 日至 2018 年 3 月 18 日。现场设备如图 9-76 所示。

2017～2018 年供暖季，室外空气温度在 2018 年 1 月份达到最低，最低平均气温为 -13℃。室外温度变化如图 9-77 所示。

图 9-76　现场设备

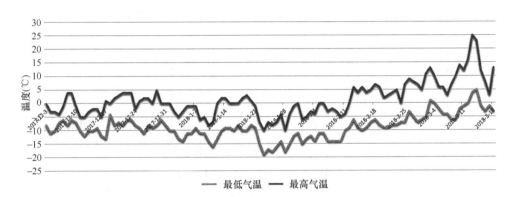

图 9-77　2017～2018 供暖季沙城室外温度变化曲线

经实际测试，沙城站区在整个供暖季中，热泵机房的水泵总用电量为 39520kWh，两台热泵机组总用电量为 329292kWh。房屋供暖效果良好，室内温度满足供暖要求。两台热泵机组运行期间热水供回水温度变化如图 9-78 和图 9-79 所示。

1 号热泵机组供暖季总制热量 985129.6kWh，2 号热泵机组供暖季总制热量 171412.8kWh，两台热泵机组交替运行，供暖季机组的平均能效比为 3.51，热泵系统的平均能效比为 3.14。

目前，沙城站站区尚未全部施工完成，站区热泵机房仍处于调试磨合期，设备的长期运行性能仍有待进一步监测。同时，沙城站区的 CO$_2$ 复叠超低温空气源热泵机组属于该类型设备的初代机型，设备优化正持续进行中。相信在未来的暖通行业中，CO$_2$ 复叠式超低温空气源热泵会有更多优秀的应用案例脱颖而出。

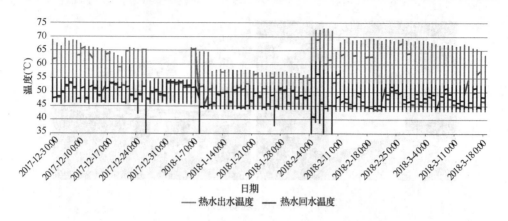

图 9-78 2017～2018 供暖季 1 号机组供回水温度变化曲线图

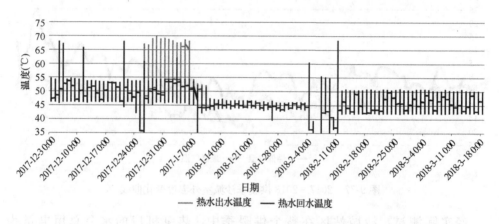

图 9-79 2017～2018 供暖季 2 号机组供回水温度变化曲线图

本章参考文献

[1] 魏茂林，付林，赵玺灵，张世刚. 燃煤烟气余热回收与减排一体化系统应用研究[J]. 工程热物理学报，2017，38(06)：1157-1165.

[2] Maolin Wei，Xiling Zhao，Lin Fu，Shigang Zhang. Performance study and application of new coal-fired boiler flue gas heat recovery system[J]. Applied Energy，2017，188：121-129.

附录 建筑业与民用建筑建造能耗及碳排放核算方法

1. 核算边界

近年来，我国建筑及基础设施规模持续增长，其建设活动的开展消耗了大量建材，而建材的生产、运输也带来了大量的能源消耗与碳排放。这部分与建筑业相关的能耗和碳排放已成为我国全社会一次能源消耗的重要组成部分。为反映建造活动对我国一次能源消耗与碳排放的影响，应该对建筑业的建造能耗和碳排放进行定量核算和分析。首先对本研究的核算边界进行说明。

建筑业包括民用建筑建造、生产性建筑建造和基础设施如公路、铁路、大坝等的建设。建筑业的建造能耗包含各类建材的生产能耗、运输能耗与施工能耗。建筑业除了能源消耗会导致二氧化碳排放以外，建材生产的化学过程也会产生二氧化碳排放，其中最主要的是水泥生产过程中由于石灰石煅烧分解等化学反应所产生的碳排放。因此，建筑业的建造碳排放包含能源消耗导致的碳排放以及建材生产中化学反应的碳排放。

民用建筑建造是建筑业的重要组成部分。本附录中所研究的民用建筑建造能耗指的是民用建筑在建材生产、建材运输以及现场施工三个阶段的能耗。民用建筑的建造碳排放指的是民用建筑建造能源消耗所导致的二氧化碳排放。

2. 建筑业的建造能耗及排放

(1) 建造业建造能耗的计算

建筑业的建造能耗计算的是当年建筑业的建材生产、建材运输与施工能耗。本研究采用自下而上的方法对这三类能耗进行总量核算。模型中，建材种类参考《中国建筑业统计年鉴》的统计口径，考虑钢铁、水泥、铝材以及平板玻璃四类，其他建筑用材能耗占比很小，可以忽略不计。模型区分能源品种，考虑煤、油、气、电四类能源。采用以下公式进行计算：

当年建筑业建造总能耗＝当年建筑业建材耗量×单位建材生产运输能耗＋当年建筑业施工总能耗

计算需要的输入数据主要来源于以下年鉴统计数据：当年建筑业建材耗量参考《中国统计年鉴》、《中国建筑业统计年鉴》中的建材产量及消耗量数据确定；建材生产运输能耗以及施工能耗参考《中国能源统计年鉴》以及相关文献确定。

（2）建造业碳排放的计算

建筑业建造碳排放基于建造能耗的计算结果进行核算，除计算能源消耗相关的碳排放之外，还考虑由水泥生产过程中除燃烧外的化学反应所产生的碳排放。各类排放因子主要参考《能源数据》[1] 以及相关文献进行确定，采用以下公式进行计算：

当年建筑业建造总碳排放＝当年建筑业建造总能耗×能源排放因子＋当年所消耗水泥的生产过程碳排放

（3）建筑业建造能耗及碳排放计算结果

计算得到 2004～2017 年中国建筑业建造能耗及碳排放，如附图 1 所示。

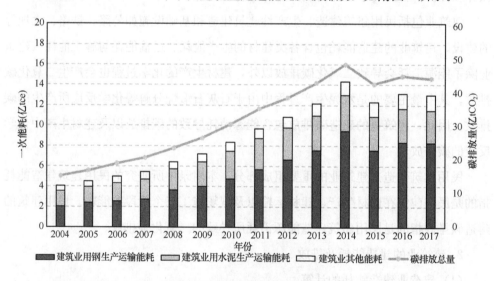

附图 1　建筑业建造能耗及碳排放

3. 民用建筑建造能耗及排放

（1）民用建筑建造能耗的计算方法

---

[1]　王庆一，《能源数据 2017》。

民用建筑建造能耗计算的是当年竣工民用建筑的建造过程中建材生产、建材运行与施工过程中的能源消耗。本研究采用自下而上的模型方法，对当年竣工的城镇住宅、农村住宅以及公共建筑三类建筑的建造能耗进行计算，采用当年竣工建筑的建造能耗来代表当年的民用建筑建造能耗。每一类建筑的建造能耗根据此类建筑单位面积建材消耗量与每类建材的生产运输能耗计算得到，计算公式如下：

当年民用建筑建造能耗＝当年民用建筑竣工面积×民用建筑单位面积材耗×单位建材生产运输能耗＋民用建筑施工能耗

其中，建筑竣工面积主要参考《中国统计年鉴》、《中国建筑业统计年鉴》中各类建筑的竣工面积数据确定；单位建材生产运输能耗以及民用建筑施工能耗参考《中国能源统计年鉴》以及相关文献确定；民用建筑单位面积材耗参考相关文献及调研结果确定。

四类主要建材单位生产能耗以及三类民用建筑单位面积建材消耗量如附图 2 和附图 3 所示

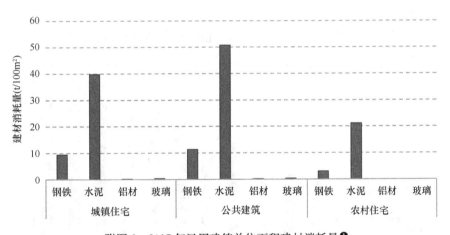

附图 2　2017 年民用建筑单位面积建材消耗量❶

（2）民用建筑的建造碳排放计算

民用建筑建造碳排放基于建造能耗的计算结果进行核算，除核算用能相关的碳排放之外，还考虑由水泥生产过程中除燃烧外的化学反应所产生的碳排放，计算公式如下：

---

❶　参考谷立静《基于生命周期评价的中国建筑行业环境影响研究》中调研数据推算得到。

附图 3 主要建材单位生产能耗●

当年民用建筑建造总碳排放＝当年民用建筑建造能耗×能源排放因子＋当年竣工民用建筑所消耗水泥的生产过程碳排放

各类排放因子主要参考《能源数据》以及相关文献进行确定。

（3）计算结果

计算得到 2004～2017 年我国民用建筑建造能耗及碳排放，如附图 4 所示。

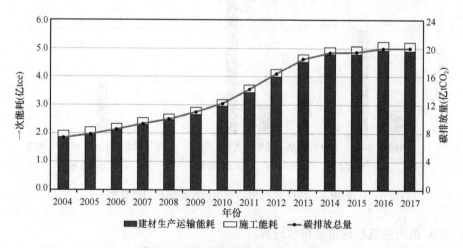

附图 4 民用建筑建造能耗及碳排放

● 参考《中国能源统计年鉴 2017》，《能源数据 2017》，2017 年数据暂时通过外推得到。